嵌入式 C 語言程式設計
—使用 MCS-51

郁文工作室　編著

 全華圖書股份有限公司　印行

自序

　　AT89S5X 系列的單晶片是 Atmel 公司所生產的一系列單晶片，這一系列單晶片和傳統的 AT89C51 完全相容，價格便宜，而且還擁有一些十分優良的特色，因此非常適合嵌入式的系統使用。這些特色包括線上燒錄功能和看門狗等功能。如果你上網去搜尋的話，你會發現國內外的使用者非常的多，這可能和 AT89S5X 系列單晶片的軟體支援充足，又可以自己自製簡易型的燒錄器有關。因為使用 AT89S5X 系列單晶片時不會有被綁手綁腳的感覺，所以使用者當然會喜歡使用。

　　我在偶然的機會使用到這一顆晶片，剛好又在網路上發現一些資源，所以就自己動手摸索起來，並且自己動手作了一個 AT89S51 的串列式燒錄器，後來又使用Visual BASIC寫程式燒錄AT89S5X系列的單晶片，這對於經費拮据的學生或研發人員真是一大福音，所以就想到或許這對於學習單晶片的初學者是一項不錯的選擇，因此才大膽的將自己知道的一些事情出書介紹。

　　本書的程式也適用於 AT89C5X 系統的單晶片，我得承認國內這方面的高手如雲，我本身才疏學淺，書中若有疏漏或錯誤的地方，尚期諸位先進見諒，並給予指正。

　　謝謝我的老婆和小孩的支持，最後將此書獻給我的爸爸，謝謝他所教導我的一切。

編 輯 部 序

　　「系統編輯」是我們的編輯方針，我們所提供給您的，絕不只是一本書，而是關於這門學問的所有知識，它們由淺入深，循序漸進。

　　本書使用 C 語言撰寫 8051 單晶片的程式，內容由淺入深、循序漸進，並教導讀者自製燒錄器，讓使用者省下一筆經費。同時使用模組化的程式設計技巧，讓寫程式變成容易的事。書中內容包括：MCS51 的硬體架構介紹、基本工具的使用、C 語言程式的撰寫、基本程式範例、進階程式範例及專題製作等。本書適用於私立大學、科大資工、電子、電機系「嵌入式系統設計」課程。

　　同時，為了使您能有系統且循序漸進研習相關方面的叢書，我們以流程圖方式，列出各有關圖書的閱讀順序，以減少您研習此門學問的摸索時間，並能對這門學問有完整的知識。若您在這方面有任何問題，歡迎來函連繫，我們將竭誠為您服務。

相關叢書介紹

書號：0546872
書名：微算機基本原理與應用－
　　　MCS-51 嵌入式微算機系統軟
　　　體與硬體(第三版)(精裝本)
編著：林銘波、林姝廷
18K/816 頁/790 元

書號：05663027
書名：嵌入式 Linux 程式設計(附範例
　　　光碟)(修訂二版)
編著：王進德
20K/392 頁/400 元

書號：05634017
書名：Micro C/OS-II 即時作業系統
　　　核心(附系統及範例光碟片)
編譯：黃文增
16K/744 頁/650 元

書號：0568101
書名：ARM9 S3C2410 嵌入式 SOC 原
　　　理(修訂版)
編著：新華電腦股份有限公司
16K/582 頁/500 元

書號：05689
書名：ARM Linux 嵌入式系統
　　　發展技術(修訂版)
編著：張正源
20K/280 頁/300 元

書號：05727037
書名：系統晶片設計－使用 quartus II
　　　(附系統範例光碟)(第四版)
編著：廖裕評.陸瑞強
16K/768 頁/800 元

書號：05567037
書名：FPGA/CPLD 數位電路設
　　　計入門與實務應用－
　　　使用 Quartus II (附系統.
　　　範例光碟)(第四版)
編著：莊慧仁
16K/400 頁/420 元

◎上列書價若有變動，請
　以最新定價為準。

流程圖

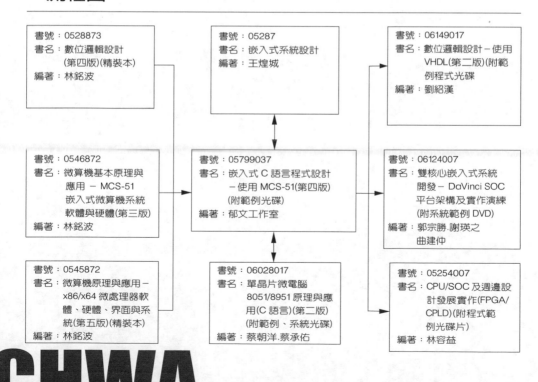

目 錄

第 1 章　MCS51 的硬體架構介紹 1-1

1-1　**89X51** 的接腳 **1-5**

1-2　**89X51** 的內部記憶體 **1-9**

1-3　**89X51** 的特殊用途暫存器... **1-11**

1-4　中　斷 **1-29**

1-5　週邊設備的使用 **1-31**

　　1 5 1　外部硬體中斷 1-31

　　1-5-2　計時計數器 1-34

　　1-5-3　串列埠.. 1-38

1-6　看門狗**(Watchdog)**... **1-40**

1-7　結　論 **1-42**

第 2 章　基本工具的使用 2-1

2-1　安裝 **Keil C** 編譯器 **2-2**

2-2　開始使用 **Keil C** **2-9**

2-3　軟體模擬.. **2-20**

2-4　自製 **AT89S51** 的燒錄器... **2-25**

　　2-4-1　PonyProg 串列式燒錄器 2-26

　　2-4-2　ISP Flash Microcontroller Programmer 2-28

　　2-4-3　本書所提供的串列式燒錄器 2-30

2-5　結　論 **2-34**

第 3 章　C 語言程式的撰寫 3-1

3-1　C 語言的基礎 3-2

3-1-1　編譯指示 #include 3-3

3-1-2　註　解 3-4

3-1-3　基本資料型態 3-4

3-1-4　使用者自訂的資料型態 3-5

3-1-5　識別字 3-7

3-1-6　保留字 3-8

3-1-7　常　數 3-8

3-1-8　變數宣告 3-9

3-1-9　陣　列 3-10

3-1-10　運算符號 3-11

3-2　C 語言的控制指令 3-14

3-2-1　if 敘述 3-14

3-2-2　層狀 if 敘述 3-15

3-2-3　switch 敘述 3-15

3-2-4　for 迴路 3-16

3-2-5　while 迴路 3-18

3-2-6　do /while 迴路 3-18

3-2-7　標示和 goto 敘述 3-18

3-3　C 語言的指標和函數 3-19

3-3-1　指　標 3-19

3-3-2　指標與陣列 3-20

3-3-3　指標的運算 3-20

3-3-4　函　數 3-21

3-3-5　中斷服務函數 3-22

3-4　組合語言 3-24

3-5　巨集的使用 3-28

3-6 函數庫 3-30

第 4 章　基本程式範例 4-1

4-1　LED 的控制 4-2

4-2　指撥開關的輸入 4-16

4-3　七段顯示器的控制 4-19

4-4　計時器 Timer0 的溢位中斷控制 4-23

4-5　外部中斷 INT0 4-29

4-6　按鈕偵測 1 4-35

4-7　按鈕偵測 2 4-39

4-8　四個七段顯示器的顯示控制 4-44

4-9　4×4 小鍵盤輸入 4-51

4-10　C 語言程式呼叫組合語言程式 4-61

4-11　結　論 4-86

第 5 章　進階程式範例 5-1

5-1　數字時鐘 1 5-2

5-2　LCD 的顯示控制 5-11

5-3　數字時鐘 2 5-32

5-4　電子音樂 5-42

5-5　步進馬達 5-54

5-6　D/A 轉換器 5-65

5-7　繪圖型顯示器 5-71

5-8　RS232 5-94

5-9　結　論 5-98

第 6 章　專題製作 6-1

6-1　密碼鎖 6-2

6-2　數位電壓錶 6-30

6-3　網路遠端控制系統 6-41

6-4　智慧型溫度計 6-60

6-5　數字時鐘－使用繪圖型 LCM 6-81

6-6　結　論 6-101

附錄 A　8051 的指令集 ....

附錄 B　串列燒錄的工作原理..................................

1

MCS-51

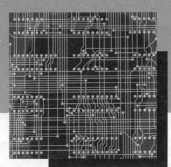

MCS51 的硬體架構介紹

本章當中我們將要介紹單晶片 8051 的硬體架構。單晶片是指在單一顆微處理器當中，除了有 CPU 之外，另外還包含一些周邊設備以及系統所需要的記憶體。Intel 的 8051 系列應該是最早的單晶片，它的歷史大約有 30 年了！在這一段時間內，Microchip、AMD、Philips、Mortorola、Hitachi、Toshiba…都跟隨著 Intel 的步伐，推出了和 8051 相容或是自己特有的嵌入式微處理器；因此 8051 算是單晶片的最早始祖，所以它的使用遍及各個領域。

Atmel公司所生產的AT89C51，價格便宜，內含的Flash程式記憶體，可以反覆地燒錄程式，燒錄時又很簡單，因此在國內使用廣泛。目前Atmel公司又生產了改良型的AT89S5X系列單晶片，AT89S5X的接腳和指令跟AT89C51單晶片完全相同，因此在程式與硬體上完全相容。AT89C51在燒錄時必須在第31支接腳VPP提供+12V的電壓，而且只能夠採取並列的方式燒錄，因此使用者必須購買特殊的燒錄器，而且燒錄程式時必須將IC拔起來，放在燒錄器上，燒錄完畢之後，再將IC插回實驗板或是麵包板。

新型的AT89S5X系列單晶片，燒錄電壓只需要＋5V，而且可以採取並列或是串列的方式燒錄。因為使用者可以使用+5V的串列燒錄方式，因此無論是在實驗過程中或是已經完成的產品，都可以不用將IC拔起來。使用者只要預留4支接腳(SCK、MOSI、MISO、RST)的接頭，就可以執行燒錄程式記憶體的配置工作。這一種燒錄方式稱為線上燒錄(In System Programming，簡稱為ISP)。而且因為AT89S5X系列單晶片可以使用+5V的串列燒錄方式，所以燒錄器變得比較簡單，使用者可以自己製作一台簡易型的燒錄器。這對於學生或是對於單晶片有興趣的初學者而言真是一大福音，因為傳統的AT89C51燒錄器至少需要2000元，高階一點的多功能燒錄器則更昂貴。本書的第3章當中將介紹如何自製一台 AT89S5X 系列單晶片的燒錄器，使用者只要花100～200元即可完成。

Atmel公司所推出的AT89S5X系列單晶片實際上包括了：AT89S51、AT89S52；AT89S53和AT89S8252等。圖1-1是這些線上可燒錄型89S5X單晶片，請注意他們彼此之間的差別。

圖1-1當中的AT89S2051、AT89S4051、AT89S8253、AT89LS51、AT89LS52、AT89LS53、AT89LS8252、AT89C51IC2、AT89C51RB2、AT89C51RC2和 AT89C51RD2可以在2.7V 的低電壓工作。AT89S2051和AT89S4051只有20支接腳，I/O接腳則只有15支而已。AT89C5115有28支接腳，I/O 接腳則只有20支。

AT89S5X 系列的元件	Flash (Kbytes)	EEPROM (Kbytes)	SRAM (bytes)	工作頻率 (MHz)	外部中斷	16 位元計數器	A/D 轉換器
AT89S51	4	0	128	0～33	2	2	
AT89S52	8	0	256	0～33	2	3	
AT89S53	12	0	256	0～24	2	3	
AT89S8252	8	2	256	0～24	2	3	
AT89S8253	4	2	256	0～24	2	3	
AT89S2051	2	0	256	0～24	2	2	
AT89S4051	4	0	256	0～24	2	2	
AT89LS51	4	0	128	0～33	2	2	
AT89LS52	8	0	256	0～33	2	3	
AT89LS53	12	0	256	0～24	2	3	
AT89LS8252	8	2	256	0～24	2	3	
AT89C51AC2	32	2	1280	40	2	3	10 bit
AT89C51AC3	64	2	2304	60	2	3	10 bit
AT89C51ED2	64	2	2048	60	2	3	
AT89C51IC2	32	2	1280	60	2	3	
AT89C51ID2	64	2	2048	60	2	3	
AT89C51RB2	16	2	1280	60	2	3	
AT89C51RC2	32	2	1280	60	2	3	
AT89C51RD2	64	2	2048	60	2	3	
AT89C5115	16	2	512	40	2	2	10 bit

圖 1-1　AT89S5X 系列的單晶片比較

　　以上所列出的 AT89S5X 系列單晶片，它們的基本核心架構和傳統的 8051 都是相同的，也就是 I/O、計時計數器、中斷、UART 等周邊和 AT89C51 單晶片是完全相容的，因此既有的程式也是相容。不過，這些 89S5X 系列的單晶片中有些不容易買到，或者價格昂貴、也有一些的包裝和接腳不適合用在麵包板上。AT89S51、AT89S52、AT89S53 和 AT89S8252 的接腳和 AT89C51 的接腳完全相同(DIP 40)，而且容易買到，價格也便宜，因此本書就採用這些單晶片。其中 AT89S51 的價格和傳統使用的 AT89C51 差不多，所以本書當中就以 AT89S51 為主軸，但是本書所介紹的內容當然也適用於其它的 8051 單晶片。

　　AT89S5X 系列的單晶片除了提供線上燒錄的功能之外，另外還加入看門狗計時器(Watchdog Timer)。AT89S8252 當中則有 2K bytes 的 EEPROM，下圖是 AT89S5X 系列單晶片和 AT89C51 的差別比較。

	線上燒錄	EEPROM (Kbytes)	看門狗計時器	工作頻率 (MHz)
AT89S5X 系列	有	89S8252 才有	有	0～33
AT89C51	沒有	沒有	沒有	24

圖 1-2　　AT89S5X 系列單晶片和 AT89C51 單晶片的比較

　　雖然在本書當中，我們採用的是 Atmel 公司所生產的 AT89S5X 系列的單晶片，但是基本上，所有 8051 系列的單晶片都具有相同的 8051 核心，因此我們只要學會其中一種，其餘的皆大同小異；而且它們的指令都是共通，也就是說原先為某一種 AT89S5X 微處理器所發展的程式可以直接使用在其它不同公司生產的 8051 單晶片上。因此對於初學者而言，只要先學會其中一種即可。

1-1　89X51 的接腳

圖 1-3 是 89X51 的接腳圖。

1	P1.0	V_{CC}	40
2	P1.1	P0.0/AD0	39
3	P1.2	P0.1/AD1	38
4	P1.3	P0.2/AD2	37
5	P1.4	P0.3/AD3	36
6	P1.5	P0.4/AD4	35
7	P1.6	P0.5/AD5	34
8	P1.7	P0.6/AD6	33
9	RST	P0.7/AD7	32
10	P3.0/RXD	$\overline{EA}$/VPP	31
11	P3.1/TXD	ALE/$\overline{PROG}$	30
12	P3.2/$\overline{INT0}$	$\overline{PSEN}$	29
13	P3.3/$\overline{INT1}$	P2.7/A15	28
14	P3.4/T0	P2.6/A14	27
15	P3.5/T1	P2.5/A13	26
16	P3.6/$\overline{WR}$	P2.4/A12	25
17	P3.7/$\overline{RD}$	P2.3/A11	24
18	XTAL2	P2.2/A10	23
19	XTAL1	P2.1/A9	22
20	GND	P2.0/A8	21

圖 1-3　89X51 的接腳圖

AT89S5X 的接腳說明

接腳	定義
V_{cc}	電源接腳＋5V
GND	電源接地
埠 0 P0.7…P0.0	埠 0 是一個 8 位元的雙向 I/O 埠，內部沒有提昇電阻，所以如果使用埠 0 作為輸入或輸出時，必須外加提昇電阻。在存取外部記憶體時，埠 0 作為位址匯流排(A0～A7)和資料匯流排(D0～D7)。 8051 存取外部記憶體時，埠 0 會先送出低階的位址 (A0～A7)，然後才送出資料或讀取資料 (D0～D7)，使用者必須使用 ALE 來栓鎖住低階的位址。
埠 1 P1.7…P1.0	埠 1 是一個 8 位元雙向 I/O 埠，每一個接腳都有內部提昇電阻，可直接驅動 LED。
埠 2 P2.7…P2.0	埠 2 是一個 8 位元雙向 I/O 埠，每一個接腳都有內部提昇電阻，可直接驅動 LED。在存取外部記憶體時，埠 2 還可以用作外部 SRAM 的位址匯流排高位元(A8～A15)。
埠 3 P3.7…P3.0	埠 3 是一個 8 位元雙向 I/O 埠，每一個接腳都有內部提昇電阻，可直接驅動 LED。
RST	RST 接腳輸入超過 2 個機械週期的高電位，將引起系統重置。
XTAL1	振盪器的輸入端。
XTAL2	振盪器的輸出端。
ALE/$\overline{\text{PROG}}$	ALE 接腳是存取外部記憶體時的低階位址栓鎖信號。
$\overline{\text{EA}}$/VPP	外部記憶體致能，並列燒錄內部 Flash 記憶體時，此接腳加上＋12V 的高電壓。
$\overline{\text{PSEN}}$	Program Strobe Enable，AT89S5X 要執行外部記憶體的程式時，此接腳在每一個機械週期當中會產生 2 個脈波。

圖 1-4　89X51 的接腳說明

晶體振盪器

　　XTAL1 和 XTAL2 接腳分別是晶片內振盪器的輸入和輸出端，它可以使用晶體振盪器或是陶瓷振盪器。如果採用外加石英晶體和 2 顆 30p 的電容器並聯以產生工作時脈，其接線如圖 1-5 所示。

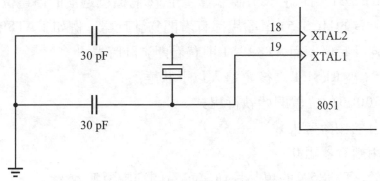

圖 1-5　8051 外加石英晶體和 2 顆電容的接腳圖

　　但是使用者也可以經由外部的振盪信號產生時脈，當使用外部振盪時脈時，XTAL2 應該空接，如圖 1-6 所示。

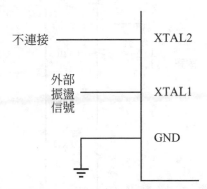

圖 1-6　8051 連接外部振盪訊號的接腳圖

RST 說明：

　　8051 有三種 reset 來源，分別說明如下：

1.　Power-On Reset：當使用者在 8051 的 V_{CC} 和 GND 之間加上＋5V 的電壓時，8051 會被 reset。

2.　External Reset：當 8051 的RESET接腳上有一個超過 2 個機械週期的高電位脈波時，則 8051 會被 RESET。

3.　Watchdog Reset：當看門狗被致能，而且看門狗計時器在一個看門狗週期完畢之前都沒有執行看門狗重置(watchdog reset)指令時，則 8051 會被 RESET。此時 RST 接腳會產生 98 個機械週期的高電位脈波。

並非所有的MCS-51 單晶片都有看門狗計時器，例如：AT89C51 沒有看門狗計時器，而 AT89S51 則有看門狗計時器。

當 8051 被 RESET 之後會進入以下狀態：

(1)　從 $0000 的位置開始執行程式。

(2)　所有的中斷皆失效。

(3)　使用暫存器組 0。

(4)　對於 AT89S5X 的單晶片而言，看門狗中斷無效。

使用者可以加上以下的電路作為 CPU 的 RESET 電路。在此電路中，使用者按下彈跳按鈕之後，8051 會被 RESET。

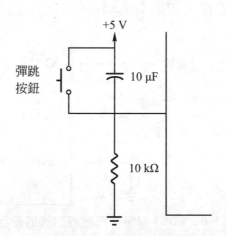

圖 1-7　8051 的 RESET 電路

$\overline{\text{EA}}$ 接腳說明

當AT89S5X要讀取外部的程式記憶體(0000H～FFFFH)時，AT89S5X的第 31 支接腳 $\overline{\text{EA}}$ 必須接地，此時內部的程式記憶體完全失效。

　　反之，如果 AT89S5X 要讀取內部的程式記憶體時，第 31 支接腳 $\overline{EA}$ 必須接＋5V。如果使用者在燒錄 AT89S5X 時，同時也設定燒錄鎖碼位元 1(Lock Bit 1)時，AT89S5X 會忽略第 31 支接腳 $\overline{EA}$，並且直接讀取內部的程式記憶體。

　　有些使用者在燒錄 AT89S5X 時，沒有設定燒錄鎖碼位元 1，而且把 AT89S5X 接在麵包板時也忽略掉第 31 支接腳，以致於第 31 支接腳是空接，但是此時即使第 31 支接腳是空接，也會造成 AT89S5X 只讀取外部的程式記憶體的問題，因此常常無法執行。所以請特別注意，如果燒錄 AT89S5X 時，沒有設定燒錄鎖碼位元，則第 31 支接腳必須接＋5V。

1-2　89X51 的內部記憶體

　　AT89X51 的內部包含了 4K bytes 的 Flash，這 4K bytes 的 Flash 是用來燒錄程式的記憶體；另外，AT89X51 的內部還包含了 128 bytes 的 RAM，這 128 bytes 的 RAM 是程式使用到的資料記憶體，其中有些是 8051 的暫存器組，其餘的位置可以用來儲存變數，也可以用來當作堆疊區域。請參考圖 1-8 所示。

30H ~ 7FH	一般資料或是堆疊使用的區域
20H ~ 28H	可以針對位元定址的區域
18H~1FH	暫存器組 3(R0~R7)
10H~17H	暫存器組 2(R0~R7)
08H~0FH	暫存器組 1(R0~R7)
00H~07H	暫存器組 0(R0~R7)

圖 1-8　89X51 的內部記憶體

暫存器組

AT89X51的內部包含4組暫存器組，每一組暫存器組當中有R0、R1、R2、R3、R4、R5、R6、和R7等8個暫存器。當AT89X51剛加上電源或是RESET之後，會自動選用暫存器組0。

使用者可以藉由設定 PSW 暫存器當中的 RS0 和 RS1 位元來選擇暫存器組，PSW 暫存器的內容如下所示：

位元	7	6	5	4	3	2	1	0
	CY	AC	F0	RS1	RS0	OV	–	P

使用者要選擇暫存器組0使用時，只要設定 PSW 暫存器的 RS0 = 0、RS1 = 0 即可；

使用者要選擇暫存器組1使用時，只要設定 PSW 暫存器的 RS0 = 1、RS1 = 0 即可；

使用者要選擇暫存器組2使用時，只要設定 PSW 暫存器的 RS0 = 0、RS1 = 1 即可；

使用者要選擇暫存器組3使用時，只要設定 PSW 暫存器的 RS0 = 1、RS1 = 1 即可。

如果你是使用keil C 撰寫你的程式時，你只要在程式開頭加入#include<regx51.h>，你就可以直接在程式中加入 RS0 = 1; 或是 RS1 = 0; 等指令，因為檔案 regx51.h 當中就已經定義好 RS0 和 RS1 等位元的位址值，詳細說明如下一節所示。

AT89S52 的內部則包含了 256 bytes 的 RAM，因此從 30H 到 FFH 的記憶體位置都可以當成一般資料區域或是堆疊區域使用。

堆疊

堆疊(stack)是一種資料處理的方式，如圖 1-9(a)所示。微處理器使用資料記憶體的一部分作為堆疊區域，並且使用堆疊指標(Stack Pointer，簡稱為 SP)指向堆疊的頂端。當資料存入堆疊時是放在堆疊指標所指到的位置，同時堆疊指標會往上移動(數值減1)，如圖1-9(b)所示，這個動作叫做push；當資料從堆疊中讀出來時，資料就從堆疊的頂端讀出來，同時堆疊指標會往下移動(數值加1)，這個動作叫做pop，如圖1-9(c)所示。因為堆疊存取資料時是由下往上(由高階地址往低階地址)存放，因此一般而言，我們通常把堆疊設定在RAM的結尾。程式人員並不需要記住RAM結尾的地址值，因為 Keil C 會自動處理堆疊的管理與使用。

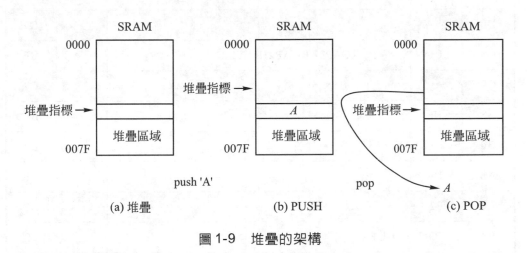

圖 1-9　堆疊的架構

資料指標暫存器

資料指標暫存器(Data Pointer，簡稱DP)是一個指向記憶體位置的16位元暫存器，資料指標暫存器分成 DPH 和 DPL。DPH 和 DPL 是用來存取記憶體內資料時的指標。

1-3　89X51 的特殊用途暫存器

AT89X51 內部的資料記憶體中，從 80H 到 FFH 的記憶體中有些位址是特殊用途暫存器(Special Purpose Register，簡稱 SPR)所使用。這些特殊用途暫存器在 AT89X51 內部的位置，如圖 1-10 所示。

	8	9	A	B	C	D	E	F	
F8									FF
F0	B								F7
E8									EF
E0	ACC								E7
D8									DF
D0	PSW								D7
C8	T2CON		RCAP2L	RCAP2H	TL2	TH2			CF
C0									C7
B8	IP								BF
B0	P3								B7
A8	IE								AF
A0	P2								A7
98	SCON	SBUF							9F
90	P1								97
88	TCON	TMOD	TL0	TL1	TH0	TH1			8F
80	P0	SP	DPL	DPH				PCON	87
	0	1	2	3	4	5	6	7	

圖 1-10　8051 內部的特殊用途暫存器

　　什麼是特殊用途暫存器呢？AT89S5X 微處理器中有許多週邊設備，這些週邊設備包括了中斷控制器、計時計數器、看門狗計時器、串列傳輸等。使用這些週邊設備時必須經由特殊用途暫存器，使用者必須設定特殊用途暫存器的各項控制參數，才得以控制 AT89S5X 的內部週邊設備。因此初學者必須對這些特殊用途暫存器有所了解。以下我們將說明個別的特殊用途暫存器。

1. PSW 暫存器的內容

位元	7	6	5	4	3	2	1	0
	CY	AC	F0	RS1	RS0	OV	—	P

P 位元　　　　　　　：同位位元(Parity Bit)，P ＝ 0 表示 A 暫存器中 1 的個數是偶數，P ＝ 1 表示 A 暫存器中 1 的個數是奇數個。

OV 位元　　　　　　：溢位(Overflow)位元，OV ＝ 1 表示運算時有溢位產生。

RS0 和 RS1 位元　　：用來選擇暫存器組，如下圖所示：

RS1	RS0	選擇的暫存器組
0	0	暫存器組 0
0	1	暫存器組 1
1	0	暫存器組 2
1	1	暫存器組 3

圖 1-11　RS0 和 RS1 位元

F0 位元　　　　　　：使用者自行設定的位元。

AC 位元　　　　　　：輔助進位位元，AC ＝ 1 表示運算時較低的 4 位元有進位產生。

CY 位元　　　　　　：進位位元，CY ＝ 1 表示運算時有進位產生。

使用者的程式可以藉由PSW來判斷各項工作執行之後的結果，然後採取必要的動作。

2. 中斷致能暫存器 IE 的內容

中斷致能暫存器 IE 是用來設定 AT89S5X 是否接受各種中斷，當使用者要使用各項中斷時必須先設定此暫存器。以下先列出中斷致能暫存器IE的內容與說明。

位元	7	6	5	4	3	2	1	0
	EA	—	ET2	ES	ET1	EX1	ET0	EX0

位元		
EA	設定整體中斷的啟動或是關閉	EA = 0 是設定系統不接受所有中斷，EA = 1 則是設定系統可以接受中斷。
ES	設定是否接受 UART 的中斷	ES = 0 是設定不接受 UART 的中斷，ES = 1 則是設定可以接受 UART 的中斷。
ET0	設定是否接受 Timer0 的中斷	ET0 = 0 是設定不接受 Timer0 的中斷，ET0 = 1 則是設定接受 Timer0 的中斷。
ET1	設定是否接受 Timer1 的中斷	ET1 = 0 是設定不接受 Timer1 的中斷，ET1 = 1 則是設定接受 Timer1 的中斷。
ET2	設定是否接受 Timer2 的中斷	ET2 = 0 是設定不接受 Timer2 的中斷，ET2 = 1 則是設定接受 Timer2 的中斷。
EX0	設定是否接受 INT0 接腳的中斷	EX0 = 0 是設定不接受 INT0 接腳的中斷，EX0 = 1 則是設定接受 INT0 接腳的中斷。
EX1	設定是否接受 INT1 接腳的中斷	EX1 = 0 是設定不接受 INT1 接腳的中斷，EX1 = 1 則是設定接受 INT1 接腳的中斷。

圖 1-12　中斷致能暫存器 IE 的內容說明

在上圖當中的 ET2 只有 AT89S52 才有，因為 AT89S52 才有計時計數器 Timer2，而 AT89S51 沒有計時計數器 Timer2，所以對於 AT89S51 而言，此位元保留不用。

假設我們要使用外部中斷INT0，此時必需先設定好使用INT0 中斷，設定的方式如下：

⑴　設定 EA = 0 以暫停整體中斷。

⑵　設定 EX0 = 1，啟動 INT0 中斷。

⑶　設定 EA = 1 以啟動整體中斷。

其中EA是設定整體中斷的啟動或是關閉，所以EA = 0 是設定系統不接受所有的中斷，而 EA = 1 則是設定系統可以接受中斷。

EX0是設定接受或不接受外部中斷 INT0，所以 EX0 = 0 是設定不接受外部中斷 INT0，而 EX0 = 1 則是設定接受外部中斷 INT0。

同理，如果我們要使用外部中斷 INT1時，就必須把EX0改成 EX1，因為EX1是設定接受或不接受外部中斷INT1，所以EX1=0 是設定不接受外部中斷 INT1，而 EX1=1 則是設定接受外部中斷 INT1。

3.　中斷優先次序暫存器 IP 的內容

中斷優先次序暫存器 IP 是用來設定 AT89S5X 接受各種中斷的優先順序，當 AT89S5 同時接收到各項中斷時，會根據此暫存器的內容做判斷，以決定應該先接受那一個中斷。以下先列出中斷優先次序暫存器IP的內容。

位元	7	6	5	4	3	2	1	0
	–	–	PT2	PS	PT1	PX1	PT0	PX0

假設我們同時使用到外部中斷 INT0 和外部中斷 INT1時，但是 INT0 接腳是接到比較重要的訊號源，則此時可以設定 PX0 = 1，也就是設定外部中斷 INT0優先被接受。

4.　計時器計數暫存器 TL0 和 TH0 的內容

AT89S5X 的內部包含 2 個 16 位元的計時計數器，分別是 Timer0 和 Timer1。計時器計數暫存器 TL0 和 TH0 是儲存計時計數器 Timer0 的目前計數內容，TL0 是低階的 8 位元，TH0 則是高階的 8 位元。TL0 和 TH0 組合起來就構成 16 位元的計數器。每一個機械週期就會有一個時鐘脈波送到計時計數器 Timer0，此時計時計數器 Timer0 就往上加 1，當計時計數器 Timer0 是在 16 位元的模式下工作時，計時計數器 Timer0 計數到 65535 時，接下來的下一個脈波就會讓計時計數器 Timer0 產升溢位中斷(Overflow Interrupt)，計時計數器 Timer0 內的數值會回到 0。

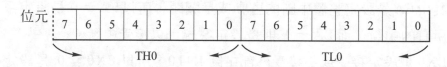

使用者可以設定計時計數器 Timer0 在開始計數之前的內容。例如，如果 AT89S51 外接一顆震盪頻率是 12MHz 的石英晶體時，因為 8051 的一個機械週期需要 12 個石英晶體的震盪週期，所以每秒就有 1,000,000 次的機械週期，換言之，1us 就會有一個時鐘脈波送到計時計數器 Timer0。

如果我們希望 Timer0 每秒中斷 200 次，那麼我們就必須讓 Timer0 每數 5000 次就中斷 1 次(1000000/200 = 5000)。因為 Timer0 的溢位中斷是 Timer0 數到 65536(16 進位表示時是 10000H)就產生中斷，因此要讓 Timer0 數 5000 次就中斷 1 次時就必須設定　Timer0 等於 10000h－((12,000,000/(12×200))，也就是 0xEE11。接下來我們就可以分別設定 Timer0 計數器的 TL0，和 Timer0 的 TH0，如下所示。

TL0=(0xEE11 & 0x00FF);　//設定 Timer0 計數器的低階 8 位元
TH0=(0xEE11 >> 8);　　　//設定 Timer0 計數器的高階 8 位元

5. 計時器計數暫存器 TL1 和 TH1 的內容

計時器計數暫存器 TL1 和 TH1 是儲存計時計數器 Timer1 的目前計數內容，TL1 是低階的 8 位元，TH1 則是高階的 8 位元。TL1 和 TH1 組合起來就構成 16 位元的計數器。當計時計數器 Timer1 是在 16 位元的模式下工作時，每一個機械週期就會有一個時鐘脈波送到計時計數器 Timer1，此時計時計數器 Timer1 就往上加 1，當計時計數器 Timer1 計數到 65535 時，接下來的下一個脈波就會讓計時計數器Timer1產生溢位中斷(Overflow Interrupt)，計時計數器 Timer1 內的數值會回到 0。

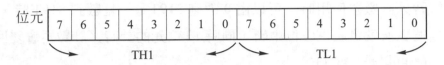

使用者可以設定計時計數器 Timer1 在開始計數之前的內容，設定的方式和Timer0 相同。

6. 計時器模式控制暫存器 TMOD 的內容：

計時器模式控制暫存器 TMOD 是用來設定 AT89S5X 如何使用計時計數器 Timer0 和 Timer1 的方式。

當使用者要使用計時計數器 Timer0 和 Timer1 時，必須先設定此暫存器。以下先列出計時器模式控制暫存器 TMOD 的內容與說明。

位元	7	6	5	4	3	2	1	0
	GATE	C/T	M1	M0	GATE	C/T	M1	M0

計時器 1   計時器 0

其中GATE＝1表示 Timer0 或是 Timer1 必須在INT0 或 INT1 是高電位時才會動作。

C/T＝1表示計時計數器是由外部接腳 T0 或 T1 輸入計時的脈波。M1和 M0 則是用來選擇計時計數器的工作模式，如下表所示：

M1	M0	工作模式	說明
0	0	0	13 位元的計時／計數器
0	1	1	16 位元的計時／計數器
1	0	2	8 位元的計時／計數器，可自動重新載入計數值
1	1	3	當成兩組獨立的 8 位元計時器

(1) 工作模式 0：計時計數器當成 13 位元的計時／計數器，此時使用到 THx 的 8 位元和 TLx 的低階 5 位元。當計時計數器當成 13 位元的計時／計數器使用時，可以由 0 數到 8191，一旦數到 8191 時，下一個脈波就會產生溢位中斷，同時 13 位元的計時／計數器會變回 0。(x 可以是 0 或 1)

(2) 工作模式 1：計時計數器當成 16 位元的計時／計數器，此時使用到 THx 的 8 位元和 TLx 的 8 位元。當計時計數器當成 16 位元的計時計數器使用時，可以由 0 數到 65535，一旦數到 65535 時下一個脈波就會產生溢位中斷，同時 16 位元的計時／計數器會變回 0。(x 可以是 0 或 1)

(3) 工作模式 2：計時計數器當成 8 位元的計時／計數器使用，此時只使用到 TLx。此時計時計數器當成 8 位元的計時／計數器使用時，可以由 0 數到 255，一旦數到 255 時下一個脈波就會產生溢位中斷，同時 THx 的計時／計數器值會自動載入 TLx。(x 可以是 0 或 1)

(4) 工作模式 3：計時計數器 Timer0 當成兩組獨立的 8 位元計時器，第 1 組計時計數器是 TL0，TL0 使用 TR0 和 TF0。TR0 = 0 時，TL0 停止計數，TR0 = 1 時，TL0 則開始計數。當 TL0 數到 255 時，下一個脈波會設定 TF0 = 1，而且產生 Timer0 溢位中斷。另一組 8 位元計數器是 TH0，它借用到 TR1 和 TF1。當 TR1 = 0 時，TH0 停止計數；當 TR1 = 1 時，TH0 則開始計數。當 TH0 數到 255 時，下一個脈波會設定 TF1 = 1，而且產生 Timer1 溢位中斷。TR0、TF0、TR1 和 TF1 的說明請參考 TCON 的說明。

假設我們要讓計時計數器 Timer0 在 16 位元的模式下工作，則必須設定 TMOD = 0x01；如果我們要讓計時計數器 Timer1 在 16 位元的模式下工作，則必須設定 TMOD = 0x10。

7. 計時器模式控制暫存器 TCON 的內容

計時器模式控制暫存器 TCON 是用來設定 AT89S5X 的計時計數器 Timer0 和 Timer1 是否要開始動作，或是判斷計時計數器 Timer0 和 Timer1 是否已經產生溢位中斷(Overflow Interrupt)。當使用者要使用計時計數器 Timer0 和 Timer1 時，必須先設定此暫存器。以下先列出計時器模式控制暫存器 TCON 的內容與說明。

位元	7	6	5	4	3	2	1	0
	TF1	RT1	TF0	TR0	IE1	IT1	IE0	IT0

位元		
TF1	TF1 位元指示計時／計數器 1 是否已經發生溢位中斷	TF1 = 0 表示 Timer1 沒有發生溢位， TF1 = 1 表示 Timer1 發生溢位。 當 CPU 進入 Timer1 的中斷副程式執行時，TF1 位元會自動被清除為 0。
TR1	設定 Timer1 是否開始計數	TR1 = 0 停止 Timer1 的計數， TR1 = 1 開始 Timer1 的計數。
TF0	TF0 位元指示計時/計數器 0 是否已經發生溢位中斷	TF0 = 0 表示 Timer0 沒有發生溢位， TF0 = 1 表示 Timer0 發生溢位。 當 CPU 進入 Timer0 的中斷副程式執行時，TF0 位元會自動被清除為 0。
TR0	設定 Timer0 是否開始計數	TR0 = 0 停止 Timer0 的計數， TR0 = 1 開始 Timer0 的計數。
IE1	IE1 位元指示外部中斷接腳 INT1 是否已經發生中斷	IE1 = 0 表示 INT1 接腳沒有發生中斷， IE1 = 1 表示 INT1 接腳發生中斷。
IT1	設定外部中斷接腳 INT1 是負準位觸發還是負緣觸發	IT1 = 0 設定 INT1 接腳是負準位觸發 IT1 = 1 設定 INT1 接腳是負緣觸發
IE0	IE0 位元指示外部中斷接腳 INT0 是否已經發生中斷	IE0 = 0 表示 INT0 接腳沒有發生中斷， IE0 = 1 表示 INT0 接腳發生中斷。
IT0	設定外部中斷接腳 INT0 是負準位觸發還是負緣觸發	IT0 = 0 設定 INT0 接腳是負準位觸發 IT0 = 1 設定 INT0 接腳是負緣觸發

圖 1-13　計時器模式控制暫存器 TCON 的內容說明

假設我們要讓計時計數器Timer0開始工作時，可以使用TR0 = 1，此時計時計數器 Timer0 就開始往上計數。每當一個機械週期就會有一個時鐘脈波送到計時計數器 Timer0，此時計時計數器 Timer0 就往上加 1。如果計時計數器Timer0是在16位元的模式下工作，當計時計數器Timer0計數到 65535 時，接下來的下一個脈波就會讓計時計數器 Timer0 產生溢位中斷(Overflow Interrupt)。此時TF0位元會被設定成1。當CPU進入Timer0的中斷副程式執行時，TF0位元會自動被清除為0。

8. 串列埠控制暫存器 SCON 的內容

串列埠控制暫存器 SCON 是用來設定 AT89S5X 的串列埠。當使用者要使用串列埠時，必須先設定此暫存器。以下先列出串列埠控制暫存器 SCON 的內容與說明。

位元	7	6	5	4	3	2	1	0
	SM0	SM1	SM2	REN	TB8	TR8	TI	RI

位元		
SM0	SM0 和 SM1 是設定串列埠控制暫存器的工作模式	請參考圖 1-15。
SM1	SM0 和 SM1 是設定串列埠控制暫存器的工作模式	請參考圖 1-15
SM2	設定是否接受 Timer0 的中斷	根據 SM0 和 SM1 的設定而決定。
REN	設定串列埠是否接收資料	REN = 1 設定串列埠接收資料。
TB8	第 9 個傳送位元	串列埠工作模式 2、3 時的第 9 個傳送位元。
RB8	第 9 個接收位元	串列埠工作模式 2、3 時的第 9 個接收位元。
TI	傳送中斷位元	TI = 1 表示 UART 傳送完成，發生中斷。
RI	接收中斷位元	RI = 1 表示 UART 接收到資料，發生中斷。

圖 1-14 串列埠控制暫存器 SCON 的內容說明

　　AT89S5X的串列埠總共有4種工作模式，使用者可以藉由設定串列埠控制暫存器 SCON 當中的 SM0 和 SM1 位元來決定串列埠在哪一種模式之下工作。以下我們先列出這4種模式，並說明之。

SM0	SM1	工作模式	說明	鮑率 (Baud Rate)
0	0	0	此時串列埠當成移位暫存器使用	振盪頻率/12
0	1	1	8 位元 UART	由 Timer1 和 SMOD 位元決定
1	0	2	9 位元 UART	
1	1	3	9 位元 UART	由 Timer1 和 SMOD 位元決定

圖 1-15　串列埠工作模式的說明

(1) 串列埠在工作模式 0 時，是當成移位暫存器使用，此時RXD接腳專門負責傳送或是接收串列資料，而 TXD 接腳則會輸出時鐘脈波，時鐘脈波的頻率是石英晶體振盪頻率的 12 分之 1。

(2) 串列埠在工作模式 1 時，是當成 UART 使用，此時串列埠的傳送或接收速率是由 Timer1 和 SMOD 位元決定，此時 Timer 1 在工作模式 2。

　　串列埠在工作模式 1 時，傳送或是接收的資料都是由 1 位元的開始位元(start bit)、8 位元的資料位元和 1 位元的結束位元(stop bit)所組成，資料傳送或接收都是由低階位元開始。資料傳送時是經由 TXD 接腳送出，資料接收時是經由 RXD 接腳傳入。

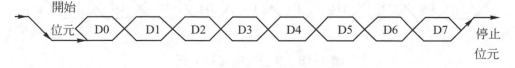

圖 1-16　8 位元的資料位元

　　串列埠的傳送或是接收速率是由石英晶體振盪頻率和SMOD位元決定。

$$SMOD = 0 \text{ 時，傳輸速率(鮑率)} = \frac{1}{32} \times \frac{\text{石英晶體振盪頻率}}{12 \times (256 - TH1)}$$

$$SMOD = 1 \text{ 時，傳輸速率(鮑率)} = \frac{1}{16} \times \frac{\text{石英晶體振盪頻率}}{12 \times (256 - TH1)}$$

　　當使用者採用 11.059MHz 振盪頻率的石英晶體時，可以根據下表設定 TH1 和 SMOD 的數值得到不同的鮑率。

鮑率	TH1	SMOD
1200	TH1 = E8	0
2400	TH1 = F4	0
4800	TH1 = FA	0
9600	TH1 = FD	0
19200	TH1 = FD	1

圖 1-17　設定鮑率的說明

(3)　串列埠在工作模式 2 時，是當成 UART 使用，此時資料位元的長度是 9 位元。傳送或是接收的資料都是由 1 位元的開始位元(start bit)、9 位元的資料位元和 1 位元的結束位元(stop bit)所組成，資料傳送或接收都是由低階位元開始。

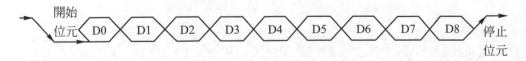

圖 1-18　9 位元的資料位元

串列埠的傳送或是接收速率是由石英晶體振盪頻率和SMOD位元決定。

$$SMOD = 0 \text{ 時，傳輸速率(鮑率)} = \frac{1}{32} \times \frac{\text{石英晶體振盪頻率}}{12}$$

$$SMOD = 1 \text{ 時，傳輸速率(鮑率)} = \frac{1}{16} \times \frac{\text{石英晶體振盪頻率}}{12}$$

(4) 串列埠在工作模式 3 時，是當成 UART 使用，此時資料位元的長度是 9 位元。傳送或是接收的資料和模式 2 相同。

串列埠的傳送或是接收速率是由石英晶體振盪頻率和SMOD位元決定。

$$SMOD = 0 \text{ 時，傳輸速率(鮑率)} = \frac{1}{32} \times \frac{\text{石英晶體振盪頻率}}{12 \times (256 - TH1)}$$

$$SMOD = 1 \text{ 時，傳輸速率(鮑率)} = \frac{1}{16} \times \frac{\text{石英晶體振盪頻率}}{12 \times (256 - TH1)}$$

9. PCON 暫存器的內容

PCON 暫存器是用來設定 AT89S5X 的串列傳輸速率與省電模式，以下是 PCON 暫存器的內容：

位元	7	6	5	4	3	2	1	0
	SMOD	–	–	–	CF1	GF0	PD	IDL

串列埠在工作模式 1 或 3 時，傳送或是接收速率是由石英晶體振盪頻率和SMOD位元決定。

$$SMOD = 0 \text{ 時，傳輸速率(鮑率)} = \frac{1}{32} \times \frac{\text{石英晶體振盪頻率}}{12 \times (256 - TH1)}$$

$$SMOD = 1 \text{ 時，傳輸速率(鮑率)} = \frac{1}{16} \times \frac{\text{石英晶體振盪頻率}}{12 \times (256 - TH1)}$$

GF1 和 GF0 是一般用途的旗標。

PD 位元是停止運作(Power Down)模式的設定位元，當此位元設定為 1 時，震盪電路停止工作，所以 8051 的內部所有運作皆停止，只有內部

RAM 的資料會保留下來，8051 一旦進入 Power Down 模式之後，只有在 8051 被 RESET 之後，或是硬體中斷接腳有邊緣觸發中斷發生時，才會重新開始工作。

使用 Keil C 要讓 AT89X51 進入功率下降模式時，必須執行 PD_ = 1，或是 STOP = 1。

IDL 位元是閒置模式的設定位元，當此位元設定為 1 時，8051 雖停止執行指令，但是周邊依然在運作，只有當中斷發生或是被 RESET 之後，CPU 才會重新工作。

使用 Keil C 要讓 AT89X51 進入閒置模式時，必須執行 IDL_ = 1。

10. 輔助暫存器 AUXR 的內容

輔助暫存器 AUXR 是用來設定 AT89S5X 的一些額外功能，以下是 AUXR 暫存器的內容：

位元	7	6	5	4	3	2	1	0
	—	—	—	WDIDLE	DISRTO	—	—	DISABLE

WDIDLE：設定 8051 在閒置模式下，看門狗計時器是否依然要工作。
DISTRO：
DISABLE：ALE 是否要產生訊號。

最後我們將特殊用途暫存器的名稱和它們實際的地址全部列出，如下表所示：

P0	DPL	DPH	PCON	TCON	TMOD	TL0	TL1	TH0	TH1
0x80	0x82	0x83	0x87	0x88	0x89	0x8A	0x8B	0x8C	0x8D

P1	SCON	SBUF	P2	IE	P3	IP	PSW	ACC	B
0x90	0x98	0x99	0xA0	0xA8	0xB0	0xB8	0xD0	0xE0	0xF0

圖 1-19　特殊用途暫存器的名稱和地址

　　但是程式人員並不需要記憶每一個特殊用途暫存器的實際地址，因為如果你是使用C語言發展你的專題計畫的話，你只要記得在程式的開頭加入 #include <reg51x.h> 即可，因為 reg51x.h 當中已經將每一個特殊用途暫存器的名稱對應到實際地址了。下面是檔案 reg51x.h 當中對於特殊用途暫存器的定義：

```
/*-------------------------------------------------
位元暫存器的定義
-------------------------------------------------*/
sfr    P0    = 0x80;
sfr    SP    = 0x81;
sfr    DPL   = 0x82;
sfr    DPH   = 0x83;
sfr    PCON  = 0x87;
sfr    TCON  = 0x88;
sfr    TMOD  = 0x89;
sfr    TL0   = 0x8A;
sfr    TL1   = 0x8B;
sfr    TH0   = 0x8C;
sfr    TH1   = 0x8D;
sfr    P1    = 0x90;
sfr    SCON  = 0x98;
sfr    SBUF  = 0x99;
str    P2    = 0xA0;
sfr    IE    = 0xA8;
sfr    P3    = 0xB0;
sfr    IP    = 0xB8;
sfr    PSW   = 0xD0;
sfr    ACC   = 0xE0;
sfr    B     = 0xF0;
/*-------------------------------------------------
P0 的位元暫存器
-------------------------------------------------*/
sbit   P0_0 = 0x80;
sbit   P0_1 = 0x81;
```

```
sbit    P0_2 = 0x82;
sbit    P0_3 = 0x83;
sbit    P0_4 = 0x84;
sbit    P0_5 = 0x85;
sbit    P0_6 = 0x86;
sbit    P0_7 = 0x87;
/*-------------------------------------------------
PCON Bit Values
-------------------------------------------------*/
#define IDL_     0x01
#define STOP_    0x02
#define PD_      0x02     /* Alternate definition */
#define GF0_     0x04
#define GF1_     0x08
#define SMOD_    0x80
/*-------------------------------------------------
TCON Bit Registers
-------------------------------------------------*/
sbit    IT0  = 0x88;
sbit    IE0  = 0x89;
sbit    IT1  = 0x8A;
sbit    IE1  = 0x8B;
sbit    TR0  = 0x8C;
sbit    TF0  = 0x8D;
sbit    TR1  = 0x8E;
sbit    TF1  = 0x8F;
/*-------------------------------------------------
TMOD Bit Values
-------------------------------------------------*/
#define T0_M0_     0x01
#define T0_M1_     0x02
#define T0_CT_     0x04
#define T0_GATE_   0x08
#define T1_M0_     0x10
#define T1_M1_     0x20
#define T1_CT_     0x40
```

```c
#define T1_GATE_  0x80
#define T1_MASK_  0xF0
#define T0_MASK_  0x0F


/*-------------------------------------------------
P1 Bit Registers
-------------------------------------------------*/
sbit   P1_0 = 0x90;
sbit   P1_1 = 0x91;
sbit   P1_2 = 0x92;
sbit   P1_3 = 0x93;
sbit   P1_4 = 0x94;
sbit   P1_5 = 0x95;
sbit   P1_6 = 0x96;
sbit   P1_7 = 0x97;
/*-------------------------------------------------
SCON Bit Registers
-------------------------------------------------*/
sbit   RI   = 0x98;
sbit   TI   = 0x99;
sbit   RB8  = 0x9A;
sbit   TB8  = 0x9B;
sbit   REN  = 0x9C;
sbit   SM2  = 0x9D;
sbit   SM1  = 0x9E;
sbit   SM0  = 0x9F;
/*-------------------------------------------------
P2 Bit Registers
-------------------------------------------------*/
sbit   P2_0 = 0xA0;
sbit   P2_1 = 0xA1;
sbit   P2_2 = 0xA2;
sbit   P2_3 = 0xA3;
sbit   P2_4 = 0xA4;
sbit   P2_5 = 0xA5;
sbit   P2_6 = 0xA6;
```

```
sbit   P2_7 = 0xA7;
/*--------------------------------------------------
IE Bit Registers
--------------------------------------------------*/
sbit   EX0  = 0xA8;        /* 1=Enable External interrupt 0 */
sbit   ET0  = 0xA9;        /* 1=Enable Timer 0 interrupt */
sbit   EX1  = 0xAA;        /* 1=Enable External interrupt 1 */
sbit   ET1  = 0xAB;        /* 1=Enable Timer 1 interrupt */
sbit   ES   = 0xAC;        /* 1=Enable Serial port interrupt */
sbit   ET2  = 0xAD;        /* 1=Enable Timer 2 interrupt */
sbit   EA   = 0xAF;        /* 0=Disable all interrupts */
/*--------------------------------------------------
P3 的位元暫存器(Mnemonics & Ports)
--------------------------------------------------*/
sbit   P3_0 = 0xB0;
sbit   P3_1 = 0xB1;
sbit   P3_2 = 0xB2;
sbit   P3_3 = 0xB3;
sbit   P3_4 = 0xB4;
sbit   P3_5 = 0xB5;
sbit   P3_6 = 0xB6;
sbit   P3_7 = 0xB7;
sbit   RXD  = 0xB0;    /* Serial data input */
sbit   TXD  = 0xB1;    /* Serial data output */
sbit   INT0 = 0xB2;    /* External interrupt 0 */
sbit   INT1 = 0xB3;    /* External interrupt 1 */
sbit   T0   = 0xB4;    /* Timer 0 external input */
sbit   T1   = 0xB5;    /* Timer 1 external input */
sbit   WR   = 0xB6;    /* External data memory write strobe */
sbit   RD   = 0xB7;    /* External data memory read strobe */
/*--------------------------------------------------
IP 的位元暫存器
--------------------------------------------------*/
sbit   PX0  = 0xB8;
sbit   PT0  = 0xB9;
sbit   PX1  = 0xBA;
```

```
sbit  PT1  = 0xBB;
sbit  PS   = 0xBC;
sbit  PT2  = 0xBD;
/*------------------------------------------------
PSW 的位元暫存器
------------------------------------------------*/
sbit  P    = 0xD0;
sbit  FL   = 0xD1;
sbit  OV   = 0xD2;
sbit  RS0  = 0xD3;
sbit  RS1  = 0xD4;
sbit  F0   = 0xD5;
sbit  AC   = 0xD6;
sbit  CY   = 0xD7;
/*------------------------------------------------
Interrupt Vectors:
Interrupt Address = (Number * 8) + 3
------------------------------------------------*/
#define IE0_VECTOR      0   /* 0x03 External Interrupt 0 */
#define TF0_VECTOR      1   /* 0x0B Timer 0 */
#define IE1_VECTOR      2   /* 0x13 External Interrupt 1 */
#define TF1_VECTOR      3   /* 0x1B Timer 1 */
#define SIO_VECTOR      4   /* 0x23 Serial port */


/*------------------------------------------------
------------------------------------------------*/
#endif
```

1-4　中　斷

　　MCS51 的中斷大致上可以區分為外部的硬體中斷、內部的計時計數器中斷、串列傳輸的中斷、看門狗重置(watchdog reset)中斷和系統重置(RESET)中斷等。下圖是 AT89S5X 的所有中斷來源和中斷號碼。

中斷號碼	中斷向量	中斷來源	中斷原因
0	0x00	RESET	外部 RESET、Power-On RESET 和 Watchdog RESET
1	0x03	外部 INT0 接腳	外部 INT0 接腳的中斷
2	0x0B	計時計數器 Timer 0	Timer 0 的溢位中斷
3	0x13	外部 INT1 接腳	外部 INT1 接腳的中斷
4	0x1B	計時計數器 Timer 1	Timer 0 的溢位中斷
5	0x23	串列埠 RXD 和 TXD 接腳	串列埠接收完 1 個byte，或是串列埠傳送完 1 個 byte
6	0x2B	計時計數器 Timer 2	Timer 2 的溢位中斷(只有 AT89S52 和 AT89S53 才有 Timer 2)

圖 1-20　中斷號碼和中斷向量

在檔案reg51x.h當中定義了中斷向量常數，這些常數的定義對於撰寫中斷副程式比較方便，以下是這些中斷向量常數的定義。

```
/*-------------------------------------------------
Interrupt Vectors:
Interrupt Address = (Number * 8) + 3
-------------------------------------------------*/
#define IE0_VECTOR     0   /* 0x03 External Interrupt 0 */
#define TF0_VECTOR     1   /* 0x0B Timer 0 */
#define IE1_VECTOR     2   /* 0x13 External Interrupt 1 */
#define TF1_VECTOR     3   /* 0x1B Timer 1 */
#define SIO_VECTOR     4   /* 0x23 Serial port */
```

當中斷發生時，會先跳到中斷向量的位置去執行。通常使用者都是在中斷向量的位置放入跳躍指令，跳到中斷服務程式的地方；當中斷完成之後，就會從中斷服務程式返回。對於使用者而言，必須撰寫中斷服務常式 (Interrupt Service Routine，簡稱為 ISR)。因為本書是使用 C 語言發展程式，因此使用者必須學會使用 C 語言撰寫中斷服務常式，本書的第 3 章中會詳細地說明。以下是 Timer0 溢位中斷服務程式的撰寫格式：

```
static void timer0_isr(void) interrupt TF0_VECTOR using 1
{
    加入中斷之後必須處理的程式碼
}
```

TF0_VECTOR 後面所接的 using 1，表示進入 Timer0 的溢位中斷服務程式之後會使用暫存器組 1(Register Bank 1)，而離開 Timer0 的溢位中斷服務程式時編譯器也會自動恢復使用原先所使用的暫存器組。

1-5　週邊設備的使用

MCS51 當中包含了許多週邊控制的設備，其中包括了 2 個硬體中斷接腳、2 個計時計數器和 UART 等週邊控制器。使用者在使用這些週邊之前必須先對這些週邊做設定。本節主要是介紹如何設定與使用這些週邊控制設備。

■ 1-5-1　外部硬體中斷

MCS51 當中包含了 2 個硬體中斷接腳，這 2 個硬體中斷接腳分別是 INT0 和 INT1。使用者必須先啟動中斷致能，INT0 或 INT1 才能夠接收中斷信號。當接腳接收到負準位或是負緣信號時，就會產生中斷。所謂負準位中斷就是指中斷接腳是 0V 時就產生中斷，負緣中斷是指中斷接腳由+5V 降到 0V 才會發生中斷。

使用外部中斷 INT0 或是 INT1 之前，必須先設定其工作方式，設定的過程如下所示：

(1) 執行 EA = 0 以暫停中斷。

(2) 設定 INTX 是準位中斷還是負緣中斷。(X 代表 0 或 1)

(3) 執行 EX0 = 1，啓動 INT0 中斷。EX = 1，則啓動 INT1 中斷。

(4) 執行 EA = 1 以啓動中斷。

以下分別說明每一個步驟。

(1) 使用外部中斷 INT0 之前，必須先設定中斷致能暫存器，中斷致能暫存器 IE 的內容如下：

位元	7	6	5	4	3	2	1	0
	EA	—	ET2	ES	ET1	EX1	ET0	EX0

其中 EA 是設定整體中斷的啓動或是關閉，所以 EA=0 是設定系統不接受所有的中斷，而 EA=1 則是設定系統可以接受中斷。

EX0 是設定接受或不接受外部中斷 INT0，所以 EX0=0 是設定不接受外部中斷 INT0，而 EX0=1 則是設定接受外部中斷 INT0。

EX1 是設定接受或不接受外部中斷 INT1，所以 EX1=0 是設定不接受外部中斷 INT1，而 EX1=1 則是設定接受外部中斷 INT1。

(2) 設定準位中斷或是負緣中斷時，負準位中斷或是負緣中斷是由計時器模式控制暫存器 TCON 當中的 IT1 和 IT0 位元決定。請參考下圖：

位元	7	6	5	4	3	2	1	0
	TF1	TR1	TF0	TR0	IE1	IT1	IE0	IT0

位元		
IE1	IE1 位元指示外部中斷接腳 INT1 是否已經發生中斷	IE1 = 0 表示 INT1 接腳沒有發生中斷， IE1 = 1 表示 INT1 接腳發生中斷。
IT1	設定外部中斷接腳 INT1 是負準位觸發還是負緣觸發	IT1 = 0 設定 INT1 接腳是負準位觸發 IT1 = 1 設定 INT1 接腳是負緣觸發
IE0	IE0 位元指示外部中斷接腳 INT0 是否已經發生中斷	IE0 = 0 表示 INT0 接腳沒有發生中斷， IE0 = 1 表示 INT0 接腳發生中斷。
IT0	設定外部中斷接腳 INT0 是負準位觸發還是負緣觸發	IT0 = 0 設定 INT0 接腳是負準位觸發 IT0 = 1 設定 INT0 接腳是負緣觸發

(3) 我們再來看看中斷優先次序暫存器 IP：

7	6	5	4	3	2	1	0
—	—	PT2	PS	PT1	PX1	PT0	PX0

PX0 = 1 是設定外部中斷 INT0 優先，PX1 = 1 則是設定外部中斷 INT1 優先。

(4) 設定 EA = 1 以啟動整體中斷。

當使用者根據以上的步驟設定好中斷處理之後，接下來還必須根據上一節所述，撰寫中斷服務程式。

INT0 的中斷服務程式格式如下所示：

```
static void xint0_isr(void) interrupt IE0_VECTOR
{
        INT0 的中斷服務程式碼
}
```

INT1 的中斷服務程式格式如下所示：

```
static void xint1_isr(void) interrupt IE1_VECTOR
{
            INT1 的中斷服務程式碼
}
```

其中 IE0_VECTOR 和 IE1_VECTOR 是定義在檔案 reg51x.h 中的常數，其數值是 0 和 2。

■ 1-5-2　計時計數器

MCS51 當中包含了 2 個計時計數器，這 2 個計時計數器分別是 Timer0 和 Timer1。這 2 個計時計數器都是 16 位元的計時計數器，使用者必須先設定它們的工作模式，並且啓動計時計數器的溢位中斷，才可以使用其功能。當計時計數器啓動後，每一個機械周期就會接收到一個脈波，計時計數器的數值就會加 1，當計時計數器上數到臨界值時，就會產生溢位中斷 (Overflow Interrupt)。

使用計時計數器 Timer0 和 Timer1 之前，必須先設定其工作方式，設定的過程如下所示，其中 X 可以代表 0 或是 1。

(1)　先暫停接受所有的中斷。

(2)　關閉 TimerX。

(3)　設定計時器 X 的工作模式。

(4)　設定計時器 X 的計數器數值(TL0 和 TH0 數值或是 TL1 和 TH1 的數值)。

(5)　設定計時器 X 有比較高的優先順序。 (這一個步驟可以省略)

(6)　設定接受 TimerX 的中斷。

(7)　啓動 TimerX。

(8) 設定系統接受中斷。

以下分別說明如何下達這些指令。

⑴ 首先，讓我們來看看如何讓 8051 暫停接受所有的中斷。要讓 8051 暫停接受所有的中斷，必須設定 EA = 0，關於 EA 位元請參考前一小節。

⑵ 要設定不接受 TimerX 中斷時，必須設定 ETX = 0。因此 ET0 = 0 是設定不接受 Timer0 的中斷，而 ET1 = 0 則是設定不接受 Timer1 的中斷。

⑶ 接下來，讓我們來看看如何設定計時計數器的工作模式。設定計時計數器的工作模式時，必須設定計時器模式控制暫存器 TMOD 的內容：

位元	7	6	5	4	3	2	1	0
	GATE	C/T	M1	M0	GATE	C/T	M1	M0
	計時器 1				計時器 0			

其中 GATE = 1 表示 Timer0 或是 Timer1 必須在 INT0 或 INT1 是高電位時才會動作。

C/T = 1 表示計時計數器是由外部接腳 T0 或 T1 輸入計時的脈波。

M1 和 M0 則是用來選擇計時計數器的工作模式，如下表所示：

M1	M0	工作模式
0	0	13 位元的計時／計數器
0	1	16 位元的計時／計數器
1	0	8 位元的計時／計數器
1	1	計時器

因爲我們要設定計時器0爲16位元的工作模式，所以必須執行TMOD＝0x01;同理，若要設定計時器1爲16位元的工作模式，所以必須執行 TMOD＝0x10。

(4)　設定計時器 X 的計數器數值(TLX 和 THX 數值)。

計時器計數暫存器 TLX 和 THX 是儲存計時計數器 TimerX 的目前計數內容，TLX 是低階的 8 位元，THX 則是高階的 8 位元。TLX 和 THX 組合起來就構成 16 位元的計數器。

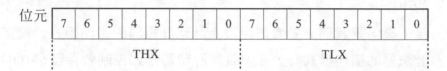

當計時計數器 TimerX 是在 16 位元的模式下工作時，每一個機械週期就會有一個時鐘脈波送到計時計數器 TimerX，此時計時計數器 TimerX 就往上加 1，當計時計數器 TimerX 計數到 65535 時，接下來的下一個脈波就會讓計時計數器 TimerX 產生溢位中斷(Overflow Interrupt)，計時計數器 TimerX 內的數值會回到 0。

例如，如果 AT89S51 外接一顆振盪頻率是 12MHZ 的石英晶體時，因爲 8051 的一個機械週期需要 12 個石英晶體的振盪週期，所以每秒就有 1,000,000 次的機械週期，換言之，1us就會有一個時鐘脈波送到計時計數器 Timer1。

如果我們希望 Timer1 每秒中斷 200 次，那麼我們就必須讓 Timer1 每數 5000 次就中斷 1 次(1000000/200＝5000)。因爲 Timer1 的溢位中斷是 Timer1 數到65536(16 進位表示時是 10000H)就產生中斷，因此要讓Timer1 數 5000 次就中斷 1 次時就必須設定　Timer1 等於 10000h－((12,000,000/(12×200)))，也就是 0xEE11。接下來我們就可以分別設定 Timer1 計數器的 TL1 和 TH1，使用 C 語言時就是：

TL1=(0xEE11 & 0x00FF);　//設定 Timer1 計數器的低階 8 位元

TH1=(0xEE11 >> 8);　　　//設定 Timer1 計數器的高階 8 位元

(5) 我們再來看看中斷優先次序暫存器 IP：

位元	7	6	5	4	3	2	1	0
	–	–	PT2	PS	PT1	PX1	PT0	PX0

PT2 是設定 Timer2 優先，PT1 是設定 Timer1 優先。因此，如果我們要設定計時器 0 有比較高的優先順序，就必須執行 PT0 = 1。

(6) 設定接受 TimerX 的中斷，必須設定 ETX = 1。因此 ET0 = 1 是設定接受 Timer0 的中斷，而 ET1 = 1 則是設定接受 Timer1 的中斷。

(7) 程式當中要關閉 TimerX 或啟動 TimerX，必須設定計時計數控制暫存器 TCON：

位元	7	6	5	4	3	2	1	0
	TF1	TR1	TF0	TR0	IE1	IT1	IE0	IT0

其中 TR0 是用來控制 Timr0 的啟動，因此如果我們要啟動 Timer 0 的時候只要執行 TR0 = 1 即可；反之，執行 TR0=0 之後，就會停止 Timer0 的計時計數動作。

(8) 設定系統接受中斷，只要執行 EA = 1 即可。

當使用者根據以上的步驟設定好設定計時計數器的工作模式，並且啟動溢位中斷之後。接下來還必須根據上一節所述，撰寫中斷服務程式。

Timer0 的溢位中斷服務程式格式如下所示：

```
static void timer0_isr(void) interrupt TF0_VECTOR using 1
    {
            加入中斷之後必須處理的程式碼
    }
```

Timer1 的溢位中斷服務程式格式如下所示：

```
static void timer1_isr(void) interrupt TF1_VECTOR using 1
    {
            加入中斷之後必須處理的程式碼
    }
```

其中 TF0_VECTOR 和 TF1_VECTOR 是定義在檔案 reg51x.h 中的常數，其數值是 1 和 3。

■ 1-5-3　串列埠

MCS51 當中包含了 1 個串列埠，使用串列埠之前，必須先設定其工作方式，設定的過程如下所示。

(1)　設定串列埠的工作方式。

(2)　設定 SMOD 和 Timer1 以決定 Baud Rate。

(3)　啓動串列埠中斷。(當使用者使用輪詢的方式時，此步驟可省略)

(4)　如果串列埠要在模式 1 或 3 工作時，必須設定 TH1 的數值。

(5)　如果串列埠要在模式 1 或 3 工作時，必須啓動 Timer1。

以下分別說明如下。

(1) 設定串列埠的工作方式時，首先必須設定串列埠控制暫存器 SCON，以下是串列埠控制暫存器 SCON 的內容。

位元	7	6	5	4	3	2	1	0
	SM0	SM1	SM2	REN	TB8	RB8	TI	RI

串列埠控制暫存器 SCON 的內容說明請參考 1-3 節的圖 1-14 和圖 1-15。AT89S5X 的串列埠總共有 4 種工作模式，使用者必須先設定 SM0 和 SM1 位元以決定串列埠要在那一種模式之下工作。使用者可以直接設定 SCON 的數值，例如，如果你希望串列埠要在模式 1 工作時，只要設定 SCON = 0x50;即可。

(2) 如果串列埠要在模式 1 或 3 工作時，還必須設定 SMOD 和 Timer1 以決定鮑率。

$$\text{SMOD} = 0 \text{ 時，傳輸速率(鮑率)} = \frac{1}{32} \times \frac{\text{石英晶體振盪頻率}}{12 \times (256 - \text{TH1})}$$

$$\text{SMOD} = 1 \text{ 時，傳輸速率(鮑率)} = \frac{1}{16} \times \frac{\text{石英晶體振盪頻率}}{12 \times (256 - \text{TH1})}$$

其中 Timer1 設定為工作模式 2，亦即 SMOD = 0x20。此時 Timer1 是 8 位元的計數器，而且在溢位發生時會自動重新載入。

(3) 啟動串列埠中斷，串列埠中斷是由 IE 暫存器的 ES 位元來決定，設定 8051 要接受串列埠中斷時，只要執行 ES=1 即可。

(4) 如果串列埠要在模式 1 或 3 工作時，必須設定 TH1 的數值。
如果使用者使用採用 11.059MHz 振盪頻率的石英晶體時，可以根據下頁表設定 TH1 和 SMOD 的數值以得到不同的鮑率。

(5) 如果串列埠要在模式 1 或 3 工作時，必須啟動 Timer1；使用 TR1 = 1。

鮑率	TH1	SMOD
1200	TH1 = E8	0
2400	TH1 = F4	0
4800	TH1 = FA	0
9600	TH1 = FD	0
19200	TH1 = FD	1

　　當使用者根據以上的步驟設定好串列埠的工作方式之後，如果不是採用輪詢的方式，就必須根據上一節所述，撰寫中斷服務程式。

　　串列埠的中斷服務程式格式如下所示：

```
static void com_isr(void) interrupt SIO_VECTOR using 1
    {
        ...
    }
```

　　其中 SIO_VECTOR 是定義在檔案 reg51x.h 中的常數，其數值是 4。

1-6　看門狗(Watchdog)

　　看門狗計時器(watchdog timer)可以讓微處理器在意外狀況下重新恢復到正常的工作狀態。使用看門狗計時器之後，如果在預設的時間內沒有執行看門狗重置，看門狗計時器就會對 AT89S51 執行系統重置(reset)，系統就會從 0X0000 的地方開始執行。

　　AT89S5X 的看門狗計時器是一個 14 位元的計數器，它的工作時脈頻率是機械周期的振盪頻率，也就是石英晶體震盪頻率除以 12。因此如果外接 12MHz 的石英晶體時，看門狗計時器的輸入時鐘脈波頻率就是 1MHz，如圖 1-21 所示。

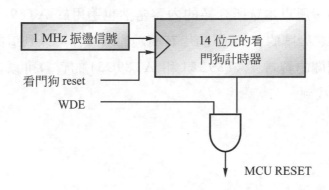

圖 1-21　看門狗計時器的示意圖

　　看門狗計時器是由一個 14 位元計數器和一個看門狗重置暫存器(Watchdog Timer Reset，簡稱 WDTRST SFR)。當 AT89S51 剛加上電源或是 RESET 之後，看門狗計時器並沒有被啟動。使用者必須對 WDTRST 暫存器依序寫入 01EH 和 0E1H，才可以啟動看門狗計時器。看門狗計時器被啟動之後就無法停止，除非是 AT89S51 被 RESET(硬體的 RESET 或是看門狗 RESET)。

　　當看門狗計時器被啟動之後，AT89S51 機械周期的振盪時脈會輸入到這個 14 位元計數器，每一個機械周期的振盪時脈會讓這個 14 位元計數器加 1，因此 14 位元的計數器可以由 0 計數到 16383。如果在看門狗計時器數到 16383 之前沒有執行看門狗重置，看門狗計時器就會對 AT89S51 執行系統重置(reset)，此時 RST 接腳會產生 98 個石英晶體振盪週期的 RESET 訊號；然後系統就會從 0X0000 的地方開始執行。

　　使用者必須對 WDTRST 暫存器依序寫入 01EH 和 0E1H，才可以執行看門狗重置。WDTRST 暫存器是一個只能寫入，不能讀出的暫存器；而 14 位元計數器不能寫入也不能讀出的計數器。

1-7　結　論

　　本章中我們介紹了 AT89S51 的記憶體架構、I/O 暫存器、計時計數器、看門狗計時器、UART 的架構與使用。因為 AT89S5X 的基本核心架構都是相同的，所以本章所介紹的內容當然也適用於 AT89C51 單晶片。如果你對於其它廠牌的 8051 單晶片有興趣的話，你可以到這些公司的官方網站去尋找相關的資料。AT89S51 和 AT89C51 的資料可以在網站 www. atmel.com 上找到。

2

MCS-51

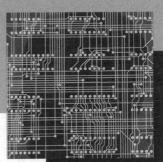

基本工具的使用

俗語說的好：「工欲善其事，必先利其器」，對於單晶片的初學者而言，想要學好單晶片時，首先必須有各種好的使用工具。所謂好的使用工具當然是指物美價廉。因此在這一章當中，我們將介紹這些基本工具，你將學會如何建立這些工具，以及如何使用這些工具。

因為本書主要是使用C語言來開發 8051 的專案程式，所以首先必須有一個可以在 Windows XP 或是 Windows 98 作業系統下執行的 8051 C 語言編譯器，本書當中我們選擇了 Keil C 編譯器，因為它可以支援最多不同種類的 8051，這就是我們選擇 Keil C 編譯器的原因。

當你使用 Keil C 編譯器將自己所撰寫的 8051 程式，成功地編譯成燒錄檔案之後：接下來，你必須要有一台燒錄器，才可以把你的燒錄檔案燒錄到你所選用的 8051 晶片當中，接下來也才能進一步驗證你的程式是否可以正確的執行：因此，你至少需要一台燒錄器。如果你是在實驗室做實驗時，你當然可以使用實驗室的燒錄器，但是如果你的手邊沒有燒錄器，或是你希望擁有一台價廉物美的燒錄器以完成自己的專題時，該怎麼辦呢？

如果你有充裕的經費時，可以採購一台 AT89C51 的燒錄器，大約 2000 元左右吧！但是你也可以選擇自己做一台 AT89S5X 的燒錄器，價格很便宜喔！本章的 2-3 節當中會教你如何自製一台 AT89S5X 的燒錄器。

2-1　安裝 Keil C 編譯器

在這一節當中，我們將教您如何下載免費 Keil C 編譯器，以及如何安裝 Keil C 編譯器。

如何下載免費的 8051 Keil C 編譯器？首先，你必須進入 Keil C 的下載網頁 http://www.keil.com/demo/ ；接下來，你必須按下網頁中的 C51 Evaluation Software 選項，如圖 2-1 所示：

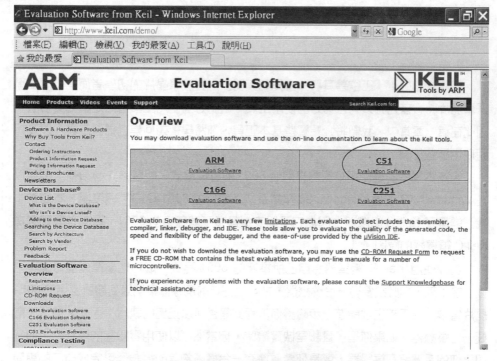

圖 2-1　Keil C 的下載網頁

然後，你就會進入如圖 2-2 所示的畫面，此時你必須填入一些個人的資料，粗體字的欄位是一定要填入的欄位。

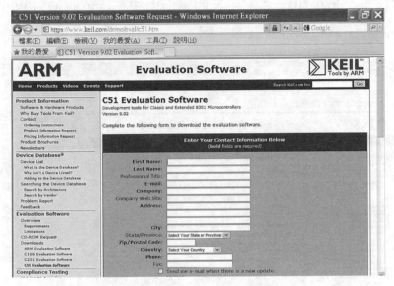

圖 2-2　填入個人資料的畫面

當你填完資料之後，記得按下最下方的 submit 按鈕，如圖 2-3 所示：

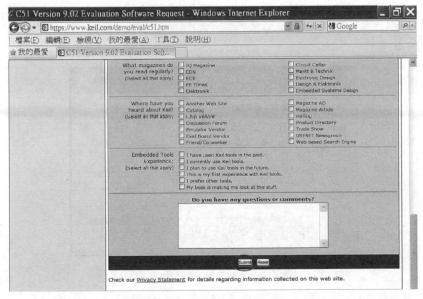

圖 2-3　submit 按鈕的畫面

你只要在接下來出現如圖 2-4 所示的畫面中按下藍色的 C51V902A.EXE 字，就會開始下載和執行安裝的步驟。

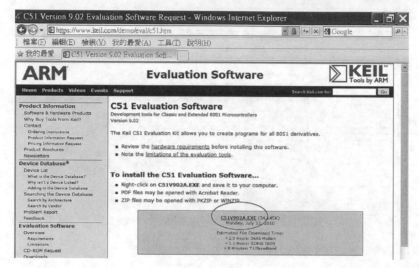

圖2-4　下載的畫面

當圖 2-5 所示的畫面出現時，你可以選擇先儲存再安裝，也可以選擇直接安裝。

圖2-5　執行或儲存的畫面

假設你選擇了上面畫面中的 執行(R)，接下來會出現如圖 2-6 所示的畫面。

圖 2-6　確認要安裝 Keil C 的畫面

這是詢問你是否真的要安裝 Keil C 的評估版(Evaluation Copy)，當你按下
是(Y) 之後，會出現以下的安裝畫面，如圖 2-7 所示。

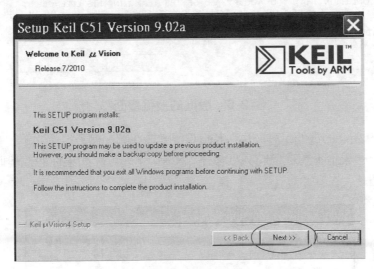

圖 2-7　歡迎安裝 Keil C 的畫面

接下來會出現版權的授權畫面，你要勾選 I agree，然後按下 Next>> 即
可。如圖 2-8 所示。

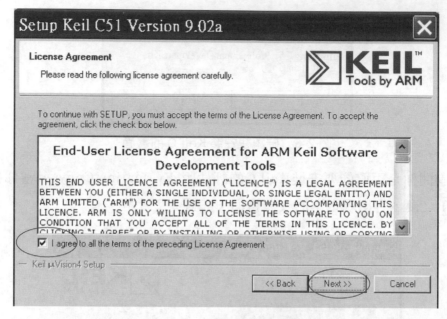

圖 2-8　版權的授權畫面

接下來圖 2-9 所示的畫面是詢問你，Keil C 要安裝在哪一個子目錄之下。預設是安裝在 C:\Keil，如果你不想改變時只要按下 Next > 即可，如果你想改變時，請按下 Browse 按鈕。

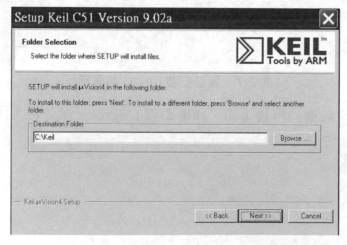

圖 2-9　安裝在哪一個子目錄的畫面

按下 Browse 按鈕時會出現圖 2-10 所示畫面，讓你選擇你想要安裝的路徑。

圖 2-10　安裝在哪一個子目錄的畫面

設定好安裝的路徑之後，接下來出現如圖 2-11 所示的畫面，這是讓使用者輸入自己的名字和公司的名字。

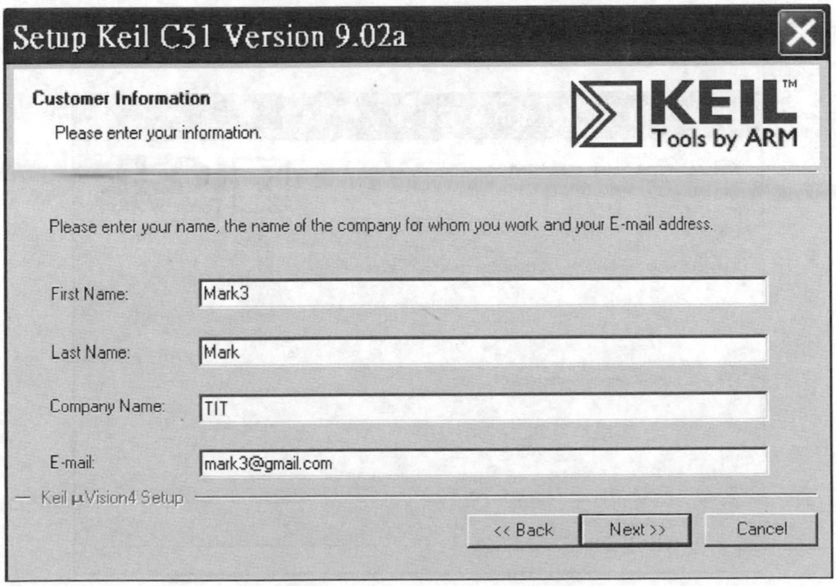

圖 2-11　使用者資訊的畫面

當你輸入完畢，按下 Next > 之後，就會開始安裝 Keil C，圖 2-12 是安裝過程時的畫面。

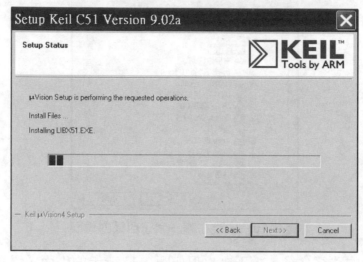

圖 2-12　安裝過程的畫面

等到安裝完畢之後，會出現如圖 2-13 所示畫面通知你，你只要按下 Finish ，就完成安裝。

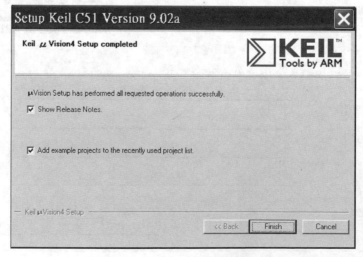

圖 2-13　安裝完成的畫面

圖 2-14　桌面上的捷徑畫面

當你安裝好之後，桌面上會出現如圖 2-14 所示的 Keil uVision4 的圖示，你只要使用滑鼠左鍵對此圖示快按 2 次，即可執行 Keil C。

2-2　開始使用 Keil C

安裝好 Keil C 之後，接下來我們將介紹如何使用 Keil C 來發展您的 8051 程式。使用者在使用本書時，建議您：

(1)　每一個實習都建立一個專案。

(2)　把同一個專案的所有程式都儲存在同一個子目錄中。

換言之，如果你要開始練習 2-1 的實習時，就先建立一個 ex2-1 的子目錄，接下來你就把新建立的專案和檔案都放在子目錄 ex2-1 當中，這種做法對於檔案的管理和維護都比較容易。以下是建立第一個專案的詳細步驟。

1.　建立新專案

　　使用者進入 Keil C 之後，建立新專案的方法是在主功能表下，按下 Project → New Project，如圖 2-15 所示：

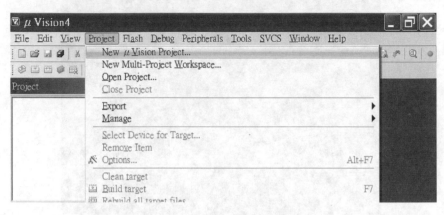

圖 2-15　建立新專案的畫面

接下來在新出現的視窗中**輸入新專案所在的目錄**，和**新專案的名稱**，如圖 2-16 所示：

圖 2-16　專案儲存目錄的畫面

當你按下 儲存 (S) 的按鈕之後，就會出現如圖 2-17 所示的畫面，讓使用者選擇自己所使用的單晶片。

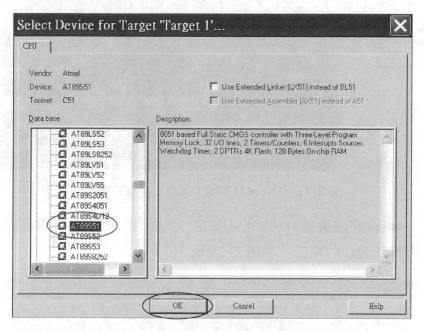

圖 2-17　選用晶片的畫面

選好你將要使用的晶片之後按下 確定 ，出現如圖 2-18 所示畫面來詢問你要使用標準的 8051 開始碼 (Startup Code)，以及是否要加入開始碼的檔案？

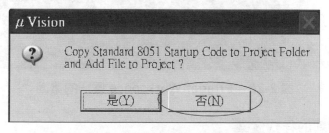

圖 2-18　是否選用起始碼的畫面

在此我們按下 否(N) 之後會回到一開始的主畫面如圖 2-19 所示，但是請注意在 Project Workspace 當中已經加入了 **Target1**。

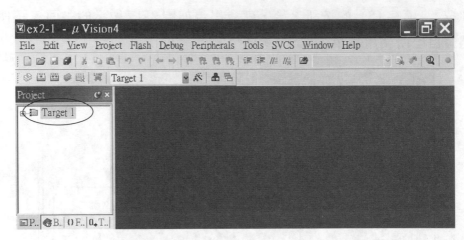

圖 2-19　　Project Workspace 展開的畫面

請注意，Target1 左邊的 + 號是可以進一步展開的按鈕，展開之後會顯示出目前專案所包含的檔案，如圖 2-20 所示。

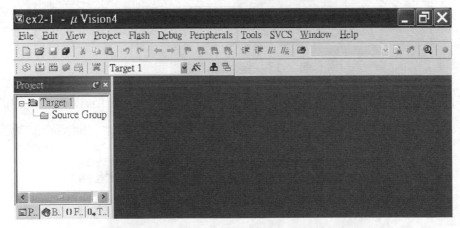

圖 2-20　　Project Workspace 展開的畫面

2. 產生一個新的程式檔案

目前我們的專案當中還沒有任何程式，所以呢，我們就必須先產生一個新的程式檔案，並且輸入程式，因此我們就先按下主功能表的 File → New，如圖 2-21 所示：

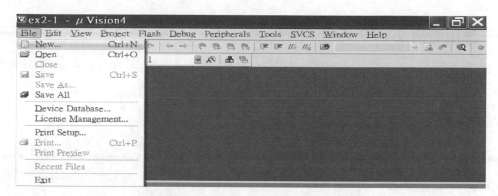

圖 2-21　產生一個新程式的畫面

此時會出現一個新的文字輸入視窗，並且**游標會在第一行閃爍**，如圖 2-22
所示：

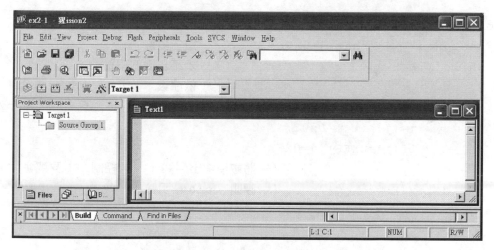

圖 2-22　新程式的畫面

你可以在這一個文字輸入視窗輸入範例 2-1 的程式。請輸入以下的程式。

應用範例 2-1

標題：　　　　範例 2-1
版本：　　　　1.0
Target：　　　89S51
程式描述：　　這個範例說明如何使用 Port 1 輸出跑馬燈
****

```c
#include <REGX51.H>
void delay (void)  {                    /* delay 函數 */
  unsigned char i,j;                    /* 這一個函數是執行時間的延遲 */
       for (i=0;i<255;i++)
               for(j=0;j<255;j++)                   ;
}
void main (void)   {
  unsigned       char j=0XFE;        /* 宣告變數 j */
  while (1)                          /* 永不止盡的迴路 */
{                                    /* 依序讓 LED 0, 1, 2, 3, 4
                                           5, 6, 7 閃爍 */
       j=(j<<1) | 0x01;
       if(j==0XFF) j=0XFE;
    P1 = j;                 /* 將數值輸出到 Port1，控制 LED 亮或滅 */
    delay();               /* 呼叫 delay 函數*/
   }
}
```

輸入程式之後，就必須儲存檔案，請按下主功能表的 **File → Save As**，如
圖 2-23 所示：

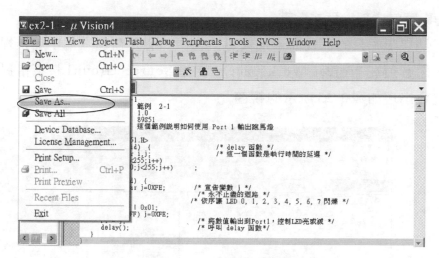

圖 2-23　儲存程式的畫面

然後就會出現如圖2-24所示的畫面，讓使用者設定檔案的名字，以及檔案要放在那一個子目錄；如前所述，同一個專案的所有程式都儲存在同一個子目錄中，所以程式檔案就放在目錄 ex2-1 當中。接下來要**輸入檔案的名稱**，為了整體的管理方便，程式檔案的主檔名就和專案名稱相同，但是這並不是非得如此，你也可以使用自己喜好的名稱，但是副檔名一定要是C。

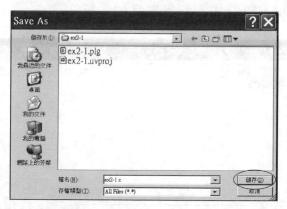

圖 2-24　輸入檔案名字的畫面

檔名輸入完成之後按下 儲存 按鈕。

3. 　在專案當中加入程式檔案

　　但是您所輸入的程式尚未加入專案當中，想要在專案當中加入程式檔案時，你必須在 Project Workspace 下對準 Source Group1 按下滑鼠的右鍵，就會出現如圖 2-25 所示的**視窗**。

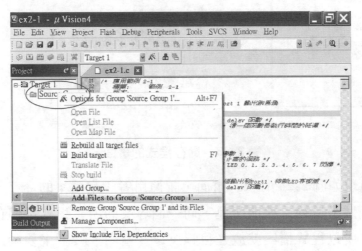

圖 2-25　在專案當中加入程式檔案的畫面

接下來再按下 **Add Files to Group "Source Group1"**就可以出現以下的視窗，讓使用者輸入想要加入到專案當中的檔案。

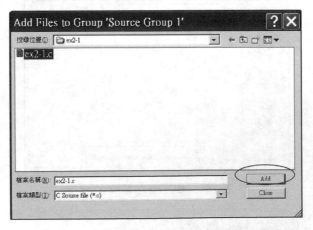

圖 2-26　在專案當中加入程式檔案的畫面

輸入您剛才所儲存的檔名ex2-1.c，按下 Add 按鈕之後，還要再按下 Close 離開此視窗，您的專案當中就加入了ex2-1.c，如圖 2-27 所示：

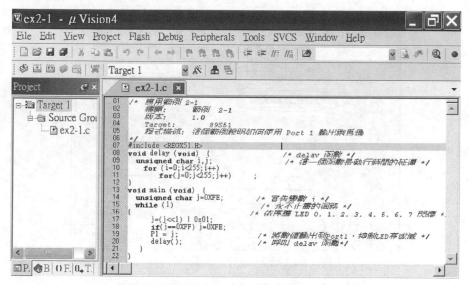

圖 2-27　在專案當中加入程式檔案之後的畫面

4.　修改所建立的輸出檔案

到此為止，您已經建立好專案，輸入程式碼，並且將程式碼檔案加入專案當中，接下來我們要設定你所產生的輸出檔案。請在主功能表下，按下 **Project → Options for Target "Target1"**，如圖 2-28 所示：

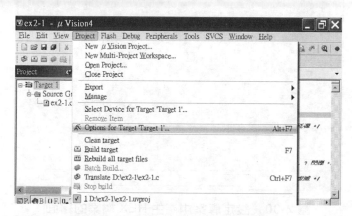

圖 2-28　設定專案特性的畫面

然後您會看到以下的視窗。請**輸入正確的石英晶體頻率**，並且**選擇Memory Model為Small，Code Rom Size也設定為Small**。

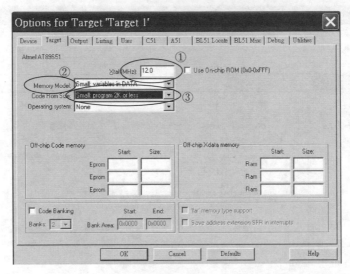

圖 2-29　設定專案中單晶片特性的畫面

接下來請按下最上方的 **Output**。

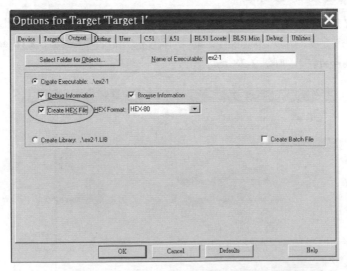

圖 2-30　設定專案中產生 HEX 檔案的畫面

Create HEX File 的選項原先沒有打勾，請將滑鼠游標移到這一個位置，然後按下滑鼠左鍵，將此選項打勾，這一個選項是決定是否要產生燒錄檔案.HEX 檔案。

在這一個視窗當中還有許多不同的功能設定，在此先不贅述。設定好專案的設定項目之後，按下 確定 的按鈕即可離開此視窗。

5. 編譯並產生燒錄檔案

　　OK，現在我們要編譯程式並且產生燒錄檔案，使用者在主功能表下，按下 **Project → Build Target**，就可以編譯程式並且產生燒錄檔案，如圖 2-31 所示：

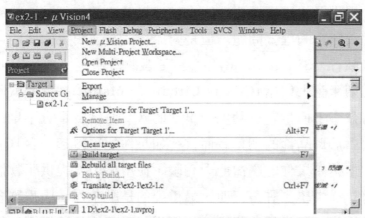

圖 2-31　建立專案的畫面

您也可以直接在主視窗下按下 F7 的按鈕，也可以完成編譯和建立燒錄檔案。如果您的程式正確無誤，就可以看到輸出視窗中顯示出

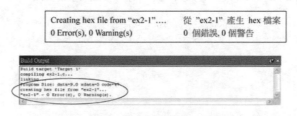

圖 2-32　建立專案的結果

6.　將燒錄檔案燒錄到 AT89S51 或是 AT89C51

如果您的程式正確無誤，就可以將所產生的.HEX檔案燒錄到AT89S51或是 AT89C51。請你自行使用8051的燒錄器燒錄完成晶片的燒錄，然後使得麵包板驗證實驗的結果。

以上建立專案到產生燒錄檔案的過程，在本書當中所有的範例都採取相同的做法，所以在以後的章節中，我們只列出程式碼，其餘的部分則不再重述。

2-3　軟體模擬

Keil C 提供了軟體模擬的功能，雖然對於單晶片而言，軟體模擬並不能有效地解決所有的程式問題，但是對於程式在邏輯上的問題，往往也可以經由單步執行 (Single Step)和觀察變數的數值逐一地找出來。

我們必須承認，使用ICE (In Circuit Emulator)在追蹤軟硬體上的問題上是很有效率，但是對於動則上萬元的ICE而言，畢竟不是大多數人所買得起的。對於單晶片的初學者而言，如果你能買得起一台ICE去學習，固然可喜，但是如果你的經濟能力有限，使用Keil C提供了軟體模擬的功能，依然可以從中學到許多東西，最重要的是動手作，因為許多寶貴的經驗都是經由實作，逐步累積起來。使用過Keil C的軟體模擬之後，你會發現真的很好用。以下我們就逐步地介紹Keil C的軟體模擬功能。

(1)　使用Keil C的軟體模擬功能時，首先請將滑鼠的游標移到主功能表當中的Debug選項按下去，就會出現如圖 2-33 所示的功能表。

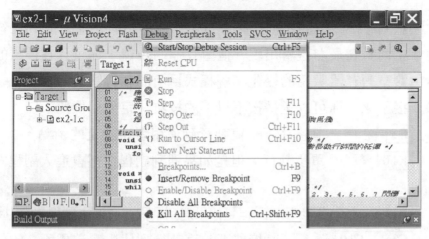

圖 2-33　執行偵錯

(2) 接下來，選擇 Start/Stop Debug Session，就開始執行偵錯的功
能。你也可以直接按下 Ctrl+F5 執行偵錯的功能。

開始執行偵錯功能時，會出現一個黃色的箭頭指向目前正在執行
的指令，如圖 2-34 所示：

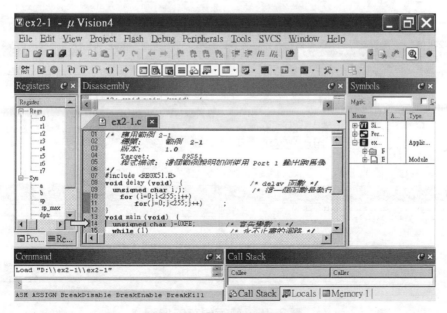

圖 2-34　執行偵錯的過程

你注意到了嗎？一開始偵錯時，<u>黃色的箭頭</u>指向一進入main之後的第一個指令；而且在最右邊會出現一個暫存器的視窗，你可以在偵錯的過程中，藉由觀察暫存器數值的變化了解程式目前的執行狀況。

(3)　接下來，你可以選擇按下以下的按鈕決定如何偵錯。

　　F5　　　　直接往下一直執行到使用者所設定的斷點。

　　F10　　　單步執行，但是如果遇到副程式不會進入副程式當中執行。

　　F11　　　單步執行，但是如果遇到副程式會進入副程式當中執行。

　　Ctrl+ F10　　　直接往下一直執行到使用者游標所在的位置。

　　當你按下以上的任何一個按鈕時，黃色的箭頭就會指向目前正在執行的指令。例如，我們按下 F11 之後，畫面就變成如圖 2-35 所示：

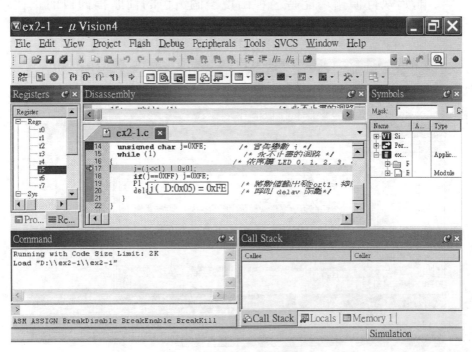

圖 2-35　執行偵錯的過程

當你把滑鼠移到變數 j 附近時，就會直接顯示出目前 j 的數值，如圖 2-36 所示。

你也可以將滑鼠游標移到視窗最下面的輸出視窗，然後直接由鍵盤輸入變數的名字 j，輸出視窗就會顯示出 j 的數值。

另外，你可以從畫面中最右邊出現的暫存器視窗看到，暫存器 r6 的數值是 0xfe，恰巧等於目前 j 的數值，這表示說在程式碼當中可能是使用暫存器 r6 來當成變數 j。

(4) 接下來，我們再按下 F11 按鈕，黃色的箭頭會移向下一個指令，你可以使用同樣的方法觀察變數 j 和暫存器 r6 的數值。

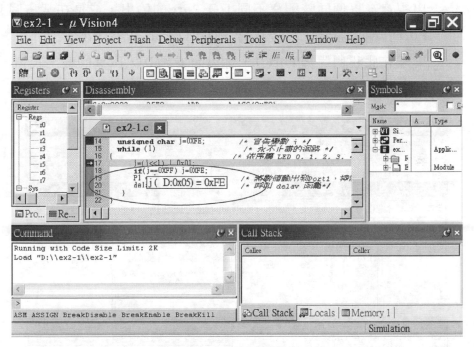

圖 2-36　執行偵錯的過程

(5) 接下來，我們再按下 F11 按鈕，黃色的箭頭會移向下一個指令，此時你可以開啟週邊接腳的視窗，觀察 I/O Port 的輸出，方法敘述如下。

　　首先將將滑鼠的游標移到主功能表當中的Peripherals選項按下去，就會出現如下圖所示的功能表，然後再將滑鼠移到 I/O-Ports 選項，你就會看到在 I/O-Ports 選項的旁邊會出現另一個視窗，其中包含了 Port 0、Port 1、Port 2、Port 3。這個時候，你可以選擇8051的任何1個I/O Port作輸入設定，或是觀察輸出數值。你要選擇任何1個 I/O Port 時，只要按下新出現視窗當中的選項即可。當你按下 Port 0、Port 1、Port 2、Port 3 當中的任何1個選項之後，你就會看到I/O Port的輸出視窗。

　　使用者也可以重複使面的步驟開啟，同時開啟一個以上的輸出視窗，以便同時觀察不同 I/O Port 的輸出，或是在某一個 I/O Port作輸入設定，然後在另一個 I/O Port 觀察輸出。

　　在此我們選擇 Port 1，你就會看到I/O Port的輸出視窗，如圖2-38所示。

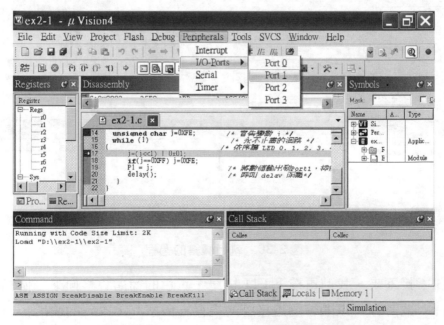

圖 2-37　設定 I/O Port 輸出視窗的畫面

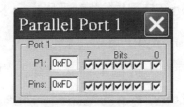

圖 2-38　I/O Port 輸出視窗的畫面

　　檢查看看 Port 1 的輸出是不是符合你的要求。

(6)　接下來，如果我們再按下 F11 按鈕，此時你可以看到黃色的箭頭副程式 delay( ) 的第一個指令。如果你不想進入副程式 delay( ) 偵錯時，就必須按下 F10 按鈕。

2-4　自製 AT89S51 的燒錄器

　　使用者要將所產生的.HEX檔案燒錄到晶片中時，首先必須有一台8051的燒錄器或是萬用型的燒錄器。通常在學校或是公司作實驗的話，大概都可以使用實驗室的燒錄器，此時你必須遵循這些燒錄器的燒錄方法。

　　如果你是在家中作實驗時，就必須自己準備一台燒錄器，才能夠驗證或產生最終的硬體產品。但是燒路器的價格都不算便宜，萬用型的燒錄器價格都在萬元左右，最便宜的AT89C5X燒錄器也要2000元上下。如果你的預算不是很多，在此我們建議您自行製作一台AT89S5x的燒錄器。

　　事實上，網路上可以找到許多教導初學者自行製作串列式燒錄器的資料。本節當中，我們將介紹三種不同的AT89S5x燒錄器，你可以自己決定選用那一種。

■ 2-4-1　PonyProg 串列式燒錄器

　　首先，我們先介紹 **PonyProg** 的網頁 http://www.lancos.com/prog.html。**PonyProg** 的網頁當中提供串列式燒錄器的製作方法，初學者可以自行上網研讀後製作。**PonyProg** 的電路圖，如圖 2-39 所示。

　　PonyProg 也提供了燒錄軟體配合以上的硬體進行燒錄。**PonyProg** 所提供的燒錄軟體可以在 Windows 98/ME/XP/2000 等作業系統之下執行，甚至於 Linux 之下也提供了配合的燒錄軟體。請到以下的網頁自行下載之後，進行安裝。

http://www.lancos.com/ppwin95.html

PonyProg 所提供的燒錄軟體可以支援大部分 Atmel 公司所生產的 AVR 單晶片，除此之外也支援 PIC 單晶片。但是對於 Atmel 公司所生產的 8051 單晶片，則只支援 AT89S8252 和 AT89S53。這是因為 Atmel 公司在 ISP 的 8051 單晶片上，最先只推出 AT89S8252 和 AT89S53 這兩款，而 AT89S51 和 AT89S52 則是後來才推出的。因為 AT89S51 和 AT89S52 在燒錄時所送出的脈波和 AT89S8252 和 AT89S53 稍有差別，所以造成此美中不足之憾。但是我們相信，不久的將來，**PonyProg** 所提供的燒錄軟體一定也可以支援 AT89S51 和 AT89S52。

　　事實上，你也可以選用 AT89S8252 和 AT89S53 來學習 8051 的單晶片，而且本書的實驗都可以使用，因為 AT89S8252 和 AT89S53 的接腳都是 DIP40 包裝，和 AT89S51 和 AT89S52 完全相同，只是內部的程式記憶體和資料記憶體比較大。當然嘍！AT89S8252 和 AT89S53 的價錢比較貴一些，但是如果和燒錄器的價格比較起來，那是微不足道了。

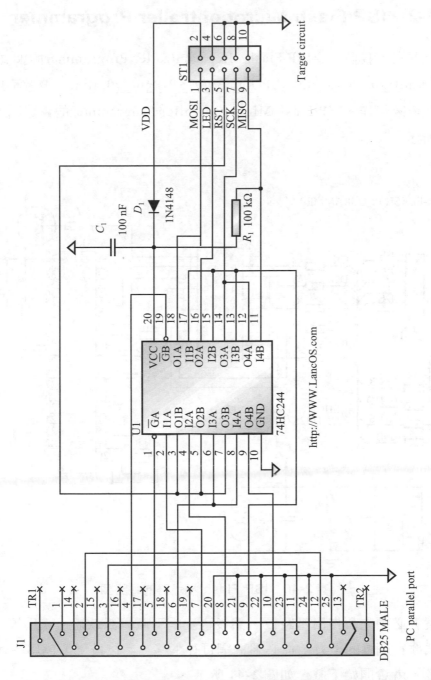

圖 2-39　PonyProg 的電路圖

■ 2-4-2　ISP Flash Microcontroller Programmer

接下來，我們介紹 ISP Flash Microcontroller Programmer 的網頁 http://www.kmitl.ac.th/swichit/ISP-Pgm3v0/ISP-Pgm3v0.html，讀者可以自行上網研讀後製作。ISP Flash Microcontroller Programmer 的電路圖，如圖 2-40 所示。

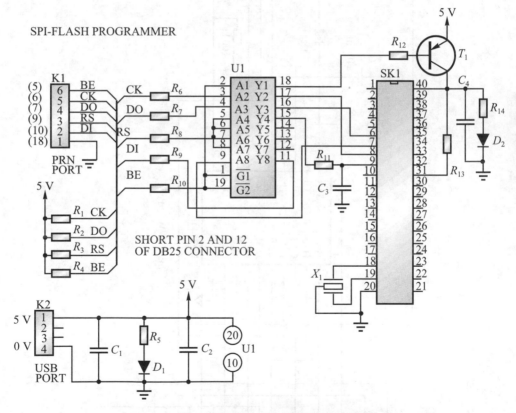

圖 2-40　ISP Flash 燒錄器的電路圖

讀者必須先製作出電路板，然後再上網下載燒錄軟體。因為燒錄軟體的下載放在網頁的下方，你必須把網頁往下移，然後按下藍色 ISP-3v0.zip 字之後，就會開始下載，如圖 2-41 所示。

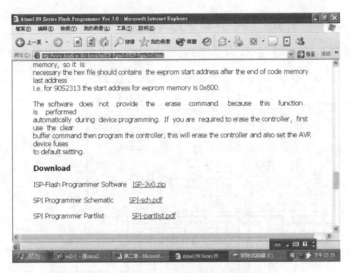

圖 2-41　下載燒錄軟體的畫面

圖 2-42　執行 ISP Flash Microcontroller Programmer 的畫面

ISP Flash Microcontroller Programme 可以在 Windows 98/Me/2000/ XP 等作業系統下工作，也可以燒錄大部分 Atmel 公司所生產的 AVR 單晶片和 AT89S51、AT89S52 、AT89S53、 AT89S8252。

執行時的畫面如圖 2-42 所示。

■ 2-4-3　本書所提供的串列式燒錄器

最後，我們本書所提供的串列式燒錄器，電路圖如圖 2-43 所示。

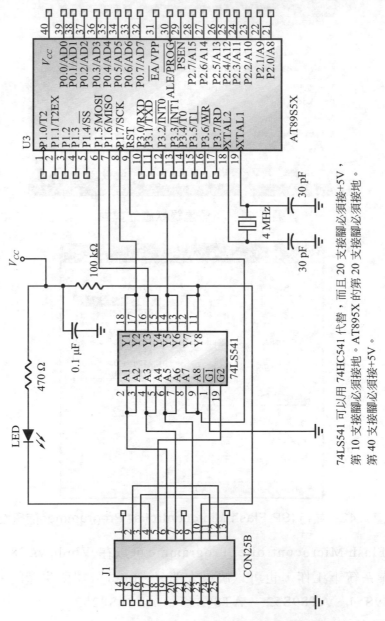

圖 2-43　本書所提供的串列式燒錄器電路圖

製作串列式燒錄器時必須先準備以下的材料：

實驗材料

材料名稱	材料規格	材料數量
LED		1
74HC541		1
電阻	100K	1
電阻	470	1
電容	30p	2
40 pin 插座	40 pin	1
25pin 公接頭	列表機接頭	1
PCB		1
列表機連接線		1

準備好一片洞洞板，最好是雙面都有銅箔的，價格會貴一點，但是一勞永逸，如圖 2-44 所示。

圖 2-44　雙面都有銅箔的 PCB

準備好一個 25pin 的公接頭，如圖 2-45 所示。

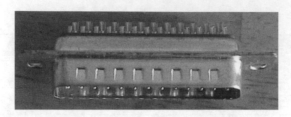

圖 2-45　25pin 的公接頭

準備好其它的材料，如圖 2-46 所示。

圖 2-46　自製串列式燒錄器材料

當你準備好之後就可以開始動手焊接，25pin 的公接頭直接由側面插入雙面都有銅箔的 PCB，然後插入其它零件，根據電路圖連上該連的線就很快可以完成。請注意，電源和接地喔！

圖 2-47 是完成的成品。

圖 2-47　自製的串列式燒錄器

　　如果你的經費允許，還可以加上一個開關或是加入 7805 和電源接頭，如圖 2-48 所示。

圖 2-48　自製的串列式燒錄器

當你要將自製的串列式燒錄器和電腦連接時，必須準備一條列表機連接線，才可以讓你自製的串列式燒錄器和電腦連接。

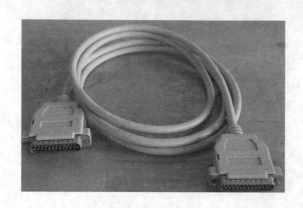

當讀者自己在家中做實驗時還必須準備 5 V 的電源，你可以在你自製的串列式燒錄器加上一顆 7805，然後使用 9V 的電池和一個電池扣即可。

如果你已經作到這一步，那我們要恭喜你，因為你用最廉價的成本完成了一個自製的串列式燒錄器，你會喜歡上自己做的燒錄器。因為它攜帶方便、省電、價格便宜，最重要是你自己親手製作的。它可以燒錄那些IC？使用 PonyProg 所提供的燒錄軟體進行燒錄一次，你會很訝異的！

這一個電路圖可以使用 PonyProg 所提供的燒錄軟體進行燒錄。另外，在隨書所附的光碟上，也提供了一個燒錄軟體供使用者燒錄。

你可以自行製作好電路板之後，再用本書所附的燒錄軟體進行燒錄，或是使用 PonyProg 所提供的燒錄軟體進行燒錄。但是本書所附的燒錄軟體只能在 Windows 98/Me 下執行，而燒錄的單晶片僅限於 AT89S51。

2-5 結　論

本章當中，我們介紹了使用 C 語言來開發 8051 的專案程式時所使用的基本工具：Keil C 編譯器。因為 Keil C 編譯器可以支援各種不同種類的8051，所以使用廣泛。

　　另外，我們還介紹如何自製一台價格便宜的 AT89S5X 燒錄器。如果你遵循本章的方式將可省下一大筆經費。俗語說的好：「工欲善其事，必先利其器」，對於單晶片的初學者而言，想要學好單晶片時，首先必須有各種好的使用工具。期望讀者能夠擁有本章所敘述的廉價工具，同時也學會如何操作。

3

MCS-51

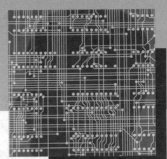

C 語言程式的撰寫

在這一章中，我們將介紹如何使用 C 語言來撰寫單晶片的應用程式。C 語言是一種高階的程式語言，它的優點是簡潔容易了解，以及可攜性高。使用 C 語言來發展程式不但可以減少程式開發的時間，而且所發展出來的程式碼不會佔據大量的程式記憶體，因此許多系統程式都喜歡使用 C 語言作為發展工具。單晶片也有一些不同的 C 語言編譯器，本章當中所使用的是 Keil C 語言。

雖然限於篇幅，我們將簡單扼要的介紹 C 語言，無法對 C 語言做詳盡的介紹，但是該有的重點都已經盡量的加入了，如果讀者對於所介紹的內容依然感覺不夠充分時，不妨參考坊間出版的 C 語言書籍。

3-1　C 語言的基礎

在開始介紹 C 語言之前，有一些重要的事項必須先提醒初學者，如下所示：

(1)　C 語言程式中大小寫是有所區別的，基本上 C 語言大都是使用小寫。

(2)　程式當中每一個指令的結尾都必須加上分號；。

(3)　C 語言的程式中，main()表示是主程式，所以程式當中一定要有 main()。

(4)　main()之後的 { 就表示程式開始，} 則表示程式結束。

(5)　程式當中所使用到的變數一定要預先作宣告，換言之，變數的宣告必須放在程式的開頭。

以下是 C 語言程式的基本架構：

```
#include <stdio.h>
main()
{
        變數宣告區域
        程式執行區域
}
```

我們用一個簡單的範例說明：

範例 3-1

```
#include <regx51.h>
#include <stdio.h>
main()
{
   int i,j;          /* 宣告 i 和 j 是整數型態的變數 */
   char k[12];       /* 宣告 k 是字元陣列的變數 */
```

```
        i = 1;              /* 設定 i 等於 1  */
        j=i+1;             /* 設定 j 等於 i+1  */
        k="Hello C!";  /* 設定 k 等於字串 Hello C!  */
    }
```

接下來，我們就簡單地說明 C 語言的重要語法。

■ 3-1-1　編譯指示 #include

編譯指示是用來指示 C 語言編譯器，在編譯程式時必須注意的事項。C 語言有以下一些編譯指示：

編 譯 指 示	說 明
#includc	包含另一個檔案
#define	定義一個巨集(macro)或是常數
#undef	取消一個巨集或是常數的定義
#asm 和 #endasm	在程式中加入組合語言的程式碼
#ifdef, #ifndef, #else 和 #endif	使用在條件式的編譯

在此我們先介紹 #include 編譯指示。#include是一個指示編譯器把其後所跟隨的檔案加進來一起進行編譯。在範例 3-1 當中，#include <regx51.h> 是把檔案 regx51.h 包含進來，而檔案 regx51.h 則是定義所有 8051 的特殊用途暫存器的地址和一些經常使用的常數；另外一個檔案 stdio.h 則是定義 C 語言經常使用到的基本輸入輸出函數。

#include 之後所跟隨的檔案如果放在 < >內就表示該檔案位於 include 子目錄之中；如果被包含的檔案儲存在目前的工作目錄當中時，就必須用 " " 括起來。

如果你使用到 C 語言的一些特定函數時，就必須包含定義這些函數的檔案一起編譯，至於那一個檔案包含那些函數請參考 3-3-4 節。

■ 3-1-2　註　解

程式人員可以在程式當中加入註解，這樣子作可以讓程式更容易讓人了解。C 語言的註解可以分成兩種：

單行註解

單行註解是以雙斜線開始，雙斜線之後的文字都是註解，但是只能在同一行，例如：

```
// 這是單行的註解
```

多行註解

多行註解是以 /* 開始，和 */ 結束的註解，在 /* 和 */ 當中的文字都是註解。多行註解可以佔據一行，也可以佔用許多行，例如：

```
/* 這是一個
   多行註解
   的範例
*/
```

■ 3-1-3　基本資料型態

C 語言提供了 5 種基本的資料型態，分別是 int、float、double、char、void，其中 char 和 int 的前面還可以加上修飾詞 unsigned、signed、short 和 long。以下是 Keil C 可以使用的合法資料型態和說明：

資料型態	資料型態說明	長度	資料範圍
bit	位元	1 bit	0，1
char	字元	8 bits	−128～127
unsigned char	沒有正負號的字元	8 bits	0～255
signed char	有正負號的字元	8 bits	−128～127
int	整數	16 bits	−32768～32767
short int	短整數	16 bits	−32768～32767
unsigned int	沒有正負號的整數	16 bits	0～65535
signed int	有正負號的整數	16 bits	−32768～32767
long int	長整數	32 bits	−2147483648～2147483647
unsigned long int	沒有正負號的長整數	32 bits	0～4294967295
signed long int	有正負號的長整數	32 bits	−2147483648～2147483647
float	浮點數	32 bits	0.175e-38～0.402e38
double	雙倍精度的浮點數	32 bits	0.175e-38～0.402e38
void	空的	0 bits	沒有任何資料

浮點數就是帶有小數點的數字，也就是所謂的實數。

■ 3-1-4　使用者自訂的資料型態

除了基本資料型態之外，使用者也可以定義自己的資料型態。譬如，使用者要記錄時間或日期時，可以分別用不同的變數儲存時、分、秒，或是年、月、日，如下所示：

```
char    hour,minute,second,year,month,day;
```

但是他也可以定義時間和日期等資料型態，如下所示：

```
typedef struct {
        char    hour;
        char    minute;
        char    second;
} time;
typedef struct {
        char    year;
        char    month;
        char    day;
} date;
```

當使用者定義好 time 和 date 之後，他就可以宣告資料型態是 time 和 date 的變數，如下所示：

```
time    now,alarm;
date    today,tmpday;
```

實際上，C語言編譯器會在資料記憶體中保留適當的位置以儲存這些變數，如圖 3-1 所示。

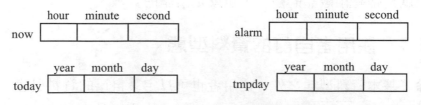

圖 3-1　記憶體中變數所在的位置

使用者自定資料型態的定義格式如下所示：

```
typedef struct {
      資料型態              變數串列 1；
      資料型態              變數串列 2；
      …
} 自定資料型態的名稱；
```

◼ 3-1-5 　識別字

　　識別字就是程式人員為程式當中的變數、常數、標示或函數所取的名字。在上面的範例中，變數 i 和 j 都是使用者自己取的名稱，因此它們都是識別字。程式人員所命名的識別字必須遵守一定的命名規則，如下所述：

⑴　識別字只能由英文字母、數字、以及底線(_)所組成。

⑵　識別字只能以英文字母或底線當開頭。

⑶　識別字的長度不能超過 32 個字元。

⑷　大小寫的英文字母是不同的。

⑸　保留字不能當識別字。

以下是合法的識別字 ：

     step1   Delay_1_ms   scan_twice   u2_wait_for_me   _s1

以下是不合法的識別字：

不合法的識別字	原因
2_w	只能以英文字母或底線當開頭
wait!	!不能使用
sfrw	保留字不能當識別字

請注意！Wait 和 wait 是不同的識別字，因為 C 語言中大小寫的英文字母是不同的。

▪ 3-1-6　保留字

保留字是 C 語言使用的指令，所以不能當成變數的名字使用，以下是 Keil C 的保留字。

_at_	alien	bdata	break	bit	case	char
code	compact	const	continue	data	default	do
double	far	else	enum	extern	float	for
goto	if	funcused	idata	int	inline	interrupt
large	long	pdata	_priority_	reentrant	return	sbit
sfr	sfr16	short	signed	sizeof	small	static
struct	switchc_task_	typedef	using	union	unsigned	void
volatile	while	xdata				

▪ 3-1-7　常　數

C 語言的程式中經常會使用到一些常數，例如上面範例中的 0X0012 就是一個常數。整數型態的常數可以用不同的進位方式，或是不同的資料型態表示。除此之外還有字元常數和字串常數，以下是常數使用的規則和範例：

各種常數	規則	範例
十進位	一般十進位格式	1234
二進位	開頭加上 0b	0b00110110
八進位	開頭加上 O	O0123
十六進位	開頭加上 0x	0xFF00
沒有正負號的整數常數	結尾加上 U	30000U
長整數常數	結尾加上 L	299L
沒有正負號的長整數常數	結尾加上 UL	320000UL
浮點數的常數	結尾加上 F	4.321F
字元常數	以單引號括起來	'a'
字串常數	以雙引號括起來	"Hello"

如果你希望將常數存入程式記憶體時，只要在宣告時加上 code 在前面即可，例如：

> int code a=123;
> char code init_date[]="2002/08/03 SAT";

init_date[]當中的數字省略時，編譯器會自動地計算出需要多少位置來儲存此變數。注意喔！上面所宣告的常數會存入程式記憶體當中，所以它們並不是變數，也就是數值是無法改變的。另外程式人員也會經常使用 #define 來設定常數，例如

> #define CLOCK　　　　0
> #define　ALARM　　　　1

但是 #define是一種巨集(macro)，它所定義的資料是以取代的方式，在編譯之前逐一地替換掉；因此上面例子中的CLOCK在編譯之前會被換成 0，ALARM 則被換成 1。一般的習慣都用英文大寫來定義這種常數。

■ 3-1-8　變數宣告

C 語言程式當中所使用到的變數一定要預先作宣告，變數宣告時的格式如下所示：

> 資料型態　　　　　　變數串列；

以下是一些變數宣告的範例：

變數宣告	說　明
char i,j,k;	宣告 i、j、k 為字元型態的變數
unsigned char a,b;	宣告 a、b 為沒有正負號的字元型態變數
long a_large_int;	宣告 a_large_int 為長整數
float pi,sigma;	宣告 pi 和 sigma 為實數
char thit[32];	宣告字串(字元陣列)thit，其中有 32 個元素

■ 3-1-9 陣 列

陣列就是記憶體當中使用相同名字的一組記憶體位置。如果有相同性質的資料，或是某些資料必須儲存在一起時，就可以宣告為陣列。宣告陣列時只要在變數的後面加上中括號[ ]，然後在中括號[ ]當中放入陣列元數的個數即可，例如

char　k[12];

就表示資料記憶體當中有 12 個字元的變數，它們都稱為k，如下圖所示：

k[0]	k[1]	k[2]	k[3]	k[4]	k[5]	k[6]	k[7]	k[8]	k[9]	k[10]	k[11]

C 語言並沒有字串這種資料型態，如果使用者希望儲存字串資料時，可以宣告字元陣列來儲存字串，例如上面所宣告的陣列 k[12] 就是一個可以儲存字串的變數。如果你在程式當中執行了

k="Keil　C！"

那麼記憶體的內容就變成

k[0]	k[1]	k[2]	k[3]	k[4]	k[5]	k[6]	k[7]	k[8]	k[9]	k[10]	k[11]
K	e	i	l		C	！	0x00				

C 語言會在字串的結尾自動地加上/0，/0 就是一個全都是 0 的位元組。我們稱這種以/0 為結尾的字串叫做 ASCIIZ 字串。

二維陣列

二維陣列的宣告格式如下所示：

資料型態　　　變數名字[整數1][整數2];

以下是一些二維陣列宣告的範例：

int　f[3][3];

```
char  c[3][6]={"Watch","Alarm","Timer"};
char  weekday[7][4]={"MON","TUE","WED","THU","FRI"
     ,"SAT","SUN"};
```

二維陣列可以用來儲存一些程式當中會使用到的資料，例如星期一到星期日的英文簡寫，1 月到 12 月的英文簡寫，或是系統的功能表、錯誤訊息等資料。

■ 3-1-10　運算符號

C 語言的程式中可以執行算術邏輯運算，以下是 C 語言可以使用的算術邏輯運算。在下面的說明範例當中，假設 a 等於 8，b 等於 2：

算術運算

運算符號	說明	範例	執行結果
+	加	c = a + b;	c 等於 10
−	減	d = a − b;	d 等於 6
*	乘	e = a*b;	e 等於 16
/	除	f = a/b;	f 等於 4
%	取餘數	g = a%b;	g 等於 0
++	加 1	c ++; 相當於 c = c + 1;	c 等於 11
--	減 1	d--; 相當於 d = d-1;	d 等於 5
=	設定	a = 8	設定 a 等於 8
+=	相加之後再設定	e += 5; 相當於 e = e + 5;	e 等於 21
−=	相減之後再設定	f −= 5; 相當於 f = f-5;	f 等於 − 1
*=	相乘之後再設定	b*= 5; 相當於 b = b*5;	b 等於 10
/=	相除之後再設定	a/= 5; 相當於 a = a/5;	a 等於 1(整數除法)
%=	取餘數後再設定	a%= 5; 相當於 a = a%5;	a 等於 3(a 原先等於 8)

　　C 語言的程式當中可以使用以下的比較運算,比較運算的結果是一個布林值:TRUE 或 FALSE。在以下的範例中假設 a 等於 8。

比較運算

運算符號	說明	範例	執行結果
==	等於	a == 5;	FLASE
!=	不等於	a != 5	TRUE
<	小於	a < 5	FALSE
>	大於	a > 5	TRUE
<=	小於等於	a <= 5	FALSE
>=	大於等於	a >= 5	TRUE

　　C 語言的程式當中可以使用以下的邏輯運算,邏輯運算的結果是一個布林值:TRUE 或 FALSE。在以下的運算中,假設 a = 8。

邏輯運算

運算符號	說明	範例	執行結果
&&	AND	(a>5) && (a<10)	TRUE
||	OR	(a<5) || (a>10)	FALSE
!	NOT	!(a>10)	TRUE

　　位元邏輯運算是針對運算元的每一個位元逐一地實施邏輯運算。在以下的運算中假設 a=5。

位元邏輯運算

運算符號	說明	範例	執行結果
&	AND	a & 0x01	a 等於 1
|	OR	a | 0x80	a 等於 0x85
~	NOT	~a	a 等於 0xFA
^	XOR	a ^ 0xFF	a 等於 0xFA
<<	左移	a<<1	a 等於 0x02
>>	右移	a>>1	a 等於 0x0A

關於以上的範例，我們進一步地說明如下：

	↓AND	↓AND	↓AND	↓AND	↓AND	↓AND	↓AND	↓AND
a	0	0	0	0	0	1	0	1
0x01	0	0	0	0	0	0	0	1
a & 0x01	0	0	0	0	0	0	0	1

	↓OR	↓OR	↓OR	↓OR	↓OR	↓OR	↓OR	↓OR
a	0	0	0	0	0	1	0	1
0x80	1	0	0	0	0	0	0	0
a | 0x80	1	0	0	0	0	1	0	1

	↓NOT	↓NOT	↓NOT	↓NOT	↓NOT	↓NOT	↓NOT	↓NOT
a	0	0	0	0	0	1	0	1
~a	1	1	1	1	1	0	1	0

	↓XOR	↓XOR	↓XOR	↓XOR	↓XOR	↓XOR	↓XOR	↓XOR
a	0	0	0	0	0	1	0	1
0xFF	1	1	1	1	1	1	1	1
a^0xFF	1	1	1	1	1	0	1	0

3-2　C 語言的控制指令

程式控制敘述可以控制程式執行時的流程，以下是 C 語言提供的程式流程控制敘述。

■ 3-2-1　if 敘述

if 敘述的指令格式如下所示：

> if (條件) 敘述 1;
> else 敘述 2;

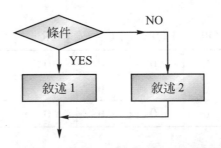

其中 else 的部分可以省略。電腦首先判斷 if 後面的條件是真或是假，如果是真就執行敘述 1，否則就執行敘述 2。以下是一些範例：

範例

```
if (d = = 4) d = 0;      //如果 d 等於 4 就設定 d 等於 0
    else d++;            //否則就將 d 加 1

if (ticks = = 0)  {      //如果 ticks 等於 0
    ticks = 1000;        //ticks 設定成 1000
    counter[0]++;        //counter[0]加 1
}
```

3-2-2　層狀 if 敘述

層狀 if 敘述是 if 敘述當中又有 if 敘述，以下是一個簡單的範例：

範例

```
if (counter[0]==10) {
    counter[1]++;
    counter[0]=0;
    if(counter[1]==10) {
        counter[2]++;
        counter[1]=0;
    }
}
```

3-2-3　switch 敘述

switch 敘述的格式如下所示：

```
switch(變數) {
    case 常數 1 ：敘述 1; break;
    case 常數 2 ：敘述 2; break;
```

```
    case 常數 3 :  敘述 3;  break;
    ……
    default     :  敘述 n;
}
```

範 例

```
switch (mode)
{
  case CLOCK :
     display_time();        break;   //如果 mode 等於 CLOCK
  case ALARM :
     alarm();               break;
  case TIMER :
      timer();              break;
  case STOPWATCH :
     stop_watch();          break;
  default :
          gotoxy(0,1);
     }
```

■ 3-2-4　for 迴路

for 迴路的指令格式如下所示：

　　for (初值；條件；變化值) 敘述；

範 例

　　for(i=0;i<10;i++) x=x + i;

迴路內還可以有迴路，例如以下是一個 for 迴路內還有另一個 for 迴路的範例：

```
for(i = 1;i<10;i++)
    for(j=1;j<10;j++)
       printf("%d %d",i,j);
```

範 例

```
int  i,j;
for(i=1;i<10;i=i+1) {
    for(j=1;j<10;j=j+1)
        printf("%d %d\t",i,j);
    printf("\n");
}
```

範 例

```
int  i,j;

for(i=1;i<10;i=i+1) {
    for(j=1;j<10;j=j+1)
        printf("%d*%d=%d\t",i,j,i*j);
    printf("\n");
}

for (i=0;i<255;i++)
    for(j=0;j<255;j++)
        sum=sum+i*j;
```

下面是一個無止盡的 for 迴路

```
for( ; ; ) ;
```

▪ 3-2-5　while 迴路

while 迴路的指令格式如下所示：

　　while(條件) 敘述；

|範 例|

　　while (ch! ='A') ch = getche();

下面是一個無止盡的 while 迴路

　　while(1);

▪ 3-2-6　do /while 迴路

do/while 迴路的指令格式如下所示：

　　do {
　　敘述；
　　….
　　} while(條件)；

|範 例|

```
do {
    ch=getche();
} while (ch!='A') ;
```

▪ 3-2-7　標示和 goto 敘述

loop1 :
　　　　x++;
　　　　if(x < 100) goto loop1;

雖然大部分的goto敘述都是可以避免的，並且應該盡量少用，但是在某些時候，使用goto敘述會使程式的流程更清楚，不過使用的時候一定要很小心，避免讓程式變得繁雜難懂。

3-3　C 語言的指標和函數

■ 3-3-1　指　標

　　指標(pointer)實際上就是記憶體的位址，因為我們可以把它想像成是一個指到記憶體的箭頭，所以稱為指標。而指標變數就是儲存記憶體位址的變數。使用指標變數時也是一樣必須預先宣告。宣告指標變數的格式如下所示：

　　　　資料型態　　　　*指標變數的名字；

範例

```
char          *p;
int           *x;
```

指標也可以指到使用者自己定義的資料型態變數，如下所示：

```
typedef struct {
        char    year;
        char    month;
        char    day;
} date;

date *dispaly_date;
```

■ 3-3-2　指標與陣列

陣列的名字後面沒有加上任何索引值時，就是指向陣列開始位置的地址值，所以陣列的名字也是指標。

範例

```
char          filename[80];
char          *p;
p = filename;          // 指標 p 存放 filename 的開始地址
```

反之，指標也可以當成陣列來使用，如下例所示。

範例

```
int      x[5] = {1,2,3,4,5};
int      *p,sum,i;
p = x;                        // 指標 p 存放陣列 x 的開始地址
for(i = 0; i<5; i ++)
        sum = sum + p[i];     // p[i] 相當於 x[i]
```

■ 3-3-3　指標的運算

1.　指標變數前面加上 * 號就是取得指標所指到位置的內容。

範例

```
int    x[5] = {1,2,3,4,5};
int    *p;

p = x;            // 指標 p 存放陣列 x 的開始地址
*p = 10;          // 相當於設定 x[0] 等於 10
```

2.　變數前面加上 & 符號，可以取得一個變數的位置。

範 例

```
int     x,y;
int     *p;
p = &x;          // 指標 p 存放 x 的地址，相當於 p 是指向 x 的指標
*p = 1;          // 相當於設定 x 等於 1
```

3. &符號也可以加在陣列元數的前面。

範 例

```
int     x[5];
int     *p;

p = &x[2];    // 指標 p 存放 x[2]的地址，相當於 p 是指向 x[2]
                    的指標
*p = 50;       // 相當於設定 x[2]等於 50
```

▪ 3-3-4　函　數

　　程式當中經常會反覆執行的部分可以寫成函數，然後就可以在程式當中反覆地呼叫。以下是函數的一般格式：

```
函數型態      函數名稱(參數串列);
參數宣告
{
        函數的主體
}
```

其中函數型態是用來設定一個函數被呼叫之後所傳回數值的型態，如果使用者希望寫一個不傳回任何資料的函數時，可以將函數型態設爲 void。

　　函數當中要傳回數值時，必須使用 return 指令。以下是一個函數宣告和呼叫的範例。

範例 1

```
void delay(void)  {              /* 不傳回任何資料的函數*/
  unsigned char i,j;             /* 沒有任何參數的函數 */
    for (i = 0;i<255;i + +)
        for(j = 0;j<255;j + +)
        ;
}


main()
{
 ...
 delay();                        // 呼叫函數
}
```

範例 2

```
unsigned char sum(unsigned char a,unsigned char b)
{
    unsigned char x;

    check_GLCD_busyflag();  // 函數當中可以呼叫另一個函數
    x = a + b;
    return x;    // return 會返回並傳回 unsigned char 型態的資料
}
```

■ 3-3-5　中斷服務函數

　　通常單晶片都包含有一些不同的週邊設備，而這些週邊必須藉由中斷來處理輸入與輸出的要求，因此單晶片會有許多不同的中斷來源，以處理各種不同的週邊所產生的中斷要求。當中斷發生並被接受後，單晶片就跳到相對應的中斷服務副程式執行，以處理中斷的要求。中斷服務副程式有一定的撰寫格式，以下是 Keil C 語言的中斷服務副程式的格式：

> void中斷服務程式的名稱(void) interrupt中斷號碼 using 暫存器組號碼
> {
>   中斷服務副程式的主體
> }

對於 AT89S51 而言，其中斷號碼可以是從 0 到 4 的數字，為了方便起見，在包含檔案 regx51.h 中定義了這些常數，如下所示：

```
#define IE0_VECTOR    0  /* 0x03 External Interrupt 0 */
#define TF0_VECTOR    1  /* 0x0B Timer 0 */
#define IE1_VECTOR    2  /* 0x13 External Interrupt 1 */
#define TF1_VECTOR    3  /* 0x1B Timer 1 */
#define SIO_VECTOR    4  /* 0x23 Serial port */
```

因此使用者只要使用以上所定義的常數即可，下面的範例是設定Timer0的溢位中斷服務程式。其中中斷服務程式的名稱是使用者自己定義的，但是最好能用比較有意義的名稱，如上所示。

```
static void timer0_isr(void) interrupt TF0_VECTOR using 1
{
    ……
    ……
}
```

對於 AT89S52 而言，其中斷號碼可以是從 0 到 5 的數字，為了方便起見，在包含檔案 AT89X52.h 中定義了這些常數，如下所示：

```
#define IE0_VECTOR     0  /* 0x03 External Interrupt 0 */
#define TF0_VECTOR     1  /* 0x0B Timer 0 */
```

```c
#define IE1_VECTOR      2  /* 0x13 External Interrupt 1 */
#define TF1_VECTOR      3  /* 0x1B Timer 1 */
#define SIO_VECTOR      4  /* 0x23 Serial port */

#define TF2_VECTOR      5  /* 0x2B Timer 2 */
#define EX2_VECTOR      5  /* 0x2B External Interrupt 2 */
```

以下是一個中斷服務程式的範例。

```c
static void xint0_isr(void) interrupt IE0_VECTOR using 1
{
 unsigned char i,j = 0XFF;    /* 變數 j */
 for(i = 0;i<16;i + +)
 {
 j = ;
    P1 = j;               /* 將數值輸出到 LED 輸出埠 */
    delay_4isr ();
 }
}
```

3-4 組合語言

如果在使用 C 語言所發展的專案當中，需要寫一些組合語言的程式時怎麼辦呢？譬如，程式當中需要使用到組合語言碼做時間延遲時，因為使用組合語言寫的時間延遲比較準確。那該怎麼作呢？

在一個專案當中要加入組合語言程式碼時，有 2 種方法，第 1 種方法是使用 Inline assembly；第 2 種方法是將組合語言的程式寫在一個檔案當中，然後再從主程式中呼叫這些使用組合語言寫的副程式，以下我們分別地敘述。

第一種做法是Inline assembly，也就是在程式當中直接加入組合語言碼，如以下的程式所示：

```
void delay100us( )
{
#pragma asm
more:  mov          R3,#48
       djnz         R3,$
       djnz         R7,more
#pragma endasm
}
```

在上面的程式碼當中，直接加入組合語言碼時是使用編譯指示#pragma asm 和 #pragma endasm。編譯指示 #pragma asm 和 #pragma endasm 之間則加入你需要的組合語言碼。

上面的這一段程式碼主要只是做時間的延遲，使用組合語言我們可以經由以下的計算估計出延遲的時間大約是 0.1ms。

執行的指令	執行次數	指令執行週期	計算結果
more: mov R3,#48	1	1	1
djnz R3,$	1×48	2	96
djnz R7,more	1	2	2

最後還有一個返回指令 ret，所以總共需要 100 個指令，如果外接12MHZ的石英晶體時，每執行一個指令需要1us，所以執行這一個副程式總共需要 100us，也就是 0.1ms。但是這只是一個估計值，因為執行副程式時可能有中斷發生，就會造成執行時間增加。

第二種做法是是將組合語言的程式寫在一個檔案當中，然後再從主程式中呼叫這些使用組合語言寫的副程式。使用 C 語言程式呼叫組合語言所寫的副程式時必須注意以下的事項。

1. C語言主程式呼叫組合語言副程式時，必須注意到，累加器(Accumulator)
   和暫存器組的內容都必須自行維護，如果維護不當，可能會造成不可
   預期的結果。一般 而言，你可以在進入組語言程式之後，馬上將累加
   器 A 和暫存器 R0～R7 推入堆疊當中，等到要離開組合語言程式之前
   再使用 POP 指令，將累加器 A 和暫存器 R0～R7 從堆疊中取出，但是
   要特別注意，堆疊推入與取出的順序是相反的，也就是先進者後出，
   後進者先出。

   另外一種方法是使用 8051 當中不同的暫存器組，這種方法是因為
   8051 提供了 4 組暫存器組，使用者只要設定 PSW 字元組當中的 RS1
   和 RS0 這兩個位元即可，PSW 的內容如下所示：

位元	7	6	5	4	3	2	1	0
	CY	AC	F0	RS1	RS0	OV	–	P

   使用者最好先規劃好暫存器組要如何使用。一般而言，主程式當
   中都是使用暫存器組 0，這是因為 8051 剛接上電源時就自動地使用暫
   存器組 0，所以主程式使用暫存器組 0 是最自然的方式。中斷副程式
   可以使用暫存器組 1、2、3。

   假設你的系統當中，中斷副程式使用暫存器組 1，那麼你就可以
   設定組合語言程式使用暫存器組 2。使用暫存器組 2 的設定方法就是
   讓 RS0 = 0、RS1 = 1。另外，使用這種方法時，一進入組合語言的
   程式當中時，只要把累加器 A 和 PSW 推入堆疊當中即可；離開組合
   語言程式之前，再將 PSW 和累加器 A 從堆疊中取出來。以下是使用
   組合語言的指令設定時的方式：

   ```
   push    ACC
   push    PSW
   ```

```
setb    rs1
clr     rs0
…
pop     PSW
pop     ACC
```

2. 有一些副程式必須接收一些從呼叫者所送來的資料，或是將資料處理的結果傳回給呼叫者。C 語言的副程式是經由參數的傳遞來接收呼叫者所送來的資料，然後經由函數的傳回值(return value)將資料處理的結果傳回給呼叫者。

Keil C 對於參數是使用暫存器來傳遞參數，但是最多只能傳遞 3 個參數，其規定如下表所示：

參數個數	參數型態 char	參數型態 int	參數型態 long 或 float	參數型態 指　標
1	R7	R6 和 R7	R4～R7	R1～R3
2	R5	R4 和 R5	R4～R7	R1～R3
3	R3	R2 和 R3	沒規定	R1～R3

Keil C 對於函數的傳回值的規定如下表所示：

函數的傳回值型態	暫存器
bit	carry
char	R7
int	R6 和 R7
long	R4～R7
float	R4～R7
指標	R1～R3

關於 C 語言主程式呼叫組合語言副程式的範例在本書的 4-10 節有一個完整的範例。

3-5 巨集的使用

在 Keil C 的程式當中，我們可以使用到 macro(巨集，用 macro 比較習慣，所以以下的說明都使用 macro)。基本上，macro 會讓組合語言程式變得比較簡潔，但是 macro 並不是副程式，所以它不是使用呼叫的方式執行，如果你的組合語言程式當中使用到 macro，則當此程式在組譯時，就會將原先 macro 所定義的程式碼展開來，直接進行組譯。 以下是 macro 的定義方式：

```
%*define (macro 名稱) (
        macro 的指令
)
```

當你的組語言程式定義好 macro 之後，就可以直接在程式當中使用；例如，我們可以先定義叫做一個 % write_1 的 macro 如下所示：

```
%*define (write_1) (
    setb    DI
    setb    SK
    clr     SK
)
```

接下來在程式當中就可以使用此 macro，使用時只要寫 %write_1 即可。

Keil C 當中可以直接加入組合語言程式檔案進行組譯，但是如果你的組合語言程式當中使用到 macro 時，你需要在組合語言程式組譯之前先設定好 macro 的組譯。首先，你將滑鼠的游標移到 Target1，按下滑鼠的右鍵，然後移到 Options for Target 'Target1'按下，如下圖所示：

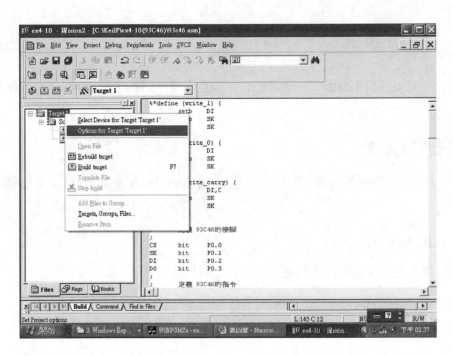

當畫面中出現如下的選項時，選擇A51，並且點選MPL打勾，然後按下確定，如下圖所示：

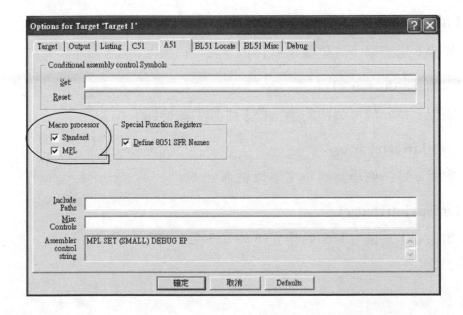

3-6　函數庫

　　Keil C 編譯器提供了一些預先完成的函數讓使用者使用，這些函數可以分成以下幾種類別：

字元型態的函數

　　使用字元型態的函數時，必須包含檔案ctype.h。以下是字元型態函數的說明：

1. **bit isalnum(char c)**

   如果 c 是一個數字或是英文字母就傳回 1。

2. **bit isalpha(char c)**

   如果 c 是一個英文字母就傳回 1。

3. **bit iscntrl(char c)**

   如果 c 是一個控制字元(0..31 或是 127)就傳回 1。

4. **bit isdigit(char c)**

   如果 c 是一個十進位數字就傳回 1。

5. **bit isgraph(char c)**

   如果 c 是一個可列印的字元(33 到 127)就傳回 1。

6. **bit islower(char c)**

   如果 c 是一個小寫的英文字母就傳回 1。

7. **bit isprint(char c)**

   如果 c 是一個可列印的字元(32..127)就傳回 1。

8. **bit ispunct(char c)**

如果 c 是一個標點符號字元(非控制字元、英文字母或數字字元)就傳回 1。

9. **bit isspace(char c)**

如果 c 是一個空白字元(0x09，0x0D 或是 0x20)就傳回 1。

10. **bit isupper(char c)**

如果 c 是一個大寫的英文字母就傳回 1。

11. **bit isxdigit(char c)**

如果 c 是一個十六進位數字就傳回 1。

12. **char toascii(char c)**

呼叫此函數會傳回字元 c 的 ASCII 值。

13. **char toint(char c)**

字元 c 是一個 '0' 到 '9' 或是 'A' 到 'F'的字元；呼叫此函數時，會傳回 0 到 15 的數字元。

14. **char tolower(char c)**

呼叫此函數時，如果 c 是一個大寫的英文字母就會傳回 c 的小寫值。

15. **char _tolower(char c)**

呼叫此 MACRO 時，如果 c 是一個大寫的英文字母就會傳回 c 的小寫值。

16. **char toupper(char c)**

呼叫此函數時，如果 c 是一個小寫的英文字母就會傳回 c 的大寫值。

17. **char _toupper(char c)**

呼叫此 MACRO 時，如果 c 是一個小寫的英文字母就會傳回 c 的大寫值。

標準輸入輸出函數

　　使用標準輸入輸出型態的函數時，必須包含檔案stdio.h。以下是標準輸入輸出函數的說明：

1.　**char _getkey(void)**

　　　呼叫此函數時，程式就會等待從串列埠接收一個字元。

2.　**char getchar(void)**

　　　呼叫此函數時，使用函數 _getkey 從串列埠接收一個字元。

3.　**char putchar(char c)**

　　　呼叫此函數時，從串列埠送出一個字元 c。

4.　**void puts(char *str)**

　　　呼叫此函數時會送出一串以'\n'結尾的字串到輸出串流(output stream)。

5.　**int printf(const char *fmtstr [, arg1, arg2, ...])**

　　　呼叫此函數時會根據 fmtstr 的格式設定送出格式化的字串到串列埠。
　　　以下是可以使用的格式：

格式	說明
%c	ASCII 格式
%d	十進位格式
%i	整數格式
%u	沒有正負號的整數
%x	十六進位格式
%s	以'\0'結尾的字串

6.　**char *gets(char *str, int len)**

　　　使用getchar讀入字串到str，讀入的字串會自動在字尾加上'\0'，而且讀入字串的最大長度是 len。

7.　**int scanf(const char *fmtstr [, arg1 address, arg2 address, ...])**

　　呼叫此函數時會根據 fmtstr 的格式設定，讀入格式化的字串到指定的變數。

8.　**signed char sscanf(char *str, char flash *fmtstr [, arg1 address, arg2address, ...])**

　　此函數和 scanf 相同，但是輸出是送到 str 所指到的位置。

9.　**int sprintf(char *buffer,const char *fmtstr [, arg1, arg2, ...])**

　　呼叫此函數時會根據 fmtstr 的格式設定送出格式化的字串到 buffer 所指到的位置。所使用的格式和函數 printf 相同。

10.　**char ungetchar(char c)**

　　呼叫此函數時，將字元放回輸入串流(input stream)。

11.　**int vprintf(const char *fmtstr,char *argptr)**

　　呼叫此函數時會根據 fmtstr 的格式設定送出格式化的字串到輸出串流(output stream)。這個函數和 printf 相同，唯一不同的是原來一串的參數改成 argptr 所指到的參數串。

12.　**int vsprintf(char *buffer,const char *fmtstr,char *argptr)**

　　呼叫此函數時會根據 fmtstr 的格式設定送出格式化的字串到 buffer 所指到的位置。這個函數和 printf 相同，唯一不同的是原來一串的參數改成 argptr 所指到的參數串。

標準函數庫函數

　　使用標準輸函數庫函數時，必須包含檔案 stdlib.h。以下是標準函數庫函數的說明：

1. **float atof(void *str)**

   呼叫此函數時會轉換字串 str 成為實數。

2. **int atoi(void *str)**

   呼叫此函數時會轉換字串 str 成為整數。

3. **long atol(void *str)**

   呼叫此函數時會轉換字串 str 成為長整數。

4. **void *calloc(unsigned int num,unsigned int len)**

   呼叫此函數時會配置一個 num 個數的陣列，其中每一個元素佔用 len bytes。
   函數執行之後會傳回指到的指標。

5. **void free(void xdata *p)**

   呼叫此函數時會將 p 指到的記憶體區段交回給記憶體池(memory pool)。

6. **void init_mempool(void xdata *p, unsigned int size)**

   呼叫此函數時會初始化記憶體管理程式，並且提供記憶體池(memory
   pool)的起點和大小。

7. **void *malloc(unsigned int len)**

   呼叫此函數時會從記憶體池(memory pool)配置一個長度 len 個 bytes 的。
   記憶體。

8. **int rand (void)**

   呼叫此函數時會傳回一個介於 0 到 32767 的亂數。

9. **void srand(int seed)**

   呼叫此函數時會設定 rand 函數的亂數種子(亦即第一個亂數值)。

10. **void *realloc(void xdata *p, unsigned int size)**

    呼叫此函數時會改變先前所配置記憶體的長度為 size 個 bytes。

p 指向先前所配置的記憶體，函數執行之後會傳回指標，指向新配置的記憶體。

11. **unsigned long strtod(const char *string, char **p)**

呼叫此函數時會轉換字串str成爲實數，指標string 指向被轉換的字串。

12. **long strtol(const char *string, char **p,unsigned char base)**

呼叫此函數時會轉換字串 str 成爲長整數，指標 string 指向被轉換的字串，參數 base 是轉換的基底。

13. **unsigned long strtoul(const char *string, char **p,unsigned char base)**

呼叫此函數時會轉換字串 str 成爲無正負號長整數，指標 string 指向被轉換的字串，參數 base 是轉換的基底。

數學函數

使用數學函數時，必須包含檔案 math.h。以下是數學函數的說明：

1. **char cabs(char x)**

呼叫此函數時會傳回字元 x 的絕對值。

2. **int abs(int x)**

呼叫此函數時會傳回整數 x 的絕對值。

3. **long labs(long x)**

呼叫此函數時會傳回長整數 x 的絕對值。

4. **float fabs(float x)**

呼叫此函數時會傳回浮點數 x 的絕對值。

5. **float sqrt(float x)**

呼叫此函數會傳回浮點數 x 的平方根。

6. **float floor(float x)**

　　呼叫此函數會傳回最接近浮點數 x 的最小整數。

7. **float ceil(float x)**

　　呼叫此函數會傳回最接近浮點數 x 的最大整數。

8. **float fmod(float x, float y)**

　　呼叫此函數會傳回 x 除以 y 的餘數。

9. **float modf(float x, float *ipart)**

　　呼叫此函數會將 x 分解成整數和小數部分，其中整數放入 ipart，小數部分由函數傳回。

10. **float exp(float x)**

　　呼叫此函數會傳回 e**x 的計算數值。

11. **float log(float x)**

　　呼叫此函數會傳回浮點數 x 的自然對數值。

12. **float log10(float x)**

　　呼叫此函數會傳回浮點數 x 的以 10 為底的對數值。

13. **float pow(float x, float y)**

　　呼叫此函數會傳回 x**y 的計算數值。

14. **float sin(float x)**

　　呼叫此函數會傳回 sin(x)的計算數值，其中 x 是以弳度表示。

15. **float cos(float x)**

　　呼叫此函數會傳回 cos(x)的計算數值，其中 x 是以弳度表示。

16. **float tan(float x)**

呼叫此函數會傳回 tan(x) 的計算數值，其中 x 是以弳度表示。

17. **float sinh(float x)**

呼叫此函數會傳回 sinh(x) 的計算數值，其中 x 是以弳度表示。

18. **float cosh(float x)**

呼叫此函數會傳回 cosh(x) 的計算數值，其中 x 是以弳度表示。

19. **float tanh(float x)**

呼叫此函數會傳回 tanh(x) 的計算數值，其中 x 是以弳度表示。

20. **float asin(float x)**

呼叫此函數會傳回 asin(x) 的計算數值，其中 x 必須介於 − 1 和 1 之間。

21. **float acos(float x)**

呼叫此函數會傳回 acos(x) 的計算數值，其中 x 必須介於 − 1 和 1 之間。

22. **float atan(float x)**

呼叫此函數會傳回 atan(x) 的計算數值。

23. **float atan2(float y, float x)**

呼叫此函數會傳回 atan(y/x) 的計算數值。

字串函數

使用字串函數時，必須包含檔案 string.h。以下是字串函數的說明：

1. **char *strcat(char *str1, char *str2)**

將字串 str2 串接在 str1 之後，並傳回指向 str1 的指標。

2. **char *strncat(char *str1, char *str2, int n)**

將字串 str2 的前面 n 個字元串接在 str1 之後，並傳回指向 str1 的指標。

3. **char *strchr(const char *str, char c)**

　　將字串 str 中，字元 c 第一次出現的位置傳回，如果沒有找到時就傳回 NULL。

4. **char *strrchr(const char *str, char c)**

　　將字串 str 中字元，字元 c 最後一次出現的位置傳回，如果沒有找到時就傳回 NULL。

5. **int strpos(const char *str, char c)**

　　將字串 str 中，字元 c 第一次出現的索引值傳回，如果沒有找到時就傳回 -1。

6. **int strrpos(const char *str, char c)**

　　將字串 str 中，字元 c 最後一次出現的索引值傳回，如果沒有找到時就傳回 -1。

7. **char strcmp(char *str1, char *str2)**

　　比較 str1 和 str2 的大小，如果 str1<str2，傳回小於 0 的數字；如果 str1 ＝ str2 傳回等於 0 的數字；如果 str1>str2，傳回大於 0 的數字。

8. **char strncmp(char *str1, char *str2, int n)**

　　比較 str1 和 str2 前面 n 個字元的大小，如果 str1<str2，傳回小於 0 的數字；如果 str1 ＝ str2 傳回等於 0 的數字；如果 str1>str2，傳回大於 0 的數字。

9. **char *strcpy(char *dest, char *src)**

　　拷貝字串 src 到字串 dest。

10. **char *strncpy(char *dest, char *src,int n)**

　　拷貝字串 src 的前面 n 個字元到字串 dest。

11.　**int strspn(char *str, char *set)**

傳回字串 str 和字串 set 中第一個不相同字元的索引值；如果 set 中所有字元都和字串 str 相同，就傳回字串 str 的長度。

12.　**int strcspn(char *str, char *set)**

搜尋字串 str 中第一個和字串 set 中任何字元相同的字元；如果有的話，就傳回該字元在字串 str 的索引值；如果沒有時，就傳字串 str 的長度。

13.　**char *strpbrk(char *str, char *set)**

搜尋字串 str 中，是否有和字串 set 中任何字元相同的第一個字元；如果有的話，就傳回指向字串 str 中該字元的指標；如果沒有時，就傳回 NULL。

14.　**char *strrpbrk(char *str, char *set)**

搜尋字串 str 中，是否有和字串 set 中任何字元相同的最後一個字元；如果有的話，就傳回指向字串 str 中該字元的指標；如果沒有時，就傳回 NULL。

15.　**int strlen(char *str)**

傳回字串 str 的長度(0 到 255)。

16.　**void *memcpy(void *dest,void *src, int n)**

從 src 拷貝 n 個位元組到 dest，傳回指向 dest 的指標。

17.　**void *memccpy(void *dest,void *src, char c, int n)**

從 src 拷貝資料到 dest；如果拷貝到字元 c 就停止，並傳回 NULL；否則會一直拷貝 n 個位元組，並傳回指向 dest ＋ n ＋ 1 的指標。

18.　**void *memmove(void *dest,void *src, int n)**

從 src 拷貝 n 個位元組到 dest，並傳回指向 dest 的指標。

19. **void *memchr(void *buf, unsigned char c, int n)**

掃描 buf 的 n 個位元組中是否有 c，如果找到的話就傳回指向 c 的指標，否則就傳回 NULL。

20. **char memcmp(void *buf1,void *buf2, int n)**

比較 buf1 和 buf2 的 n 個位元組，如果 buf1<buf2 就傳回小於 0 的數字；如果 buf1 = buf2 就傳回等於 0 的數字；如果 buf1>buf2 就傳回大於 0 的數字。

21. **void *memset(void *buf, unsigned char c, int n)**

設定 buf 的 n 個位元組成為 c，傳回指向 buf 的指標。

內建函數

使用內建函數時，必須包含檔案 intrins.h。以下是內建函數的說明：

1. **unsigned char_chkfloat_(float val)**

呼叫此函數將檢查實數 val 的狀態。

2. **unsigned char_crol_(unsigned char c,unsigned char b)**

呼叫此函數將把字元 c 向左旋轉 b 個 bit。

3. **unsigned char_cror_(unsigned char c,unsigned char b)**

呼叫此函數將把字元 c 向右旋轉 b 個 bit。

4. **unsigned char_irol_(unsigned int i,unsigned char b)**

呼叫此函數將把整數 i 向左旋轉 b 個 bit。

5. **unsigned char_iror_(unsigned int i,unsigned char b)**

呼叫此函數將把整數 i 向右旋轉 b 個 bit。

6. **unsigned char_lrol_(unsigned long l,unsigned char b)**

呼叫此函數將把長整數 l 向左旋轉 b 個 bit。

7. **unsigned char_lror_(unsigned long l,unsigned char b)**

　　呼叫此函數將把長整數 l 向右旋轉 b 個 bit。

8. **void　_nop_(void)**

　　此函數將轉換成 8051 的 NOP。

9. **bit　_testbit_(bit b)**

　　此函數將轉換成 8051 的 JBC b 指令。

4

MCS-51

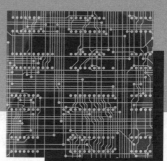

基本程式範例

　　在這一章中，首先我們將循序漸進地說明如何建立一個專案，如何產生一個 C 語言的程式，如何將新產生的程式加入專案中，以及如何編譯和產生燒錄檔案。接下來我們會介紹如何使用C語言來撰寫 8051 單晶片的基本應用程式。首先您要先安裝好 Keil C 的發展系統，接下來你才可以進行本章的內容。

　　因為本書當中所使用的單晶片都是 AT89X51，所以程式開頭都加入了 #include <regx51.h> 這一行。檔案 regx51.h 當中包含了 Atmel 所生產 8951 單晶片的所有特殊用途暫存器定義名稱和相對應地址值。如果你所使用的單晶片是 AT89C51 時，程式開頭還是使用 #include <regx51.h>；而如果你使用的單晶片是 AT89S52 時，你只要修改程式開頭的 #include <regx51.h>變成 #include <regx52.h>即可。

4-1　LED 的控制

實驗說明

　　本實驗的目的是使用 8051 的 Port 1 連接到 8 顆 LED，以產生跑馬燈的效果。當你連接好電路，並且完成程式之後，你將可以看到 8 個 LED 依序地輪流閃爍。在這一個實習中，你將學會如何使用 I/O Port 輸出資料，以及如何使用迴路作為時間的延遲。

　　使用 C 語言將資料輸出到 Port1 時，只要使用以下的指令即可：

　　　　P1 ＝輸出到 Port1 的資料;

例如，你要讓 P1 等於 01010101，可以執行 P1 ＝ 0b01010101;，或是你可以執行 P1 ＝ 0×33;。同理，如果你要在 Port 0、Port 2 或是 Port 3 輸出資料時，也可以用 P0 ＝ 0×33，P2 ＝ 0×33 或是 P3 ＝ 0×33 等。

實驗材料

　　以下材料在本書中的每一個範例都必須使用到，因此在本書接下來的範例中將不再列出。

材料名稱	材料規格	材料數量
89S51	Atmel	1
石英晶體	12MHz	1
電容	30p	2
電容	4.7μ	1
電阻	1K	1

以下材料是本範例必須使用到的材料。

材料名稱	材料規格	材料數量
LED		8
電阻	330Ω，1/4 W	8

電路圖

在本書的電路圖中，AT89S5X 的第 20 支接腳必須接地，第 40 支接腳則接 V_{CC}。

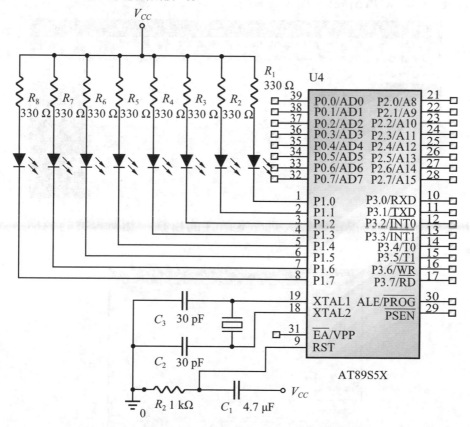

圖 4-1

程式設計

　　使用者在使用本書時，建議您：

　(1)　每一個實習都建立一個專案。

　(2)　把同一個專案的所有程式都儲存在同一個子目錄中。

換言之，如果你要開始練習 4-1 的實習時，就先建立一個 ex4-1 的子目錄，接下來你就把新建立的專案和檔案都放在子目錄 ex4-1 當中，這種做法對於檔案的管理和維護都比較容易。以下是建立第一個專案的詳細步驟。

1.　建立新專案

　　使用者進入 Keil C 之後，建立新專案的方法是在主功能表下，按下 Project → New Project，如下圖所示：

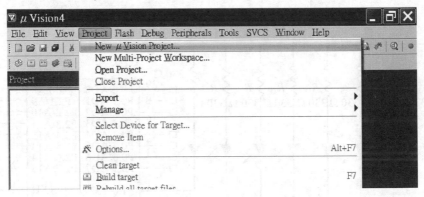

接下來在新出現的視窗中輸入新專案所在的目錄，和新專案的名稱，如下圖所示：

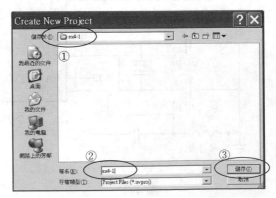

當你按下 存檔(S) 的按鈕之後，就會出現以下的畫面，讓使用者選擇自己所使用的單晶片。

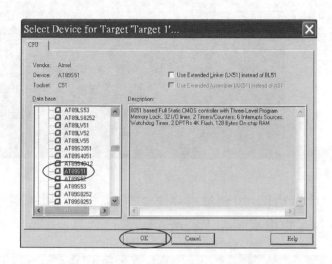

選好你將要使用的晶片之後按下 確定 ，就會出現以下的畫面來詢問你要使用標準的8051開始碼(Startup Code)，以及是否要加入開始碼的檔案？

在此我們按下 否(N) 之後會回到一開始的主畫面如下圖所示，但是請注意在 Project Workspace 當中已經加入了 **Target1**。

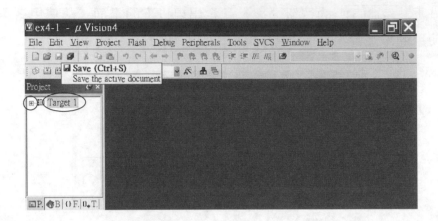

請注意，Target1 左邊的 ⊞ 號是可以進一步展開的按鈕，展開之後會顯示出目前專案所包含的檔案，如下圖所示。

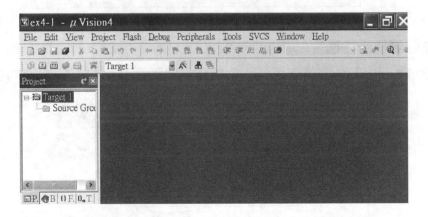

2. 產生一個新的程式檔案

目前我們的專案當中還沒有任何程式，所以呢，我們就必須先產生一個新的程式檔案，並且輸入程式，因此我們就先按下主功能表的 File → New，如下圖所示：

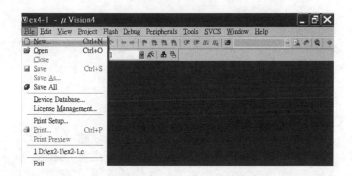

此時會出現一個新的文字輸入視窗，並且**游標會在第一行閃爍**，如下圖所示：

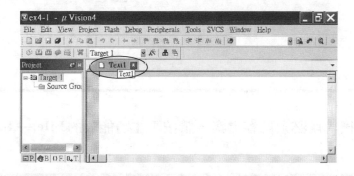

你可以在這一個文字輸入視窗輸入範例4-1的程式。請輸入以下的程式。

應用範例 4-1

```
/*
標題:          範例  4-1
版本:          1.0
Target:        89S51
程式描述:       這個範例說明如何使用 Port 1 輸出跑馬燈
/* ********************************************** */
```

```c
#include <REGX51.H>
void delay (void)  {                    /* delay 函數 */
   unsigned char i,j;                   /* 這一個函數是執行時間的延遲 */
        for (i=0;i<255;i++)
                for(j=0;j<255;j++)                   ;
}
void main (void)  {
   unsigned       char j=0XFE;          /* 宣告變數 j */
   while (1)                            /* 永不止盡的迴路 */
{                                       /* 依序讓 LED 0, 1, 2, 3, 4,
                                                    5, 6, 7 閃爍 */
        j=(j<<1) | 0x01;
        if(j==0XFF) j=0XFE;
     P1 = j;                            /* 將數值輸出到 Port1，控制 LED 亮
或滅 */
     delay();                           /* 呼叫 delay 函數*/
   }
}
```

輸入程式之後，就必須儲存檔案，請按下主功能表的 **File → Save As**，如下圖所示：

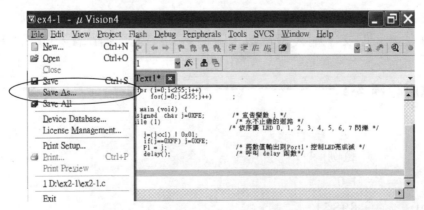

然後就會出現如下的畫面，讓使用者可以輸入這一個檔案所在的目錄。如前所述，同一個專案的所有程式都儲存在同一個子目錄中，所以程式檔案就放在目錄ex4-1當中。接下來要**輸入檔案的名稱**，為了整體的管理方便，

程式檔案的主檔名就和專案名稱相同，但是這並不是非得如此，你也可以使用自己喜好的名稱，但是副檔名一定要是 C。

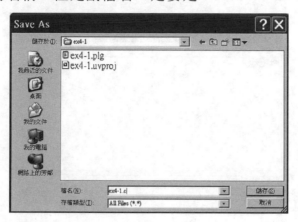

檔名輸入完成之後按下 存檔 按鈕。

3.　在專案當中加入程式檔案

但是您所輸入的程式尚未加入專案當中，想要在專案當中加入程式檔案時，你必須在 Project Workspace 下對準 Source Group1 按下滑鼠的右鍵，就會出現如下所示的**視窗**。

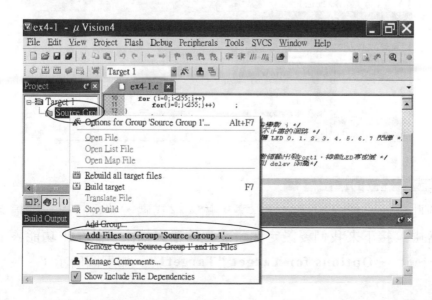

接下來再按下 **Add Files to Group "Source Group1"** 就可以出現以下的
視窗，讓使用者輸入想要加入到專案當中的檔案。

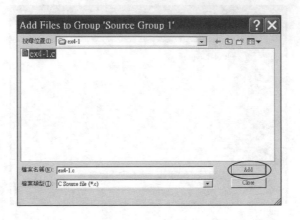

輸入您剛才所儲存的檔名ex4-1.c，按下 Add 按鈕之後，還要再按下 Close
離開此視窗，您的專案當中就加入了ex4-1.c，如下圖所示：

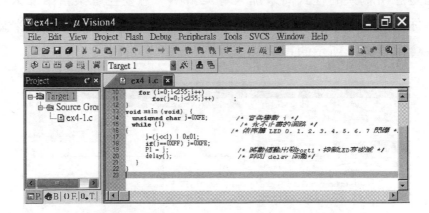

4. 修改所建立的輸出檔案

到此爲止，您已經建立好專案，輸入程式碼，並且將程式碼檔案加入
專案當中，接下來我們要設定你所產生的輸出檔案。請在主功能表下，按
下 **Project → Options for Target "Target1"**，如下圖所示：

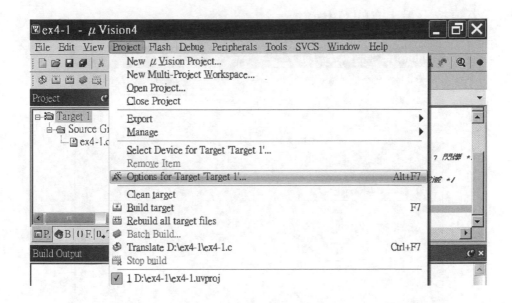

然後您會看到以下的視窗。請**輸入正確的石英晶體頻率**，並且**選擇Memory Model為Small，Code Rom Size也設定為Small**。

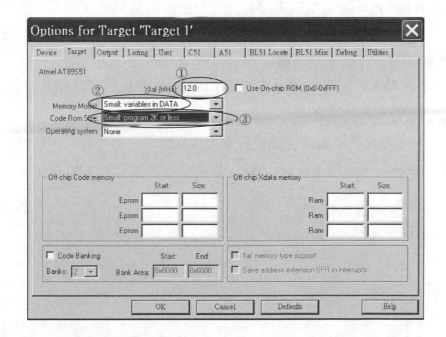

接下來請按下最上方的 **Output**。

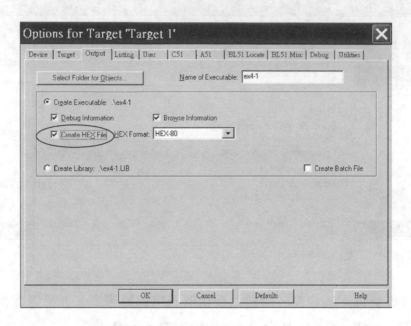

Create HEX File 的選項原先沒有打勾，請將滑鼠游標移到這一個位置，然後按下滑鼠左鍵，將此選項打勾，這一個選項決定了是否要產生燒錄檔案.HEX 檔案。在這一個視窗當中還有許多不同的功能設定，在此先不贅述。設定好專案的設定項目之後，按下 確定 的按鈕即可離開此視窗。

5. 編譯並產生燒錄檔案

OK，現在我們要編譯程式並且產生燒錄檔案，使用者在主功能表下，按下 **Project → Build Target**，就可以編譯程式並且產生燒錄檔案，如下圖所示：

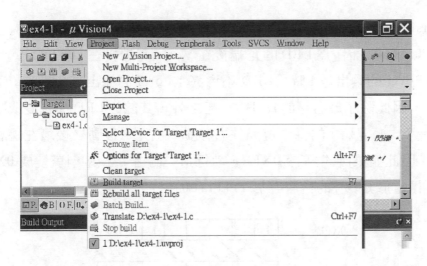

您也可以直接在主視窗下按下 F7 的按鈕，也可以完成編譯和建立燒錄檔案。如果您的程式正確無誤，就可以看到輸出視窗中顯示出

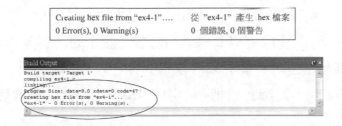

6. 將燒錄檔案燒錄到 AT89S51 或是 AT89C51

　　如果您的程式正確無誤，就可以將所產生的.HEX檔案燒錄到AT89S51或是 AT89C51，並且驗證實驗的結果。

以上建立專案到產生燒錄檔案的過程，在以下的範例中都採取相同的做法，所以在以後的章節中，我們只列出程式碼，其餘的部分則不再重述。

程式說明

1. 因為我們在實驗當中所使用的單晶片是AT89S51，所以我們必須在程式開始的地方加入 #include <AT89S51.h>。檔案 AT89S51.h 當中包含了 AT8S51 所有特殊用途暫存器的定義名稱和相對應的地址值。

2. unsigned char j=0XFE；這一行程式的主要目的是讓 j 的內容等於 11111110，因 為 LED 的正端接在 Vcc，負端接在 8051 的 Port1，所以 Port1 的輸出是 1 時，LED 不會亮；Port1 的輸出是 0 時，LED 才會亮，因此除了最右邊的 LED 會 亮之外，其餘的 LED 都會變成暗的。

3. j = j<<1 是將 j 的每一位元往右移動 1 位元，移動之後最左邊會移入 0。因此如果 j 原先等於 0XFE，執行這一個指令之後，j 就變成 0XFC，這相當於是讓 j 的內容等於 11111100。

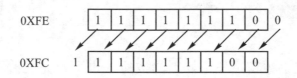

4. j=(j<<1) | 0X01; 這一個指令是將 j 的每一位元往右移動 1 位元之後，再和 0X01 執行 OR 的動作。因此如果 j 原先等於 0XFE，執行這一個指令之後，j 就變成 0XFD，這相當於是讓 j 的內容等於 11111101。

5. 當 0 移到最左邊時，接下來再執行 j=(j<<1) | 0X01; 這一個指令時，j 就變成 0XFF，此時必須把 j 設定成 0XFE，因此我們就使用以下的指令作判斷：

    if (j == 0XFF) j=0XFE;

6. 指令 P1 = j 是把變數 j 的資料送出到 PORT 1，也就是讓 PORT 1 的相對應 LED 亮起來。請注意喔！程式中使用 P0 是指 PORT 0，P1 是指 PORT1，P2 是指 PORT 2，而 P3 則是指 PORT 3。

7. 主程式當中使用的 while (1) { ..... }，是一個永無止盡的迴路。

8. void delay (void) { ... } 是執行時間延遲的函數，在這一個函數當中，我們使用 for 迴路來達成時間的延遲。

    for (i=0;i<255;i++)
    for(j=0;j<255;j++);

但是這一個時間延遲的函數到底延遲多久呢？在此，我們只是為了讓程式執行時LED不要閃爍的太快而已，並不是為了精確地時間控制，所以只使用最容易了解的 for 迴路來做時間延遲。4-5節會進一步使用8051的計時計數器中斷來達成精確的時間延遲。

注意事項

1. 請注意！C語言程式中，英文字母的大小寫是不同的，例如：P1 = j; 如果寫成 p1=j; 就會再編譯時產生錯誤。

2. 每一個指令的結尾都要記得加上；(分號)，假設 P1=j; 這一行指令少加上分號，編譯時在輸出視窗會產生以下的錯誤。

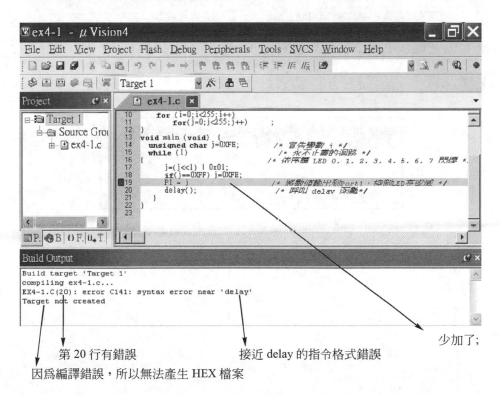

第 20 行有錯誤　　　　　　接近 delay 的指令格式錯誤　　　　　　少加了；

因為編譯錯誤，所以無法產生 HEX 檔案

產生編譯錯誤時，請根據行號和錯誤的原因，回到所編輯的視窗修改程式，然後再重新編譯一次。

4-2　指撥開關的輸入

實驗說明

　　本實驗的目的是使用 8051 的 Port 1 連接到到 8 顆 LED，Port 2 則連接到 1 個指撥開關，當使用者撥動指撥開關，相對應的 LED 就會亮或滅。在這一個實習中，你將學會如何使用 8051 輸入資料。

　　使用 C 語言從 Port2 輸入資料到某一個變數時，只要使用以下的指令即可：

　　　　儲存輸入的變數＝ P2;

例如，你要輸入 Port2 的資料到變數 temp 時，可以執行 temp ＝ P2;。

實驗材料

材料名稱	材料規格	材料數量
LED		8
指撥開關		1

電路圖

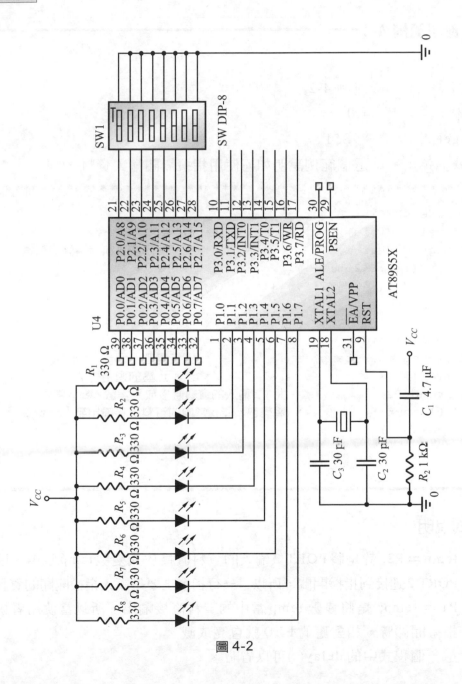

圖 4-2

程式設計

—— 應用範例 4-2 ——

```
/*
標題：          範例 4-2
版本：          1.0
Target：        89S51
程式描述：      這個範例說明如何使用指撥開關輸入資料 */
/* ***************************************************** */
#include <REGX51.H>
void delay (void)  {                /* delay 函數 */
  unsigned char i,j;                /* 這一個函數是執行時間的延遲 */
    for (i=0;i<255;i++)
        for(j=0;j<255;j++)
            ;
}
void main (void)  {
  unsigned char temp;               /* 宣告變數 temp  */
  while (1) {                       /* 永不止盡的迴路 */
    temp=P2;            /* 將 P2 輸入的資料直接放入變數 temp 當中 */
    P1=temp;            /* 將變數 temp 當中的資料直接輸出到 Port 1 */
    delay();
  }
}
```

程式說明

1.　temp＝P2; 就是將PORT 2輸入的資料直接放入變數temp當中，因爲
　　PORT 2連接到指撥開關，所以這一行指令主要是讀入指撥開關的資料。

2.　P1＝temp; 是將變數 temp 當中的資料直接輸出，所以當使用者撥動
　　指撥開關時，相對應的 LED 就會亮或滅。

3.　這一個程式中的 delay( )可以省略。

4-3　七段顯示器的控制

實驗說明

　　本實驗的目的是使用 8051 的 Port 1 連接到一顆共陽的七段顯示器，然後讓 8051 輪流地顯示出 0 到 9。當你連接好電路，並且完成程式之後，你將可以看到七段顯示器依序地顯示出 0 到 9。在這一個實習中，你將學會如何使用 8051 控制共陽七段顯示器的顯示。

實驗材料

材料名稱	材料規格	材料數量
共陽七段顯示器		1
電阻	330Ω，1/4 W	2

　　一顆共陽七段顯示器的外觀和接腳，如圖 4-3 所示。這顆共陽七段顯示器的接腳分別連接到 8051 的 Port1 接腳。

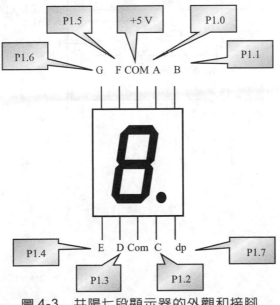

圖 4-3　共陽七段顯示器的外觀和接腳

電路圖

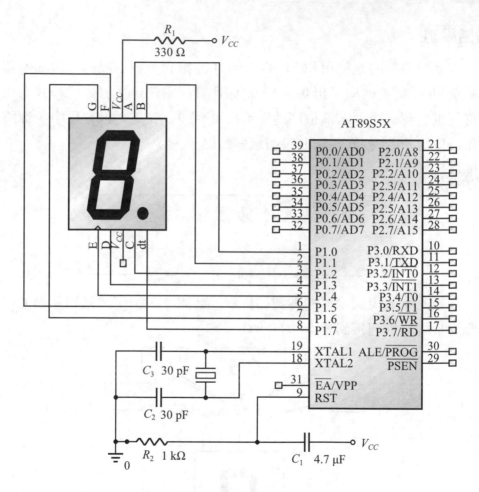

圖 4-4

程式設計

—— 應用範例 4-3 ——

```
/*

標題:           範例 4-3
版本:           1.0
Target:         89S51
程式描述:       這個程式是利用 89S51 控制一顆共陽七段顯示器不停
                的顯示 0 到 9*/

/* ********************************************************** */
#include <AT89S51.h>
code seven_seg[10]={0XC0,0XF9,0XA4,0XB0,0X99,0X92,0X82,0XF8,0X80
,0X90};
void delay (void)  {                    /* 時間延遲的函數 */
  unsigned char i,j;
    for (i=0;i<255;i++)
        for(j=0;j<255;j++);
}
void main (void)  {
  unsigned char i;                      /* 變數 i 用來儲存 0~9 */
  while (1) {                           /* 永不停止的迴路 */
    for (i=0; i<10; i++)
    {
      P1 = seven_seg[i];                /* 輸出 0~9 到共陽七段顯示器*/
      delay();                          /* 呼叫時間延遲函數 delay*/
    }
  }
}
```

程式說明

1. 共陽七段顯示器有一共同接點連接到 5V，其餘的七支接腳分別如圖 4-5 所示。

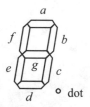

圖 4-5　共陽七段顯示器的顯示位置

　　因此如果要讓所指定的 LED 發光時，就必須輸出 0，反之則輸出 1，所以我們可以用下表排列出所要顯示字元和必須輸出的訊號。下表中，假設 dot 點接在最高位元，而且不點亮，所以一直都是 1。

顯示的數字	g	f	e	d	c	b	a	16 進位的碼
0	1	0	0	0	0	0	0	0XC0
1	1	1	1	1	0	0	1	0XF9
2	0	1	0	0	1	0	0	0XA4
3	0	1	1	0	0	0	0	0XB0
4	0	0	1	1	0	0	1	0X99
5	0	0	1	0	0	1	0	0X92
6	0	0	0	0	0	1	0	0X82
7	1	1	1	1	0	0	0	0XF8
8	0	0	0	0	0	0	0	0X80
9	0	0	1	0	0	0	0	0X90

　　將以上的訊息編成 16 進位碼，然後存放在定義為 seven_seg 的陣列當中。

2. 我們將共陽七段顯示器顯示出 0 到 9 的字型碼儲存在程式記憶體中。當使用者有固定不變的資料時，就可以儲存在程式記憶體當中。儲存在程式記憶體的資料必須在宣告的變數前加上code，如以下的宣告方式：

```
code seven_seg[10]={0XC0,0XF9,0XA4,0XB0,0X99,0X92,0X82,
                    0XF8,0X80,0X90};
```

3. 我們使用一個for迴路，讓變數i依序由 0 遞增為 9，並且將 0 到 9 的字型碼送到 P1，共陽七段顯示器就可以依序地顯示出 0 到 9。

```
for (i=0; i<10; i++)
{
    P1 = seven_seg[i];      /* 輸出 0～9 到共陽七段顯示器*/
    delay();                /* 呼叫時間延遲函數 delay*/
}
```

4. 接下來，我們再利用 while (1) {　…　}這一個永不停止的迴路，所以大括號內的指令就可以不斷的執行，也就是不斷地顯示 0 到 9。

4-4　計時器 Timer0 的溢位中斷控制

實驗說明

在 4-1 節中，我們曾經提到過使用for迴路作時間延遲並不是很準確，例如：程式會受到中斷的執行而影響到延遲的時間。在這一個實習中，你將學會如何使用 8051 的 Timer0 計時器溢位中斷作準確的時間延遲。

本實驗是使用 8051 的 Port 1 連接到一顆共陽的七段顯示器，然後利用計時計數器Timer1，讓 8051 在指定的時間間隔內顯示出 0 到 9。當你連接好電路，並且完成程式之後，你將可以看到七段顯示器依序地顯示出 0 到 9。

實驗材料

材料名稱	材料規格	材料數量
共陽七段顯示器		1
電阻	330Ω，1/4 W	2

電路圖

　　這個實驗的電路圖和 4-3 節的電路圖相同，請參考該圖。

程式設計

── 應用範例 4-4 ──

```
/*
標題：          範例 4-4
版本：          1.0
Target：        89S51
程式描述：       這個程式是利用 89S51 控制一顆共陽七段顯示器
                ，然後經由 Timer 0 的控制不停的顯示 0 到 9 */
/* ************************************************* */
#include <REGX51.H>

#define TIMER0_COUNT 0xEE11 /*10000h-(12,000,000/(12*200))*/

const seven_seg[10]={0XC0,0XF9,0XA4,0XB0,0X99,0X92,0X82,0XF8,
0X80,0X90};
unsigned char timer0_tick,i=0;

static void timer0_isr(void) interrupt TF0_VECTOR using 1
{
```

```
    TR0=0;
    TL0=(TIMER0_COUNT & 0x00FF);
    TH0=(TIMER0_COUNT >> 8);
    TR0=1;
    timer0_tick++;
    if (timer0_tick==200) {
      i++;
        if(i==10)  i=0;
        timer0_tick=0;
        P1=seven_seg[i];
    }
}
static void timer0_initialize(void)
{
    EA=0;                        /* 設定系統不接受所有的中斷 */
    timer0_tick=0;
    TR0=0;                       /* 關閉 Timer0 */
    TMOD =0x01;                  /* 設定計時器 0 為 16 位元的工作模式 */
    TL0=(TIMER0_COUNT & 0x00FF);    /* 設定 TL0 的數值 */
    TH0=(TIMER0_COUNT >> 8);        /* 設定 TH0 的數值 */
    PT0=0;                       /* 設定計時器 0 有比較高的優先順序 */
    ET0=1;                       /* 設定接受 Timer0 的中斷 */
    TR0=1;                       /* 啟動 Timer0 */
    EA=1;                        /* 設定系統接受中斷 */
}
void main (void)  {
    timer0_initialize();
    while (1);                   /* 永不止盡的迴路*/
}
```

程式說明

1. 使用計時計數器 Timer0 之前，必須先執行 Timer0 的初始化功能。
    Timer0 初始化時是按照以下的步驟：

⑴ 先暫停接受所有的中斷。

⑵ 關閉 Timer0。

⑶ 設定計時器 0 的工作模式。

⑷ 設定計時器 0 的計數器數值(TL0 和 TH0 數值)。

⑸ 設定計時器 0 有比較高的優先順序。(這一個步驟可以省略)

⑹ 設定接受 Timer0 的中斷。

⑺ 啟動 Timer0。

⑻ 設定系統接受中斷。

以下分別說明如何下達這些指令。

2. 首先,讓我們來看看如何讓 8051 暫停接受所有的中斷。要讓 8051 暫停接受所有的中斷時,必須先了解中斷致能暫存器 IE 的內容:

位元	7	6	5	4	3	2	1	0
	EA	—	ET2	ES	ET1	EX1	ET0	EX0

其中 EA 是設定整體中斷的啟動或是關閉,所以 EA = 0 是設定系統不接受所有的中斷,而 EA = 1 則是設定系統可以接受中斷。

ET0 是設定接受或不接受 Timer0 的中斷,所以 ET0 = 0 是設定不接受 Timer0 的中斷,而 ET0 = 1 則是設定接受 Timer0 的中斷。

3. 接下來,讓我們來看看如何設定計時器 0 的工作模式。設定計時器 0 的工作模式時,必須設定計時器模式控制暫存器 TMOD 的內容:

位元	7	6	5	4	3	2	1	0
	GATE	C/T	M1	M0	GATE	C/T	M1	M0

計時器 1   計時器 0

其中 GATE = 1 表示 Timer0 或是 Timer1 必須在 INT0 或 INT1 是高電位時才會動作。

C/T = 1 表示計時計數器是由外部接腳 T0 或 T1 輸入計時的脈波。M1
和 M0 則是用來選擇計時計數器的工作模式，如下表所示：

M1	M0	工作模式
0	0	13 位元的計時／計數器
0	1	16 位元的計時／計數器
1	0	8 位元的計時／計數器
1	1	計時器

因為我們要設定計時器 0 為 16 位元的工作模式，所以必須執行

TMOD = 0x01;

4.　我們再來看看中斷優先次序暫存器 IP：

位元	7	6	5	4	3	2	1	0
	–	–	PT2	PS	PT1	PX1	PT0	PX0

PT2 是設定 Timer2 優先，PS 是設定串列埠優先，PT1 是設定 Timer1
優先，PX1 是設定 INT1 優先，PT0 是設定 Timer0 優先，PX0 是設定
INT0 優先。因此，如果我們要設定計時器 0 有比較高的優先順序，就
必須執行 PT0 = 1。

5.　程式當中要關閉 Timer0 或啟動 Timer0，必須設定計時計數控制暫存
器 TCON：

位元	7	6	5	4	3	2	1	0
	TF1	TR1	TF0	TR0	IE1	IT1	IE0	IT0

其中 TR0 是用來控制 Timr0 的啟動，因此如果我們要啟動 Timer 0 的
時候只要執行 TR0 = 1 即可；反之，執行 TR0 = 0 之後，就會停止

Timer0 的計時計數動作。

6.　當我們設定好 Timer0 是 16 位元的工作模式，而且啓動 Timer0 之後，每一次時鐘脈波 Timer0 就會加一，Timer 0 的內容會累加到由 TH0 和 TL0 所組成的 16 位元暫存器。當 TH0 和 TL0 所組成的計數器計數到 65535 時，接下來的下一個脈波就會產生 Timer0 的溢位中斷，而此時就會執行 Timer0 的溢位中斷服務程式。

7.　在這一個實驗當中，如果外接石英晶體的頻率是 12MHz 時，因爲 8051 的一個機械週期需要 12 個石英晶體的震盪週期，所以每秒就有 1,000,000 次的機械週期，換言之機械週期是 1μs。如果我們希望 Timer0 每秒中斷 200 次，那麼我們就必須讓 Timer0 每數 5000 次就中斷 1 次(1000000/200 = 5000)。因爲 Timer0 的溢位中斷是 Timer0 數到 65536(16 進位表示時是 10000H)就產生中斷，因此要讓 Timer0 數 5000 次就中斷 1 次時就必須設定　Timer0 等於 10000h－((12,000,000/(12×200)))，也就是 0xEE11。接下來我們可以利用以下的指令分別設定 Timer0 計數器的低階 8 位元和 Timer0 的高階 8 位元。

```
TL0=(TIMER0_COUNT & 0x00FF);
                        //設定 Timer0 計數器的低階 8 位元
TH0=(TIMER0_COUNT >> 8);
                        //設定 Timer0 計數器的高階 8 位元
```

8.　Timer0 的溢位中斷服務程式格式如下所示：

```
static void timer0_isr(void) interrupt TF0_VECTOR using 1
{
    加入中斷之後必須處理的程式碼
}
```

其中 TF0_VECTOR 是定義在檔案 regx51.h 中的常數，其數值是 1，這是因爲 Timer0 的中斷向量是 1。

TF0_VECTOR後面所接的using 1，表示進入Timer0的溢位中斷服務程式之後會使用暫存器組1(Register Bank 1)，而離開Timer0的溢位中斷服務程式時編譯器也會自動恢復使用原先所使用的暫存器組。

8051當中有4組暫存器組，分別是暫存器組0到暫存器組3，當8051開始執行時會自動採用暫存器組0。

進入中斷服務程式時採用不同的暫存器組，可以避免破壞原先尚未進入Timer0溢位中斷服務程式時所使用的暫存器內容。

使用者當然也可以採用原先的暫存器，但是此時就必須維護暫存器的內容，一般是在進入中斷服務程式前先將使用到的暫存器放入堆疊當中，等到要離開之後再重新由堆疊中取出，並恢復原先的數值，這種做法在維護管理上要比較小心。

9. Timer0的溢位中斷服務程式中，利用變數 i 由 0 數到 9，Timer0的溢位中斷每發生 1 次，就將 i 加 1；同時由 PORT1 將數值 i 的字型碼 (seven_seg[i])輸出到共陽七段顯示器。

4-5　外部中斷 INT0

實驗說明

本實驗是使用AT89S51的Port 1連接到8顆LED，Port 1在正常狀況下會輸出跑馬燈，然後藉由使用者觸動外部的硬體中斷INT0，當INT0接腳有低電位的脈波出現時，8顆LED會一閃一滅4次。在這一個實習中，你將學會如何使用外部中斷INT0。

實驗材料

材料名稱	材料規格	材料數量
LED		8
電阻	330Ω，1/4 W	8

電路圖

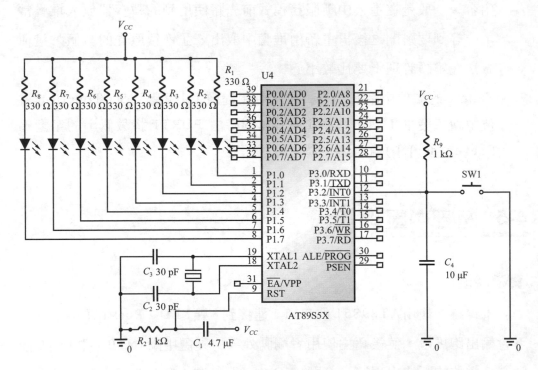

圖 4-6

程式設計

━━ 應用範例 4-5 ━━

```
/*

標題：           範例 4-5
版本：           1.0
Target：         89S51
程式描述：        Port B 在正常狀況下會輸出跑馬燈，
                 當 INT0 接腳有+5V的脈波出現時，8顆LED會一閃一
                 滅4次。 */
/* ************************************************** */
#include <REGX51.H>
void delay (void)  {            /* delay 函數 */
  unsigned char i,j;            /* 這一個函數是執行時間的延遲 */
      for (i=0;i<255;i++)
          for(j=0;j<255;j++)
          ;
}
void delay_4isr (void)  {       /* delay_4isr 函數 */
  unsigned char i,j;            /* 這一個函數是執行時間的延遲 */
      for (i=0;i<255;i++)
          for(j=0;j<255;j++)
          ;
}
static void xint0_isr(void) interrupt IE0_VECTOR
{
  unsigned char i,j=0XFF;        /* 變數 j */
  for(i=0;i<16;i++)
  {
      j=~j;
      P1 = j;                    /* 將數值輸出到 LED 輸出埠 */
```

```
        delay_4isr ();
    }
}
void main (void)  {
    unsigned char j=0XFF;       /* 變數 j */
    EA=0;                       /* 設定系統不接受所有的中斷 */
    EX0=1;                      /* 設定接受 INT0 的中斷 */
    PX0=1;
    EA=1;                       /* 設定系統接受中斷 */
    while (1)                   /* 永不止盡的迴路 */
                                /* 依序讓 LED 0,1,2,3,4,5,6,7 閃爍 */

    {
        j=(j<<1) | 0x01;
        if(j==0XFF) j=0XFE;
        P1 = j;                 /* 將數值輸出到 LED 輸出埠 */
        delay();                /* 呼叫 delay 函數*/
    }
}
```

程式說明

1. 在這個程式中我們使用外部中斷INT0，使用INT0中斷時設定方式如下：

   (1) 執行 EA＝0 以暫停中斷。

   (2) 執行 EX0＝1，啓動 INT0 中斷。

   (3) 執行 EA＝1 以啓動中斷。

2. 使用外部中斷 INT0 之前，必須先設定中斷致能暫存器，其中中斷致能暫存器 IE 的內容如下：

位元	7	6	5	4	3	2	1	0
	EA	—	ET2	ES	ET1	EX1	ET0	EX0

其中EA是設定整體中斷的啓動或是關閉，所以EA＝0是設定系統不接受所有的中斷，而EA＝1則是設定系統可以接受中斷。

EX0是設定接受或不接受外部中斷INT0，所以EX0＝0是設定不接受外部中斷INT0，而EX0＝1則是設定接受外部中斷INT0。

EX1是設定接受或不接受外部中斷INT1，所以EX1＝0是設定不接受外部中斷INT1，而EX1＝1則是設定接受外部中斷INT1。

3. 我們再來看看中斷優先次序暫存器IP：

位元	7	6	5	4	3	2	1	0
	−	−	PT2	PS	PT1	PX1	PT0	PX0

PX0＝1是設定外部中斷INT0優先。

4. 在INT0接腳(第12支接腳)輸入低電位的脈波，則在此脈波的下降邊緣會產生中斷，此時即跳到INT0的中斷服務程式去執行。INT0的中斷服務程式中主要是讓8顆LED會一閃一滅4次。

5. INT0的中斷服務程式格式如下所示：

```
static void xint0_isr(void) interrupt IE0_VECTOR
{
    INT0的中斷服務程式碼
}
```

其中IE0_VECTOR是定義在檔案Regx51.h中的常數，其數值是0，這是因爲INT0的中斷向量是0。

6. 因爲INT0的中斷服務程式中主要是讓8顆LED會一閃一滅4次，所以INT0中斷服務程式的完整程式碼如下所示：

```
static void xint0_isr(void) interrupt IE0_VECTOR
{
    unsigned char i,j=0XFF;
    for(i=0;i<16;i++)
    {
        j=~j;                    /*  是將 j 的內容反相 */
        P1 = j;                  /* 將數值輸出到 LED 輸出埠 */
        delay_4isr();
    }
}
```

7.　運算子～是一個逐位元的反相(bitwise not)運算符號，所以j＝～j; 是將 j 的每一個位元內容做反相，如果原先 j 是 11111111，則執行這一個指令之後，j 就變成 00000000。

8.　如果您要使用 INT1 中斷時，可以根據這一個程式做以下的修改：

⑴　中斷接腳接到 8051 的第 13 支接腳 INT1。

⑵　執行以下的指令讓 8051 接受 INT1 的中斷。

```
EA=0;            /* 設定系統不接受所有的中斷 */
EX1=1;           /* 設定接受 INT1 的中斷 */
PX1=1;
EA=1;            /* 設定系統接受中斷 */
```

⑶　加入 INT1 中斷服務程式的程式碼如下所示：

```
static void xint1_isr(void) interrupt IE1_VECTOR
{
    ......
}
```

4-6 按鈕偵測 1

實驗說明

　　本實驗是使用 8051 的 PORT 2 連接到一個彈跳式按鈕做為輸入，PORT 1 則連接到 1 個共陽七段顯示器。程式執行時，共陽七段顯示器會先顯示出 0，之後每當使用者按下一次彈跳按鈕，共陽七段顯示器所顯示的數字就會加 1，直到 9 之後又會恢復到 0。

實驗材料

材料名稱	材料規格	材料數量
共陽七段顯示器		1
彈跳式按扭		1
電阻	330Ω，1/4 W	1

電路圖

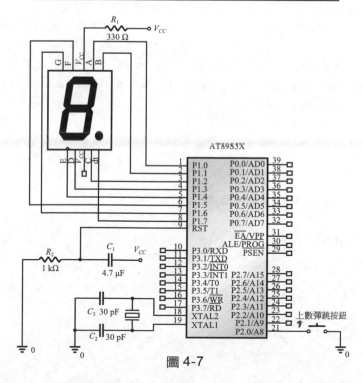

圖 4-7

程式設計

── 應用範例 4-6 ──

```
/*
標題:          範例 4-6
版本:          1.0
Target :       89S51
程式描述:       這個範例說明如何使用按鈕輸入資料 */
/* ********************************************************** */
#include <REGX51.H>
#define TRUE      1
#define FALSE     0
const
seven_seg[10]={0XC0,0XF9,0XA4,0XB0,0X99,0X92,0X82,0XF8,0X80,
0X90};
void delay (void)  {    /* wait function */
  unsigned char i,j;    /* only to delay for LED flashes */
     for (i=0;i<96;i++)
         for(j=0;j<255;j++)
         ;
}
//
// 函數 keypressed 檢查是否有按鍵按下
//
int keypressed()
{
       do {
           while (P2_0==1);
           delay();
           if(P2_0==0) {
                 delay();
```

```
                    if (P2_0==0)
                    return TRUE;
                }
        } while(1);
}
void main (void)
{
    int c;
    P1=seven_seg[c];
    do {
        if ( keypressed() ) c++;
        if(c==10) c=0;
        P1=seven_seg[c];
    }   while(1);
}
```

程式說明

1. 在這個程式中我們使用 PORT 2 的第 0 支接腳輸入資料，如電路圖所示。程式當中我們以 P2_0 表示 PORT 2 的第 0 支接腳，這是因為在檔案 regx51.h 中定義了 P2_0 為 PORT 2 的第 0 支接腳。使用者可以直接用 P2_0 來讀入資料，所以當我們要判斷，PORT 2 的第 0 支接腳目前是否為 0，只要執行以下的指令即可：

   　　if(P2_0==0) ……

2. 在這一個程式中，我們寫了一個判斷按鍵是否按下的函數 keypressed，這一個函數在使用者按下按鈕時就傳回 TRUE(1)。

3. 因為按鈕按下時，必須消除彈跳的部分，因此當程式偵測到按鈕按下時(P2_0 等於 0 時)，必須延遲一段時間之後再檢查，P2_0 是否還是 0，如果還是 0，就表示按鈕真的按下了，否則就表示只是雜訊而已。根據這個原理，所以設計出函數 keypressed 的流程圖，如圖 4-8 所示。

函數 keypressed 的流程圖

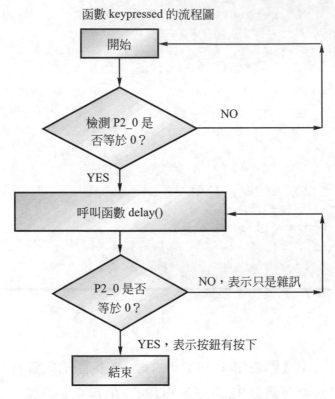

圖 4-8　函數 keypressed 的流程圖

寫成程式則如下所示：

```
do {
    while (P2_0==1);
    delay();
    if(P2_0==0) {
        delay();
        if (P2_0==0)
        return TRUE;
    }
} while(1);
```

4. 如果主程式中偵測到按鍵按下時，就將變數 c 加 1，而當 c 加到 10 的時候，c 又恢復到 0；接下來才將數值c的字型碼送到P1，程式如下所示：

```
if ( keypressed() ) c++;
if(c==10) c=0;
```

4-7　按鈕偵測 2

實驗說明

　　上一節的按鈕偵測程式中，消除彈跳的部分是利用迴路來延長一段時間之後，然後再檢查按鈕，這種做法雖然可以消除彈跳，但是卻也造成迴路執行時其它工作無法進行的缺點，所以在這一節中，我們把時間延遲的部分交給 Timer0 來處理，如此一來，就可以讓 CPU 處理其它事情了。本實驗是使用 8051 的 PORT 2 連接到 2 個彈跳式按鈕做為輸入，其中一個是上數的彈跳按鈕，另一個則是下數的彈跳按鈕。PORT 1 則連接到 1 個共陽七段顯示器。程式執行時，共陽七段顯示器會先顯示出 0，之後每當使用者按下一次上數的彈跳按鈕，共陽七段顯示器所顯示的數字就會加 1，直到 9 之後又會恢復到 0。而每當使用者按下一次下數的彈跳按鈕，共陽七段顯示器所顯示的數字就會減 1，直到 0 之後又會恢復到 9。

實驗材料

材料名稱	材料規格	材料數量
共陽七段顯示器		1
彈跳式按扭		2
電阻	330Ω，1/4 W	1

電路圖

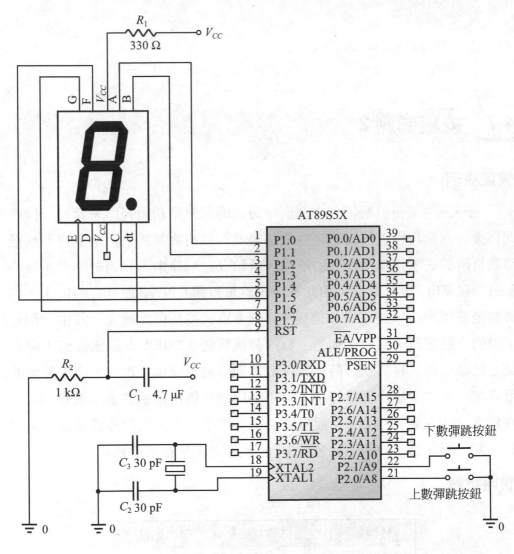

圖 4-9

程式設計

── 應用範例 4-7 ──

```
/*
標題:          範例 4-7
版本:          1.0
Target :       89S51
程式描述:      這個範例說明如何使用按鈕輸入資料 */
/* ************************************************** */
#include <REGX51.H>
#define   TIMER0_COUNT 0XEE11/*10000h-(12,000,000/(12*200))*/
#define   TRUE             1
#define   FALSE            0
#define   TIMES            25
code
seven_seg[10]={0XC0,0XF9,0XA4,0XB0,0X99,0X92,0X82,0XF8,0X80,
0X90};
int            c,ups,downs;
//
// 函數 timer0_isr 檢查是否有按鍵按下
//
static void timer0_isr(void) interrupt TF0_VECTOR using 1
{
  TR0=0;
  TL0=(TIMER0_COUNT & 0x00FF);
  TH0=(TIMER0_COUNT >> 8);
  TR0=1;
  if (ups !=0) {                    //檢查 ups 等於 0 嗎?
      ups--;                        //如果 ups 不等於 0,就將 ups 減 1
      if (ups==0 && P2_0==0) {    //如果 ups 減到 0,就檢查 P2_0==0
          c++; // 如果 P2_0 是 0 就表示上數的彈跳按鈕被按下,所以 c 加 1
          if(c==10) c=0;            //如果 c 加到 10,就將 c 恢復為 0
```

```
    }
  } else if (P2_0==0) ups=TIMES;   //如果 ups=0 且 P2_0=0 就將 ups 設
                                           為 25
  if (downs !=0) {                      //檢查 downs 等於 0 嗎？
     downs--;                    //如果 downs 不等於 0，就將 downs 減 1
     if (downs==0 && P2_1==0){ //如果 downs 減到 0，就檢查 P2_1=0
          c--;   // 如果 P2_1 是 0 就表示下數的彈跳按鈕被按下，所以 c 減 1
          if(c==-1) c=9;         //如果 c 減到-1 時，就將 c 恢復為 10
     }
  } else if (P2_1==0) downs=TIMES;   //如果 downs=0 且 P2_1 =0
                                        就將 downs 設為 25
  P1=seven_seg[c];
}
static void timer0_initialize(void)
{
  EA=0;
  TR0=0;
  TMOD &= 0XF0;
  TMOD |=0x01;
  TL0=(TIMER0_COUNT & 0x00FF);
  TH0=(TIMER0_COUNT >> 8);
  PT0=0;
  ET0=1;
  TR0=1;
  EA=1;
}
void main (void)
{
  c=0;
  ups=0;
  downs=0;
  timer0_initialize();
  P1=seven_seg[c];
  while(1);
}
```

程式說明

1. 在這一個程式當中，我們使用Timer0溢位中斷來檢查彈跳按鈕是否有被按下，所以我們讓Timer0每秒中斷200次，因此我們就根據4-4節所述設定

   Timer0 = 10000h − (12,000,000/(12×200)) = 0xEE11

   接下來利用以下的指令分別設定Timer0計數器的低階8位元和高階8位元。

   TL0 = (TIMER0_COUNT & 0x00FF);
   　　　　　　　//設定Timer0計數器的低階8位元
   TH0 = (TIMER0_COUNT >> 8);
   　　　　　　　//設定Timer0計數器的高階8位元

2. 在這個程式中我們使用 PORT 2 的第0支接腳接到上數的彈跳按鈕，使用 PORT 2 的第1支接腳接到下數的彈跳按鈕，如電路圖所示。使用者可以直接用P2_0來讀入資料，所以當我們要判斷，PORT 2 的第0支接腳目前是否為0，只要執行以下的指令即可：

   if(P2_0==0) ……

   同理，如果要判斷，PORT 2 的第1支接腳目前是否為0，只要執行以下的指令即可：

   if(P2_1==0) ……

3. 在 Timer0 的中斷服務程式中主要是檢查 P2_0(上數的彈跳按鈕)，和 P2_1(下數的彈跳按鈕)。當P2_0==0時，就表示上數的彈跳按鈕可能

被按下，但是為了避免因為雜訊所造成的誤判，並且消除彈跳的現象，所以我們就延遲一段時間之後再檢查P2_0是否依然是 0，如果依然是 0 就表示上數按鈕真的被按下。

如何讓程式可以使用Timer0延遲一段時間呢？在此我們利用變數ups，當第一次檢查到 P2_0 等於 0 時就設定 ups = 25，然後每一次 Timer0 中斷之後，就將 ups 減一，直到 0 為止時，剛好經歷 25/200 秒，接下來再檢查P2_0是否依然等於 0，就可以判斷上數的彈跳按鈕是否被按下。程式碼部分如下所示：

```
if (ups !=0) {              //檢查 ups 等於 0 嗎？
    ups--;                  //如果 ups 不等於 0，就將 ups 減 1
    if (ups==0 && P2_0==0) {   //如果 ups 減到 0，就檢查
                               P2_0 =0
        c++;                //如果 P2_0 是 0 就表示上數的彈跳按鈕
                               被按下，所以 c 加 1
        if(c==10) c=0;      //如果 c 加到 10，就將 c 恢復為 0
    }
} else if (P2_0==0) ups=TIMES;
                            //如果 ups=0 且 P2_0 =0 就將 ups 設為 25
```

下數彈跳按鈕的檢查和上數彈跳按鈕的檢查完全相同，只是變數 ups 改成 downs。

4-8   四個七段顯示器的顯示控制

實驗說明

本實驗是使用 8051 的 Port 1 連接到四顆七段顯示器。這四顆共陽七段顯示器的 a、b、c、d、e、f 和 g 全部都連接在一起，因此 PORT 1 所輸

出的資料照道理應該會在四顆共陽七段顯示器都顯示出來。但是我們利用
PORT 0 的低階 4 位元分別控制這四顆共陽七段顯示器，讓四顆共陽七段
顯示器使用掃描的方式輪流顯示數字，因此 PORT 1 每一次輸出的資料恰
好只會在其中一顆共陽七段顯示器顯示數字。當你連接好電路，並且完成
程式之後，你將可以看到這四顆七段顯示器顯示出 0 到 9999。在這一個實
習中，你將學會如何使用輪流驅動的方式，讓四顆共陽七段顯示器輪流顯
示數字。

實驗材料

材料名稱	材料規格	材料數量
共陽七段顯示器		4
電晶體	9012	4
電阻	330Ω，1/4 W	4

電路圖

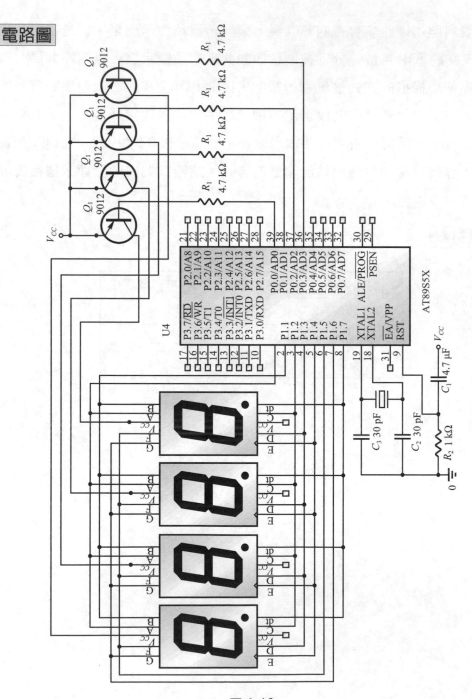

圖 4-10

程式設計

── 應用範例 4-8 ──

```
/*

標題:            範例 4-8
版本:            1.0
Target:          89S51
程式描述:         這個範例說明如何使用 8051 的 Port 1 連接到四顆七段
                顯示器，PORT 0 的低階 4 位元分別控制這四顆共陽七
                段顯示器，讓四顆共陽七段顯示器使用掃描的方式輪流
                顯示數字。
                這四顆七段顯示器將顯示出 0 到 9999。 */
/* ********************************************************* */
#include <REGX51.H>
#define TIMER0_COUNT 0xFC18 /* 10000h-(12,000,000/(12*1000)) */
code
seven_seg[10]={0XC0,0XF9,0XA4,0XB0,0X99,0X92,0X82,0XF8,0X80,
0X90};
code scan[4]={0X0E,0X0D,0X0B,0X07};
unsigned char counter[4]={0,0,0,0};
unsigned char i=0;
int timer0_tick;
static void timer0_isr(void) interrupt TF0_VECTOR using 1
{
  TR0=0;
  TL0=(TIMER0_COUNT & 0x00FF);
  TH0=(TIMER0_COUNT >> 8);
  TR0=1;
  P1=seven_seg[counter[i]];
  P0=scan[i];
  i++;
  if(i==4) i=0;
```

```c
    timer0_tick++;
    if (timer0_tick==1000) {
        timer0_tick=0;
            counter[0]++;                // 個位數加 1
            if (counter[0]==10) {        // 如果個位數等於 10 就執行以下的部分
                    counter[0]=0;        // 個位數變成 0
                    counter[1]++;        // 十位數加 1
                if(counter[1]==10){      // 如果十位數等於 10 就執行以下的部分
                        counter[1]=0;    // 十位數變成 0
                        counter[2]++;    // 百位數加 1
                        if(counter[2]==10) {  // 如果百位數等於 10 就執行
                                              //     以下的部分
                        counter[2]=0;         // 百位數變成 0
                            counter[3]++;     // 千位數加 1
                            if(counter[3]==10)  counter[3]=0;
                                              //如果千位數等於 10，就變成 0
                        }
                    }
                }
        }
    }
}
static void timer0_initialize(void)
{
    EA=0;
    timer0_tick=0;
    TR0=0;
    TMOD &= 0XF0;
    TMOD |=0x01;
    TL0=(TIMER0_COUNT & 0x00FF);
    TH0=(TIMER0_COUNT >> 8);
    PT0=0;
    ET0=1;
    TR0=1;
    EA=1;
}
void main (void)  {
    timer0_initialize();
    while (1);                           /*  永不止盡的迴路  */
}
```

程式說明

1. seven_seg當中存放了0到9的字型碼，字型碼的說明請參考4-3節的程式說明。程式當中將字型碼送到PORT 1，以顯示出字型。

2. 在本實驗中，總共需要4顆共陽七段顯示器，為了節省 I/O 線，四顆共陽七段顯示器的a、b、c、d、e、f和g全部都連接在一起，連接到PORT 1，因此PORT 1所輸出的資料照道理應該會在這四顆共陽七段顯示器都顯示出來，但是這4顆共陽七段顯示器的共同端（COM）分別接到4顆獨立的電晶體(PNP型9012)來控制開和關，如圖4-11所示。

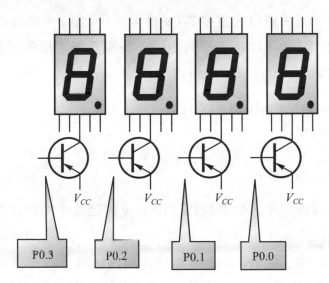

圖4-11　4顆共陽七段顯示器的掃描連接方式

然後我們利用PORT 0的低階4位元分別控制這四顆共陽七段顯示器，P0.0～P0.3分別接到電晶體的基極，當(P0.3,P0.2,P0.1,P0.0)＝(0,1,1,1)時，則接到P0.3的電晶體為ON，其它的電晶體為OFF，所以只有一個七段顯示器會亮。當(P0.3,P0.2,P0.1,P0.0)＝(1,0,1,1)時，則接到P0.2的電晶體為ON，其它的電晶體為OFF，所以也是只有一個七段顯示器會亮。如此一個接一個地顯示，當掃描的速度很快時，因為視覺暫留的原因，在視覺上會感覺所有的七段顯示器都同時顯示。

3. 我們將前面所描述的 4 顆七段顯示器輪流顯示的控制數值儲存在陣列 scan 當中，如下表所示。

scan	PORT 0.3	PORT 0.2	PORT 0.1	PORT 0.0	16進位值
0	1	1	1	0	0X0E
1	1	1	0	1	0X0D
2	1	0	1	1	0X0B
3	0	1	1	1	0X07

所以，接下來所們只要讓變數 i 反覆地由 0 數到 3，然後將 scan[i] 的數值送到 PORT 0，同時將相對應的七段顯示器字型碼送到 PORT1 即可，程式如下：

```
P1=seven_seg[counter[i]];
P0=scan[i];
i++;
if( i == 4 ) i=0;
```

因為在這個程式中，我們使用 Timer 0 的溢位中斷來控制四顆七段顯示器的輪流顯示，所以就將上面這一段程式碼加在 Timer0 的溢位中斷服務程式中，關於 Timer 0 溢位中斷時的設定方式請參考 4-4 節。

4. 在這一個程式當中，我們使用 Timer0 溢位中斷來檢查控制四顆七段顯示器的輪流顯示，所以我們讓 Timer0 每秒中斷 1000 次，因此我們就根據 4-4 節所述設定

$$Timer0 = 10000h - (12,000,000/(12 \times 1000)) = 0xFC18;$$

5. 0 數到 9999 的程式部分說明如下。我們利用 counter[0]、counter[1]、counter[2] 和 counter[3] 分別來儲存個位數、十位數、百位數和千位數。所以每一秒的時候就將 counter[0] 加 1，如果 counter[0] 等於 10

就必須進位，因此就將counter[0]設為0，同時counter[1]加1。counter
[1] 等於10的時候也是根據同樣的道理，依次地進位到 counter[2]和
counter[3]，程式碼如下所示：

```
counter[0]++;                        // 個位數加 1
if (counter[0]==10) {                // 如果個位數等於 10 就執行以下的部分
    counter[0]=0;                    // 個位數變成 0
    counter[1]++;                    // 十位數加 1
    if(counter[1]==10) {             // 如果十位數等於 10 就執行以下的部分
        counter[1]=0;                // 十位數變成 0
        counter[2]++;                // 百位數加 1
        if(counter[2]==10) {         // 如果百位數等於 10 就執行以下的部分
            counter[2]=0;            // 百位數變成 0
            counter[3]++;            // 千位數加 1
            if(counter[3]==10) counter[3]=0;
                                     // 如果千位數等於 10，就變成 0
        }
    }
}
```

4-9　4×4 小鍵盤輸入

實驗說明

　　本實驗是使用前一節的 4 顆七段顯示器電路，然後外加一個4×4的小
鍵盤，其中8051的PORT 2連接到4×4小鍵盤輸入。程式執行時時，使用
者可以從4×4小鍵盤輸入資料，而所輸入的資料會顯示在4顆七段顯示器上。

實驗材料

材料名稱	材料規格	材料數量
共陽七段顯示器		4
電阻	330Ω，1/4 W	4
電晶體	9012	4
4×4 小鍵盤		1

電路圖

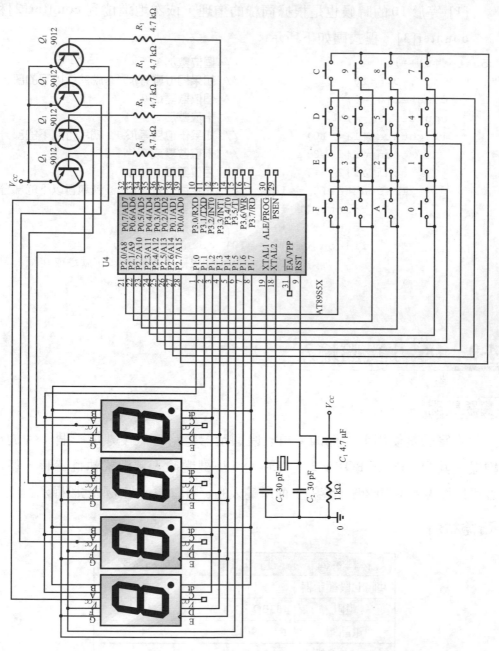

圖 4-12

程式設計

在這一個實驗中，我們將利用模組的方式來管理程式。因為4×4小鍵盤的輸入部分是一個獨立的模組，而且這一部分的函數在本書稍後的章節中還會再使用到，所以我們就將4×4小鍵盤的輸入函數單獨放在檔案keypad.c當中，然後再將主程式放在ex4-9.c當中。因此以後要使用4×4小鍵盤的時候，只要將檔案keypad.c拷貝到新專案的子目錄當中，然後再令專案包含檔案keypad.c就可以呼叫函數gotkey( )讀入小鍵盤的輸入。在這一個範例的專案中必須包含檔案 ex4-9.c 和 keypad.c 兩個檔案，如下圖所示。

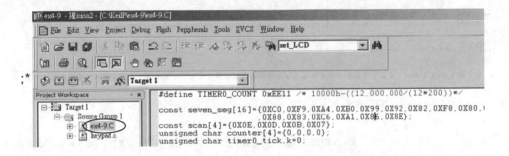

而產生程式檔案的方法和專案中加入檔案的方法請參考 4-1 節。以下是程式檔案 keypad.c 和 ex4-9.c：

1.　keypad.c

```
/*
標題：          小鍵盤的輸入函數
版本：          1.0
Target：        89S51
函數描述：      char gotkey(void)
                從4×4小鍵盤輸入資料，傳回0～15
小鍵盤的連接方式：
```

```
1 P20 -----0----- 1 ---- 2 ----- 3
        |    |    |    |
2 P21 -----4----- 5 ---- 6 ----- 7
        |    |    |    |
3 P22 -----8---- 9 ---- 10 --- 11
        |    |    |    |
4 P23 ----- 12---- 13---- 14 --- 15
        |    |    |    |
5 P24 ----|    |    |    |
        |    |    |    |
6 P25 ------------|    |    |
                  |    |
7 P26 -------------------- |    |
                          |
8P27 --------------------------|
```

/* ** */

```c
#include <REGX51.H>
code char key_code[]={0x7E,0XBE,0XBD,0XBB,0XDE,0XDD,0XDB,0XEE,
                      0XED,0XEB,0X7D,0X7B,0XE7,0XD7,0XB7,0X77};
code ksp[4]={0x7F,0xBF,0xDF,0xEF};
void delay (void) {                    /* 時間延遲函數 */
  unsigned char i,j;
    for (i=0;i<5;i++)
        for(j=0;j<255;j++)
        ;
}
char keypad_scan()
{
    char key,i;
    P2=0xF0;
    while (P2!=0xF0);
      do{
        for(i=0;i<=3;i++)
        {
            P2=ksp[i];
```

```
            if(P2!=ksp[i])
            {
                delay();
                key=P2;
                if(key!=ksp[i])
                {
                    return(key);
                }
            }
        }
    } while(1);
}
// 檢查是否有按鍵按下
char gotkey()
{
    char temp,i;
    temp-keypad_scan();
    for (i=0;i<=15;i++) {
        if(temp==key_code[i]) return(i);
    }
    return(16);
}
```

2. 主程式放在 ex4-9.c 富中

```
#define TIMER0_COUNT 0xEE11 /* 10000h-((12,000,000/(12*200)))*/
code seven_seg[16]={0XC0,0XF9,0XA4,0XB0,0X99,0X92,0X82,0XF8,0X80,
                0X90,0X88,0X83,0XC6,0XA1,0X86,0X8E};
code scan[4]={0X0E,0X0D,0X0B,0X07};
unsigned char counter[4]={0,0,0,0};
unsigned char timer0_tick,k=0;
static void timer0_isr(void) interrupt TF0_VECTOR using 1
{
    TR0=0;
    TL0=(TIMER0_COUNT & 0x00FF);
```

```c
        TH0=(TIMER0_COUNT >> 8);
        TR0=1;
        P1=seven_seg[counter[k]];
        P0=scan[k];
        k++;
        if(k==4) k=0;
        timer0_tick++;
        if (timer0_tick==200) timer0_tick=0;
}
static void timer0_initialize(void)
{
        EA=0;
        timer0_tick=0;
        TR0=0;
        TMOD &= 0XF0;
        TMOD |=0x01;
        TL0=(TIMER0_COUNT & 0x00FF);
        TH0=(TIMER0_COUNT >> 8);
        PT0=0;
        ET0=1;
        TR0=1;
        EA=1;
}
void main (void)
{
        unsigned char c=0;
        char ch;
        timer0_initialize();
        do {
            ch=gotkey();
            for(c=3;c>0;c--)
                counter[c]=counter[c-1];
                counter[0]=ch;
        } while(1);
}
```

程式說明

1. 這個程式中，4 顆共陽七段顯示器的顯示控制部分和前一節的範例相同，請參考前一節的程式說明。

2. 我們使用Timer0溢位中斷來做4顆七段顯示器的掃描控制，所以我們讓 Timer0 每秒中斷 1000 次，因此我們就根據 4-4 節所述設定

$$Timer0 = 10000h - (12,000,000/(12\times1000)) = 0x\ FC18;$$

3. 本範例中 PORT 2 連接到 4×4 小鍵盤，以便讓使用者輸入資料。4×4 小鍵盤使用掃描的原理來偵測按鍵是否有被按下，以及所按下的是哪一個按鍵。鍵盤掃描的原理是每次送出信號到一列，再利用按鍵信號返回線偵測按鍵是否導通，如果按鍵導通時，就表示按鍵已按下，然後就可以知道按下那一個按鍵。利用這個原理，先將 P2_0～P2_3 接到列的位置，再將 P2_4～P2_7 則接到行的位置。接下來將 P2_0～P2_3 當成輸入，並將 P2_0～P2_3 當成輸出，如下圖所示：

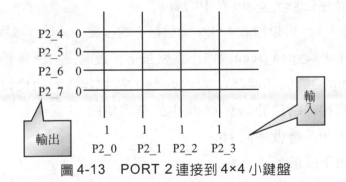

圖 4-13　PORT 2 連接到 4×4 小鍵盤

首先將P2_7、P2_6、P2_5、P2_4輪流設為0，亦即將(P2_7，P2_6，P2_5，P2_4) 輪流設為(0111)、(1011)、(1101)，和(1110)。當使用者按下某一個按鍵之後，因為被按下的按鈕會造成導通，所以P2_0～P2_3 當中會有一支接腳變成低電位。因此從 P2_0～P2_3 讀回數值時，P2_0～P2_3 當中會有一個數值是 0，根據由 P2_0～P2_3 所讀回

的數值，就可以判斷是那一個按鍵被按下。

4.　根據以上的敘述，我們可以導出掃描碼，如下所示：

		P2_3~P2_0 1110(E)	P2_3~P2_0 1101(D)	P2_3~P2_0 1011(B)	P2_3~P2_0 0111(7)
P2_7~P2_4	1110(E)	F	E	D	C
P2_7~P2_4	1101(D)	B	3	6	9
P2_7~P2_4	1011(B)	A	2	5	8
P2_7~P2_4	0111(7)	0	1	4	7

程式輸出　　　　　　　　按鍵上的數字

圖 4-14　掃描碼

因此如果按照數字的順序排列時，就可以得到以下的順序：

0x7E,0X7D,0XBD,0XDD,0X7B,0XBB,0XDB,0X77,
0XB7,0XD7,0XBE,0XDE,0XE7,0XEB,0XED,0XEE

這就是儲存在 key_code 當中的資料。

5.　副程式 got_key 可以讀取 4×4 小鍵盤按下的按鍵，其執行步驟說明如下：

(1)　首先呼叫 keypad_scan 讀取小鍵盤按下按鍵的掃描碼到變數 temp 中。

(2)　將 temp 的數值和儲存在 key_code 的掃描碼逐一地比較，如果相等時就將掃描碼位於 key_code 中的順序傳回。

(3)　如果不相等時就傳回 16。

程式碼如下所示：

```
temp=keypad_scan();
for (i=0;i<=15;i++) {
    if(temp==key_code[i]) return(i);
}
return(16);
```

6. 主程式中使用 counter[0]、counter[1]、counter[2]和 counter[3]分別來儲存個位數、十位數、百位數和千位數。然後使用一個永不止盡的迴路，不斷的讀取鍵盤的按鍵輸入，接下來再將讀入的資料逐一的移入 counter[0]、counter[1]、counter[2]和 counter[3]，如下圖所示：

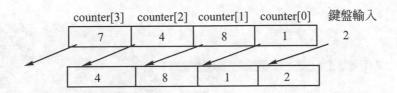

程式碼的如下所示：

```
do {
    ch=gotkey();
    for(c=3;c>0;c--)
        counter[c]=counter[c-1];
        counter[0]=ch;
} while(1);
```

建立函數庫

經常使用的函數可以單獨地抽出來放到個別檔案中，方便以後的反覆使用。例如，4×4 小鍵盤的輸入函數單獨放在檔案keypad.c之後，以後要使用 4×4 小鍵盤的時候，只要將檔案 keypad.c 拷貝到新專案的子目錄當中，再讓專案包含檔案keypad.c，就可以呼叫4×4 小鍵盤的輸入函數。

另外一種方法是將經常使用的函數建立成函數庫檔案，以下我們就說明如何建立 4×4 小鍵盤的輸入函數庫，以及如何從主程式當中呼叫函數庫檔案的函數。

1. 建立新專案 keypad。

2. 在新專案keypad中加入程式檔keypad.c。

3. 在主功能表之下按下 Project→Options for Target "Target1"，如下圖所示：

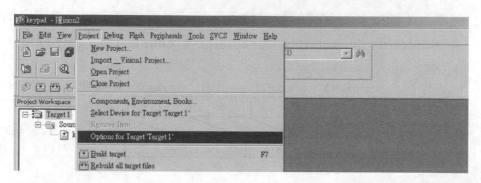

按下 Project → Options for Target "Target1"之後，會顯示出以下的視窗，請選擇上方的 output。

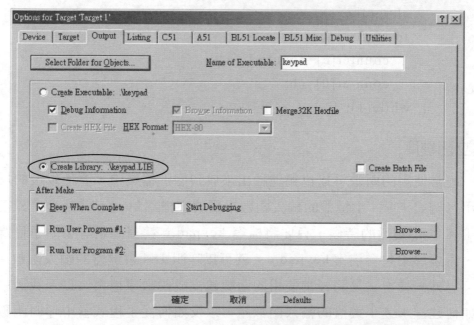

4. 在主功能表之下按下 Project → Build target。如果程式正確無誤時，這就表示你已經建立好函數庫檔案 keypad.lib。

5. 產生檔案 keypad.lib 之後，接下來就可以在其它的專案中使用。

6. 首先產生新專案 ex4-9。

7. 在新專案 ex4-9 中加入程式檔 ex4-9.c。

8. 在新專案 ex4-9 中加入檔案 keypad.lib。

9. 在主功能表之下按下 Project → Build target。如果程式正確無誤時，
會顯示出你已經建立好專案。

4-10 C 語言程式呼叫組合語言程式

在這一節當中，我們將要介紹如何在你的 C 語言程式當中呼叫另一個
使用組合語言寫好的副程式。有一些想要使用 Keil C 發展 8051 程式的程
式人員會問到，我已經有好多程式模組是使用組合語言寫成的，如果這些
程式模組可以直接拿來使用，或是略加修改，就可以使用在我的 C 語言程
式當中，那麼我原先發展程式時所耗費的時間和精神，不就都可以重複使
用了嗎？好吧，這就是本節主要的目的。

為了要說明如何在 C 語言程式當中呼叫另一個使用組合語言寫好的副
程式。我們修改 4-7 節的彈跳按鈕電路圖，加入一個 AT93C46，如電路圖
4-24 所示。在這一個應用中，當我們按下向上數的按鈕之後，程式就會把
0 到 9 的共陽 7 段顯示器字型碼存入 AT93C46；如果我們按下向下數的按
鈕之後，程式就會把 9 到 0 的共陽 7 段顯示器字型碼存入 AT93C46；簡言
之，兩者之間的差別只是在順序上而已，一個是 0、1、2、⋯、9，另一個
則是 9、8、7、⋯、0。

程式每一次重新開始執行時(Power on 或是 Reset)，8051 會先從
AT93C46 當中讀出最前面的 10 個位元組，然後就反覆地將這 10 個位元組
的資料經由 PORT 1 送到 1 個共陽七段顯示器，因此如果之前使用者按的
按鈕是向上數的按鈕，就會看到 0、1、2、⋯、9 依次地顯示出來。反之，
如果之前使用者按下向下數的按鈕，則會看到 9、8、7、⋯、0 依次地顯示
出來。

我們把所有處理 AT93C46 資料儲存與讀取的組合語言副程式寫在同一個檔案當中，以下是這一個組合語言檔案當中所包含的副程式模組：

副程式名稱	功能
write_enable( )	允許資料寫入 AT93C46
write_disable( )	不允許資料寫入 AT93C46
write_data( )	將 16bits 的資料寫入 AT93C46
read_data( )	從 AT93C46 讀出 16bits 的資料

在主程式的檔案當中則經由呼叫外部副程式的方式，使用以上的組合語言副程式模組。

實驗材料

材料名稱	材料規格	材料數量
共陽七段顯示器		1
彈跳式按扭		2
電阻	330Ω，1/4 W	1
電阻	100Ω，1/4 W	4
AT93C46		1

零件說明

AT93C46 是一顆 64words(1 word 等於 16 bits，也可以當成 128 bytes 使用)的串列式 EEPROM。AT93C46 的操作電壓只要 2.7V 到 5.5V，資料讀取與寫入時只要經由 AT93C46 的 3 隻接腳(SCK、DI、DO)即可。寫入 AT93C46 的資料可以維持 100 年的時間，而且 AT93C46 可以反覆地清除後再重新寫入 100 萬次。

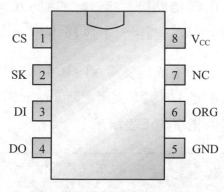

圖 4-15　93C46 的接腳圖

接腳說明

接腳名稱	接腳說明
CS	晶片選擇接腳
SK	串列資料輸入輸出時的時脈接腳
DI	串列資料輸入接腳
DO	串列資料輸出接腳
VCC	電源接腳
GND	接地接腳
ORG	8 位元與 16 位元的選擇線
NC	不用連接

說明：1. CS 接腳是晶片選擇接腳，當此接腳是＋ 5V 時，表示選擇此晶片。當要對 AT93C46 下達指令，或是資料輸入或輸出時，CS 接腳必須是＋ 5V。

　　　2. ORG 接腳是 8 位元與 16 位元的選擇接腳，ORG 接腳接地時，AT93C46 就當成 128 位元組(byte)的資料，每一個位元組是 8 個

位元(bit)；ORG 接腳接＋ 5V 時，AT93C46 就當成 64 字元組
(word)的資料，每一個字元組是 16 個位元(bit)。

當資料要寫入 AT93C46 或是要從 AT93C46 讀出時，必須下達指令，
AT93C46 的指令開頭都是 1，接下來再跟隨 8 位元的指令，或是指令與位
址的混合。AT93C46 的指令如下表所示：

指令	開始位元	運算碼	指令或位址		資料	
			8 位元	16 位元	8 位元	16 位元
讀取(READ)	1	10	A6〜A0	A5〜A0		
允許寫入(EWEN)	1	00	11XXXXX	11XXXX		
清除(ERASE)	1	11	A6〜A0	A5〜A0		
寫入(WRITE)	1	01	A6〜A0	A5〜A0	D7〜D0	D15〜D0
全部清除(ERAL)	1	00	10XXXXX	10XXXX		
全部寫入(WRAL)	1	00	01XXXXX	01XXXX	D7〜D0	D15〜D0
禁止寫入(EWDS)	1	00	00XXXXX	00XXXX		

圖 4-16　AT93C46 的指令

1. 讀取指令

當下達讀取指令之後，使用者必須對 SK 接腳送出脈波信號，
AT93C46 才會將資料由最高位元(D15)開始，依序每次 1 個位元(bit)
由 DO 接腳輸出，如圖 4-17 所示。

2. 允許資料寫入指令

當資料要寫入 AT93C46 之前，首先必須先下達允許資料寫入的
指令，然後資料才可以寫入 AT93C46。下達資料允許寫入指令之後，
寫入狀態將一直維時到電源消失或是下達禁止寫入指令之後，如圖
4-18 所示

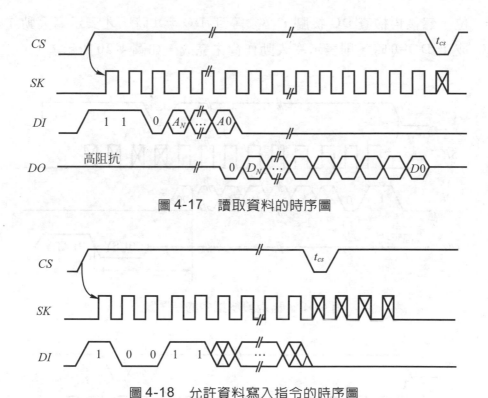

圖 4-17　讀取資料的時序圖

圖 4-18　允許資料寫入指令的時序圖

3.　寫入資料指令

　　當下達寫入資料指令之後，必須按照指定位址將寫入的資料由高位元依次逐一地送出，當資料輸出之後，必須讓 CS 保持低電位至少 TCS 時間，再拉回 CS 到高電位，然後再檢查 DO 接腳，必須等到 DO＝1 時，才表示寫入動作完成；DO＝0 時，則表示寫入動作尚未完成，如圖 4-19 所示。

4.　全部寫入指令

　　下達全部寫入(Write ALL Registers；WRALL)指令後，接下來送出的 8 或 16 位元資料，會填入 AT93C46 的所有記憶體當中，當資料輸出之後，必須讓 CS 保持低電位至少 TCS 時間，再拉回 CS 到高電位，然後再檢查 DO 接腳，必須等到 DO＝1 時，才表示寫入動作完成 ； DO=0 時，則表示寫入動作尚未完成，如圖 4-20 所示。

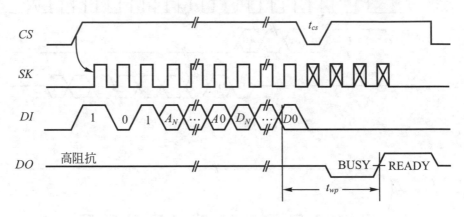

圖 4-19　寫入資料指令的時序圖

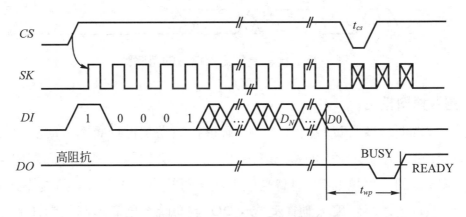

圖 4-20　全部寫入的時序圖

5. 禁止寫入指令

當下達禁止寫入指令之後，可以禁止一切寫入動作，這一個指令可以確保 AT93C66 內部的資料不會被破壞，如圖 4-21 所示。

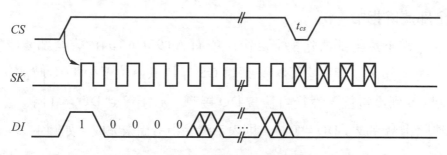

圖 4-21　禁止寫入的時序圖

6. 清除指令

　　若要針對 AT93C66 當中某一個位址的資料加以清除,可以使用清除指令(ERASE),當下達清除指令完成後,必須讓 CS 保持低電位至少 TCS 時間,再拉回 CS 到高電位,然後再檢查 DO 接腳,必須等到 DO = 1 時,才表示清除指令完成;DO = 0 時,則表示清除指令尚未完成,如圖 4-22 所示。

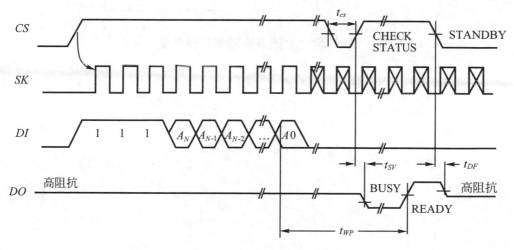

圖 4-22　清除的時序圖

7. 全部清除指令

當下達全部清除指令之後，所有 AT93C66 的內容全部變成 FF；下達全部清除指令之後，必須讓 CS 保持低電位至少 TCS 時間，再拉回 CS 到高電位，然後再檢查 DO 接腳，必須等到 DO＝1 時，才表示清除指令完成；DO＝0 時，則表示清除指令尚未完成，如圖 4-23 所示。

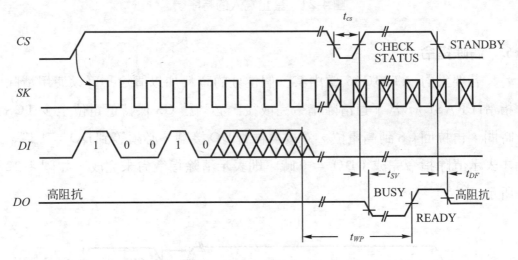

圖 4-23   全部清除指令的時序圖

電路圖

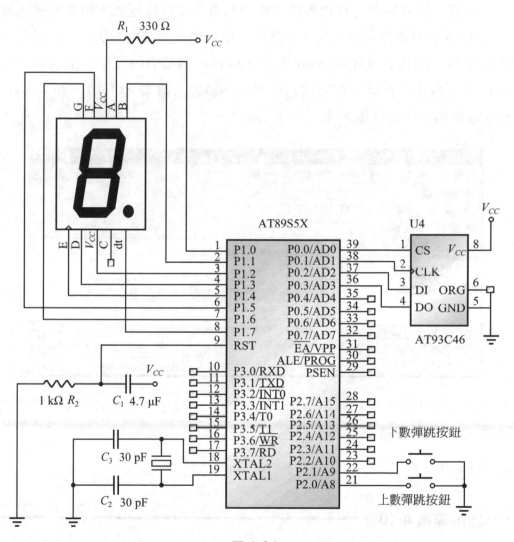

圖 4-24

程式設計

　　在這一個實驗中，我們將利用模組的方式來管理程式。因為所有處理 AT93C46 資料儲存與讀取的部分是使用組合語言寫成的副程式，所以全部都放在同一個檔案 93C46.asm 當中，成為一個獨立的模組。主程式放在 ex4-10.c 當中。在這一個範例的專案中必須包含檔案 ex4-10.c 和 93C46. asm 兩個檔案，如下圖所示。

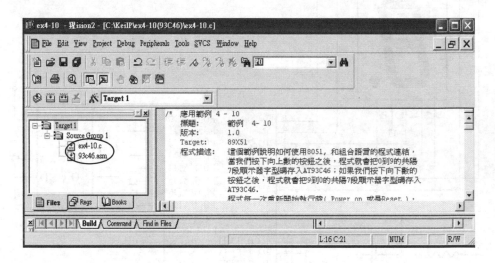

程式檔案產生的方法和專案中加入檔案的方法請參考 4-1 節。以下是程式檔案 93C46.asm 和 ex4-10.c：

1.　ex4-10.c：

───**應用範例 4-10**───────

```
/*
標題：          範例 4-10
版本：          1.0
Target：        89S51
```

程式描述：　　　這個範例說明如何使用8051，以及組合語言的程式連結，當我們按下向上數的按鈕之後，程式就會把0到9的共陽7段顯示器字型碼存入AT93C46；如果我們按下向下數的按鈕之後，程式就會把9到0的共陽7段顯示器字型碼存入AT93C46。

程式每一次重新開始執行時(Power on 或是Reset)，8051會先從AT93C46當中讀出最前面的10個位元組，然後就反覆地將這10個位元組的資料經由PORT 1送到1個共陽七段顯示器。*/

```c
/* ********************************************************* */
#include <REGX51.H>
#define   down_button              P2_0
#define   up_button                P2_1
#define   TRUE                     1
#define   FALSE                    0

unsigned char  msg[10];
unsigned char  code
msg1[10]={0XC0,0XF9,0XA4,0XB0,0X99,0X92,0X82,0XF8,0X80,0X90};
unsigned char  code
msg2[10]={0X90,0X80,0XF8,0X82,0X92,0X99,0XB0,0XA4,0XF9,0XC0};
unsigned char                    idata   i      _at_  0X20;
volatile unsigned char   idata   lb            _at_  0X15;
volatile unsigned char   idata   hb            _at_  0X16;
unsigned char                    idata   source _at_  0X11;
unsigned char                    idata   dest   _at_  0X12;

extern void write_enable();
extern void write_disable();
extern void write_data();
extern void read_data();
void delay();
```

```
void main (void)  {
        static unsigned char i,j;
        do {
            for(i=0;i<5;i++) {
                    source=i;
                    dest=0x15;
                    read_data();
                    msg[2*i]=lb;
                    msg[2*i+1]=hb;
            }
            do {
                    for(i=0;i<10;i++) {
                        P1=msg[i];
                        delay();
                        if ( down_button==0) {
                            do { }while( down_button==0 );
                            goto down;
                        }
                        if ( up_button==0) {
                            do { }while( up_button==0 );
                            goto up;
                        }
                    }
            } while (1);
down:
        write_enable();
        for(j=0;j<5;j++) {
                source=j;
                dest=0x15;
                lb=msg2[2*j];
                hb=msg2[2*j+1];
                write_data();
        }
        write_disable();
        continue;
up:
```

```
            write_enable();
            for(j=0;j<5;j++) {
                    source=j;
                    dest=0x15;
                    lb=msg1[2*j];
                    hb=msg1[2*j+1];
                    write_data();
            }
            write_disable();
        } while (1);
}
void delay() {
    unsigned int j;
    for (j=0;j<33767;j++);
}
```

2.　93C46.asm：

```
%*define (write_1) (
        setb    DI
        setb    SK
        clr     SK
)
%*define (write_0) (
        clr     DI
        setb    SK
        clr     SK
)
%*define (write_carry) (
        mov     DI,C
        setb    SK
        clr     SK
)
;
```

```
;           定義 93C46 的接腳
;
CS          bit     P0.0
SK          bit     P0.1
DI          bit     P0.2
DO          bit     P0.3
;
;           定義 93C46 的指令
;
enable   equ        30H
disable  equ        00H
read     equ        80H
write    equ        40H
;
address  equ        11H
dest     equ        12H
buffer   equ        15H
;
public   read_data,write_enable,write_disable,write_data
;
org      10h
;
write_command:
         %write_1
         mov     r7,#8
more:    rlc     A
         %write_carry
         djnz    r7,more
         ret
;
write_byte:
         mov     r7,#8
write_bit:
         rlc     A
```

```
        %write_carry
        djnz    r7,write_bit
        ret;
;
write_enable:
        push    ACC
        push    PSW
        setb    rs1
        clr     rs0
        mov     A,#enable
        setb    CS
        acall   write_command
        clr     CS
        pop     PSW
        pop     ACC
        ret
;
write_disable:
        push    ACC
        push    PSW
        setb    rs1
        clr     rs0
        mov     A,#disable
        setb    CS
        acall   write_command
        clr     CS
        pop     PSW
        pop     ACC
        ret
;
write_data:
        push    ACC
        push    PSW
        setb    rs1
```

```
        clr     rs0
        mov     A,#write
        orl     A,address
        setb    CS
        acall   write_command
;
;       寫入 2 bytes 的資料到 93C46.
;
        mov     r0,dest
        mov     r3,#2
wloop:
        mov     A,0
        acall   write_byte
        inc     r0
        djnz    r3,wloop
        acall   check_busy
        clr     CS
        pop     PSW
        pop     ACC
        ret
;
read_data:
        push    ACC
        push    PSW
        setb    rs1
        clr     rs0
        mov     A,#read
        orl     A,address
        setb    CS
        acall   write_command
        mov     r0,dest
;
;       從 93C46 讀出 2 bytes 的資料.
;
```

```
         mov      r3,#2
rloop1:
         mov      r4,#8
rloop2:
         setb     SK
         clr      SK
         mov      c,DO
         rlc      A
         djnz     r4,rloop2
         mov      0,A
         inc      r0
         djnz     r3,rloop1
;
         clr      CS
         pop      PSW
         pop      ACC
         ret
;
check_busy:
check_again:
         clr      CS
         setb     CS
         mov      C,DO
         jnc      check_again
         ret
;
         End
```

程式說明

1. 在上面的93C46的程式當中，我們使用到macro(巨集，用macro比較習慣，所以以下的說明都使用macro)。基本上，macro會讓組合語言程式變得比較簡潔，但是macro 並不是副程式，所以它不是使用呼叫的方式執行，如果你的組合語言程式當中使用到 macro，則當此程式在組譯時，就會將原先 macro 所定義的程式碼展開來，直接進行組譯。 以下是 macro 的定義方式：

%*define (macro 名稱) (

　　macro 的指令

)

當你的組語言程式定義好macro 之後，就可以直接在程式當中使用；例如，我們可以先定義叫做一個% write_1 的 macro 如下所示：

%*define (write_1) (

　　setb　　DI

　　setb　　SK

　　clr　　SK

)

接下來在程式當中就可以使用此macro，使用時只要寫 %write_1 即可。

2. 在這個程式中我們定義了三個macro，分別說明如下：

Macro 名稱	功　能
% write_1	在 93C46 的 DI 接腳輸出 1
% write_0	在 93C46 的 DI 接腳輸出 0
% write_carry	在 93C46 的 DI 接腳輸出 Carry 位元的數值

3. Keil C 當中可以直接加入組合語言程式檔案進行組譯，但是如果你的組合語言程式當中使用到macro 時，你需要在組合語言程式組譯之前先設定好 macro 的組譯。首先，你將滑鼠的游標移到 Target1，按下滑鼠的右鍵，然後移到 Options for Target 'Target1'按下，如下圖所示：

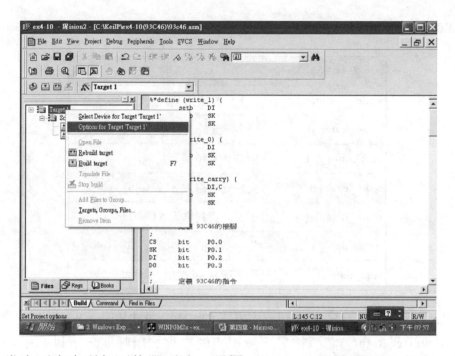

當畫面中出現如下的選項時，選擇 A51 ，並且點選 MPL 打勾，然後按下確定，如下圖所示：

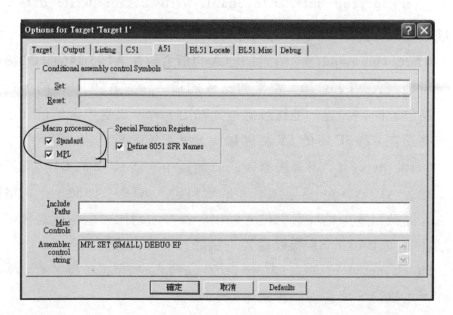

4. 93C46.asm 當中包含了以下的副程式：

副程式名稱	功能
write_command( )	將 8 位元的指令寫入 93C46
write_byte( )	將 8 位元的資料寫入 93C46
check_busy( )	檢查 93C46 是否忙碌
write_enable( )	允許資料寫入 AT93C46
write_disable( )	不允許資料寫入 AT93C46
write_data( )	將 16bits 的資料寫入 AT93C46
read_data( )	從 AT93C46 讀出 16bits 的資料

因為這些副程式中，read_data( )、write_enable( )、write_disable( ) 和 write_data( ) 必須被另一個模組的主程式所呼叫，所以必須宣告為 public，如下所示：

　　public read_data,write_enable,write_disable,write_data

以下我們針對這四個副程式分別說明：

(1) write_command( )：將累加器 A 的指令經由 AT93C46 的 DI 接腳逐一地送入 AT93C46。當累加器 A 的指令送入 AT93C46 時，是由最高位元開始，逐一地往最低位元輸出，每一次送出一個位元之後，必須在 AT93C46 的 SK 接腳輸入一個脈波，資料才能寫入。

(2) write_byte( )：將累加器 A 的資料經由 AT93C46 的 DI 接腳逐一地送入 AT93C46。當累加器 A 的資料送入 AT93C46 時，是由最高位元開始，逐一地往最低位元輸出，每一次送出一個位元之後，必須在 AT93C46 的 SK 接腳輸入一個脈波，資料才能寫入。

(3) check_busy( )：檢查 93C46 在寫入資料之後是否忙碌，直到 93C46 不忙碌時，才會從副程式返回。

(4) write_enable( )：當資料要寫入AT93C46之前，必須先下達允許資料寫入AT93C46的指令。函數write_enable( )主要是根據AT93C46的規格，輸出10011XXXX到93C46的DI接腳。

(5) write_disable( )：當資料要寫入AT93C46之後，為了保護AT93C46當中的資料所以必須下達不允許資料寫入 AT93C46 的指令。函數write_enable( )主要是根據AT93C46的規格，輸出 10000XXXX到93C46的DI接腳。

(6) write_data( )：當資料要寫入AT93C46之前，必須先下達寫入資料的指令。函數 write_data ( )主要是根據 AT93C46 的規格，輸出 101A5 A4 A3 A2 A1 A0到93C46的DI接腳；接下來再輸出16位元的資料D15～D0到AT93C46。

(7) read_data( )：當要從AT93C46讀出資料之前，必須先下達讀出資料的指令。函數read _data ( )主要是根據AT93C46的規格，輸出 110A5 A4 A3 A2 A1 A0到93C46的DI接腳；接下來再從AT93C46讀入16位元的資料D15～D0。

5. C語言主程式呼叫組合語言副程式時，必須注意到，累加器(Accumulator)和暫存器組的內容都必須自行維護，如果維護不當，可能會造成不可預期的結果。一般 而言，你可以在進入組合語言程式之後，馬上將累加器 A 和暫存器 R0～R7 推入堆疊當中，等到離開組合語言程式之後再使用 POP 指令，將累加器 A 和暫存器 R0～R7 從堆疊中取出，但是要特別注意，堆疊推入與取出的順序是相反的，也就是先進者後出，後進者先出。

　　另外一種方法是使用8051當中不同的暫存器組，這種方法是因為8051 提供了 4 組暫存器組，使用者只要設定 PSW 字元組當中的 RS1 和 RS0 這兩個位元即可，PSW 的內容如下所示：

位元	7	6	5	4	3	2	1	0
	CY	AC	F0	RS1	RS0	OV	–	P

使用者最好先規劃好暫存器組要如何使用。一般而言，主程式當中都是使用暫存器組 0，這是因為 8051 剛接上電源時就自動地使用暫存器組 0，所以主程式使用暫存器組 0 是最自然的方式。中斷副程式可以使用暫存器組 1、2、3。

假設你的系統當中，中斷副程式使用暫存器組 1，那麼你就可以設定組合語言程式使用暫存器組 2。使用暫存器組 2 的設定方法就是讓 RS0 = 0、RS1 = 1。另外，使用這種方法時，一進入組合語言的程式時，只要把累加器 A 和 PSW 推入堆疊即可；離開組合語言程式之前，再將 PSW 和累加器 A 從堆疊中取出來。以下是使用組合語言的指令設定的方式：

```
push    ACC
push    PSW
setb    rs1
clr     rs0
...
pop     PSW
pop     ACC
```

6. 有一些副程式必須接收一些從呼叫者所送來的資料，或是將資料處理的結果傳回給呼叫者。C 語言的副程式是經由參數的傳遞來接收呼叫者所送來的資料，然後經由函數的傳回值(return value)將資料處理的結果傳回給呼叫者。Keil C 對於參數是使用暫存器來傳遞參數，但是最多只能傳遞 3 個參數，其規定如下表所示：

參數個數	參數型態 char	參數型態 int	參數型態 long 或 float	參數型態 指　標
1	R7	R6 和 R7	R4～R7	R1～R3
2	R5	R4 和 R5	R4～R7	R1～R3
3	R3	R2 和 R3	沒規定	R1～R3

Keil C 對於函數的傳回值的規定如下表所示：

函數的傳回值型態	暫存器
bit	carry
char	R7
int	R6 和 R7
long	R4～R7
float	R4～R7
指標	R1～R3

在此我們是在 C 語言的主程式和 93C46.asm 的組合語言程式中宣告相同地址值的資料區域，然後藉由共用此資料區域來傳遞資料。

C 語言部份的程式碼如下所示

```
volatile unsigned char idata      lb       _at_    0X15;
volatile unsigned char idata      hb       _at_    0X16;
unsigned char idata               source   _at_    0X11;
unsigned char idata               dest     _at_    0X12;
```

組合語言部份的程式碼如下所示

```
source      equ     11H
dest        equ     12H
buffer      equ     15H
```

當我們在宣告 C 語言的變數時可以指定該變數在某一個特定位置，宣告的方式如下所示：

資料型態　idata　　變數名字　　_at_　　指定的記憶體位置；

其中 idata 是指你所宣告的變數是放在 8051 的 RAM 當中。你也可以將所宣告的變數放在其它的記憶體。以下是資料放在其它的記憶體的宣告方式：

名稱	指定的記憶體位置
bdata	可以使用位元存取的 RAM
code	8051 的內部程式記憶體
pdata	8051 的外部程式記憶體
idata	8051 的內部資料記憶體
xdata	8051 的外部資料記憶體

例如，你可以宣告變數 source 放在 8051 內部資料記憶體的 0X11 位置，宣告方式如下所示：

unsigned char idata　　　　source　_at_　　0X11;

因為 C 語言的主程式和 93C46.asm 的組合語言程式中宣告相同位置的資料區域，所以我們可以將資料經由這些相同位置的資料區域傳遞資料。在這一個專案當中，我們的設定如下：

變數名稱	用　途
source	指向 AT93C46 的位置
dest	即將寫入 AT93C46 之資料的位置，或者從 AT93C46 讀出之資料的存放位置

7. 按鈕偵測的程式請參考 4-7 節的說明，在此不再重複說明。

8. 主程式當中的執行步驟很簡單，敘述如下：

(1)　呼叫函數 read_data( ) 將 AT93C46 的資料讀出放入陣列 msg 當中。

(2)　將陣列 msg 當中的下一個資料送出到 Port1。

(3)　檢查 P2_0 是否按下？如果 P2_0 按下時，就將陣列 msg1 的資料寫入 AT93C46，然後回到程式的開頭重新開始。

(4)　檢查 P2_1 是否按下？如果 P2_1 按下時，就將陣列 msg2 的資料寫入 AT93C46，然後回到程式的開頭重新開始。

(5)　呼叫函數 delay( )，然後跳到第 2 步執行。

以下是主程式的流程圖。

主程式 ex4-10 的流程圖

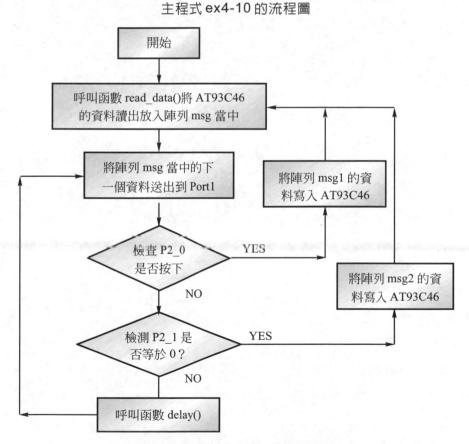

圖 4-25　主程式 ex4-10 的流程圖

4-11　結　論

　　本章中，我們先說明如何建立一個專案，如何產生一個 C 語言的程式，如何將新產生的程式加入專案中，以及如何編譯和產生燒錄檔案。接下來我們介紹了如何使用C語言撰寫基本的應用程式，其中包括了LED、七段顯示器的輸出，以及按鈕和小鍵盤的輸入，我們同時也介紹了中斷副程式的寫法。希望你能實際的去完成這些應用程式。在下一章中，我們將把本章所學到的進一步加以推廣，應用到一些比較複雜的應用上。

習　題

4.1　使用 8051 的 Port 1 連接到 8 個 LED，撰寫程式讓左邊 4 顆 LED 和右邊 4 顆 LED 能輪流地閃爍，如下圖所示。

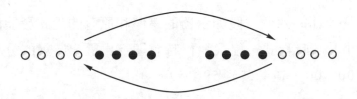

4.2　使用 8051 的 Port 1 連接到 8 個 LED，撰寫程式讓中間 4 顆 LED 和兩邊 4 顆 LED 能輪流地閃爍，如下圖所示，閃爍時間大約間隔 1 秒。

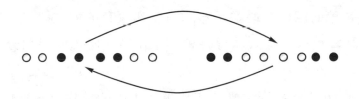

4.3　使用 8051 的 Port 1 連接到共陽七段顯示器，撰寫程式讓七段顯示器依序反覆地顯示出 0、1、2、3、4、5、6、7、8、9、A、b、C、d、E 和 F。

4.4　使用 8051 的 Port 1 連接到共陽七段顯示器，撰寫程式讓顯示器依序反覆地顯示出 9、8、7、6、5、4、3、2、1、0。

4.5　利用 4-1 節的七顆 LED 的電路和原有的程式發展出另一個跑馬燈程式，這個程式使用 Timer 0 的溢位中斷，每 1 秒產生 1 次溢位中斷，並且在 Port 1 輸出跑馬燈。

4.6　使用 8051 的 Port 1 連接到 8 個 LED，撰寫程式，讓 Port 1 在正常狀況下輸出跑馬燈，當 INT1 接受到下降邊緣的脈波中斷時，中間 4 顆 LED 和兩邊 4 顆 LED 能輪流地閃爍 8 次，如下圖所示。

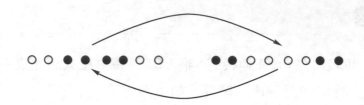

4.7 利用 4-8 節的四個七段顯示器的電路和原有的程式發展出一個簡單的一小時計時程式，程式執行時會顯示出數字時鐘的分和秒，也就是由 00：00 一直計時到 59：59。

4.8 利用 4-8 節的四個七段顯示器的電路和原有的程式發展出一個簡單的一小時倒數計時程式，程式執行時會顯示出數字時鐘的分和秒，也就是由 59：59 一直計時到 00：00。

4.9 用 4-8 節的四個七段顯示器的電路和原有的程式發展出一個簡單的數位時鐘程式，程式執行時會顯示出數字時鐘的時和分，秒是用最右邊 LED 的點閃爍來表示，計時時間會由 00：00 一直計時到 23：59。

4.10 修改 4-10 節的程式，當我們按下向上數的按鈕之後，程式就會把 0 到 F 的共陽 7 段顯示器字型碼存入 AT93C46；如果我們按下向下數的按鈕之後，程式就會把 F 到 0 的共陽 7 段顯示器字型碼存入 AT93C46。換言之，將原先 7 段顯示器的字型碼，從 0、1、2、3、4、5、6、7、8、9 改成 0、1、2、3、4、5、6、7、8、9、A、b、C、d、E、F。

5

MCS-51

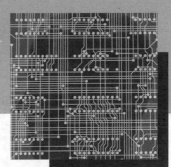

進階程式範例

　　在這一章中，我們將進一步使用 C 語言來撰寫 8051 單晶片的應用程式。單晶片可以經由輸入和輸出做成各種嵌入式的控制系統，而單晶片的初學者必須學會如何使用 8051 和各種不同的輸入輸出裝置連接，所以本章將介紹 8051 和 LCD 顯示器、D/A 轉換器、繪圖型 LCD 顯示器、步進馬達、喇叭等各種裝置的連接與控制。我們盡量使用模組化的方式來發展程式，主要的考量是希望所有的程式模組都可以重複的使用，以方便日後可以使用在其它的應用，而 Keil C 剛好也提供了同一個專案中可以使用不同檔案模組的功能。我們在前一章已經介紹過，如何在同一個專案當中加入不同的檔案模組，本章的 5-2 節當中還會再次簡略地說明。

　　以下是本章當中各節內容的安排：

5-1 節介紹一個使用彈跳按鈕和 4 個七段顯示器製作一個數字時鐘。

5-2 節介紹如何使用 8051 控制 LCD 顯示器。

5-3 節介紹如何使用 LCD 顯示器和彈跳按鈕製作一個數字時鐘。

5-4 節介紹如何使用 8051 產生電子音樂。

5-5 節介紹如何使用 8051 控制步進馬達。

5-6 節介紹如何使用 8051 連接 D/A 轉換器。

5-7 節介紹如何使用 8051 連接繪圖型 LCD 顯示器。

5-8 節介紹如何使用 8051 的 UART 連接 PC 的串列埠 com1。

5-1　數字時鐘 1

　　在這一節當中，我們將介紹一個使用 8051 製作的數字時鐘，這一個數字時鐘是使用 2 個彈跳按鈕和 4 個共陽七段顯示器組合而成。2 個彈跳按鈕主要是用來設定時間，4 個七段顯示器則是用來顯示時間。

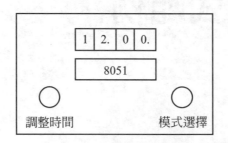

圖 5-1　系統的方塊圖

　　以下是這一個數字時鐘的基本功能：

1. 4 個七段顯示器剛好用來顯示時和分的部分，顯示的格式如下所示：

時　　分
1 2. 0 0.

2. 秒的部分是使用最右邊一顆七段顯示器的點每秒閃一下來表示。

3. 使用者可以設定數字時鐘的時間。設定時間時必須先按下模式選擇按鈕，進入調整時間模式，然後再按下調整時間的彈跳按鈕輸入正確的時間。

4. 我們的數字時鐘只有 2 種模式，分別是顯示時間的模式和調整時間模式，所以模式選擇按鈕只能在這 2 種模式之間切換。

5. 按下調整時間的彈跳按鈕時，數字時鐘的分會一直往上增加，分增加到 60 就會進位到時，如果數字時鐘的時進位到 23，分又增加到 59，接下來就會回到 0 時 0 分。

實驗說明

　　實際上，這一個實驗是將上一章介紹過的實驗組合起來完成的。其中8051的PORT 0連接到彈跳按鈕，PORT 1連接到4個七段顯示器的接腳，Port 3 則先連接到電晶體 9012，然後再連接到 4 個七段顯示器的共陽接腳，如電路圖所示。程式當中使用 Timer0 的溢位中斷，當 Timer0 的溢位中斷發生時，就執行計時的工作，同時顯示時鐘資料並檢查是否有按鍵按下，如果按鍵按下時就讀取按下的按鈕。詳細的工作請參考以下的流程圖。

流程圖

　　以下是主程式的流程圖

圖 5-2　　主程式的流程圖

Timer 0 溢位中斷發生時的流程圖

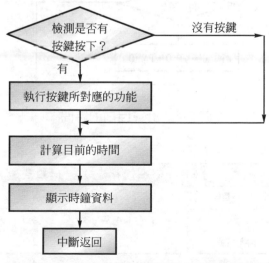

圖 5-3　　Timer 0 溢位中斷發生時的流程圖

計算目前時間的流程圖

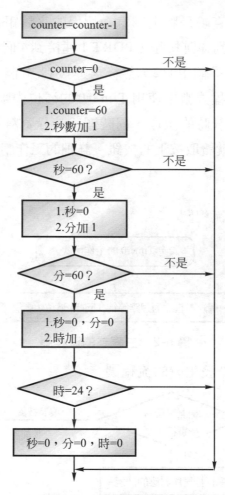

圖 5-4　計算目前的時間

實驗材料

材料名稱	材料規格	材料數量
共陽七段顯示器		4
電阻	4.7K，1/4 W	4
彈跳按鈕		2
電晶體	9012	4

電路圖

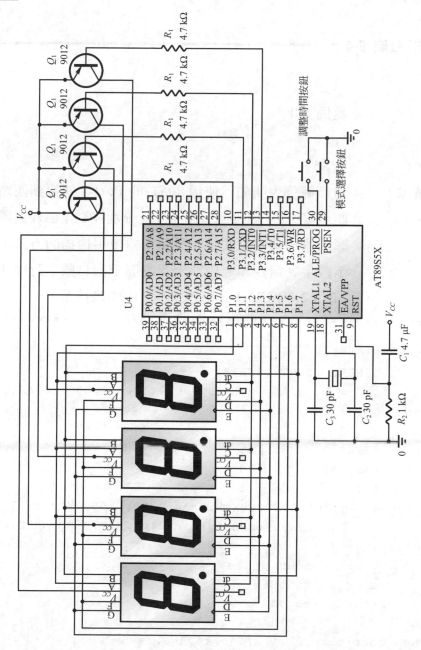

圖 5-5

程式設計

─ 應用範例 5-1 ─

```
/*
標題：          範例 5-1
版本：          1.0
Target：        89S51
程式描述：       這個範例說明如何使用 8051 的 Port 1 連接到四顆七段
               顯示器，PORT 0 的低階 4 位元分別控制這四顆共陽七段
               顯示器，讓四顆共陽七段顯示器使用掃描的方式輪流顯
               示數字。這四顆七段顯示器將顯示出自數字時鐘 PORT
               2 的 P2.0 和 P2.1 分別連接到 2 個彈跳按鈕。*/
/* **************************************************** */
#include <REGX51.H>
#define    TIMER0_COUNT 0xEE18
                            /*10000h-(12,000,000/(12*200)) */
#define    TRUE             1
#define    FALSE            0
#define    TIMES            25
#define    DISPLAY          0
#define    SET              1
const seven_seg[10]={0XC0,0XF9,0XA4,0XB0,0X99,0X92,0X82,0XF8,
           0X80,0X90};const scan[4]={0X0E,0X0D,0X0B,0X07};
typedef struct {
           char     hour;
           char     minute;
           char     second;
} time;
unsigned char timer0_tick,i=0,keyA=0,keyB=0,mode=0;
```

```
time    now;
static void timer0_isr(void) interrupt TF0_VECTOR using 1
{
  TR0=0;
  TL0=(TIMER0_COUNT & 0x00FF);
  TH0=(TIMER0_COUNT >> 8);
  TR0=1;
  if (keyA !=0) {
  keyA--;
  if (keyA==0 && P2_0==0) {
      mode++;
      if(mode==2) mode=0;
      }
  } else if (P2_0==0) keyA=TIMES;
  if (keyB !=0) {
  keyB--;
  if (keyB==0 && P2_1==0) {
      now.minute++;
      if(now.minute==60) {
          now.hour++;
          now.minute=0;
          if(now.hour==24) now.hour=0;
      }
  }
} else if (P2_1==0) keyB=TIMES;
timer0_tick++;
if (timer0_tick==200) {
timer0_tick=0;
now.second++;
if(now.second==60){
    now.minute++;
    now.second=0;
    if(now.minute==60) {
        now.hour++;
        now.minute=0;
        if(now.hour==24) now.hour=0;
```

```
            }
    }
    }
    switch (mode) {
    case DISPLAY :
            switch(i) {
                case 0 :   P1=seven_seg[now.minute%10];
                             P1_7=(now.second%2);
                             break;
                case 1 :   P1=seven_seg[now.minute/10];
                             break;
                case 2 :   P1=seven_seg[now.hour%10];
                             P1_7=0;
                             break;
                case 3 :   P1=seven_seg[now.hour/10];
                             break;
            }
            break;
    case SET :
        switch(i) {
          case 0 :   if (now.second%2) P1=seven_seg[now.minute%10];
                       else P1=0XFF;
                       break;
          case 1 :   if (now.second%2) P1=seven_seg[now.minute/10];
                       else P1=0XFF;
                       break;
          case 2 :   if (now.second%2) P1=seven_seg[now.hour%10];
                       else P1=0XFF;
                       break;
          case 3 :   if (now.second%2) P1=seven_seg[now.hour/10];
                       else P1=0XFF;
                       break;
            }
            break;
    }
    P0=scan[i];
```

```
  i++;
  if(i==4) i=0;
}
static void timer0_initialize(void)
{
  EA=0;
  timer0_tick=0;
  TR0=0;
  TMOD &= 0XF0;
  TMOD |=0x01;
  TL0=(TIMER0_COUNT & 0x00FF);
  TH0=(TIMER0_COUNT >> 8);
  PT0=0;
  ET0=1;
  TR0=1;
  EA=1;
}
void main (void)  {
  timer0_initialize();
  while (1);                              /*永不止盡的迴路 */
}
```

程式說明

1. 在這一個程式當中，我們使用 Timer0 的溢位中斷。在這一個程式當中，我們設定 Timer0 每 0.05 秒中斷一次，也就是每一秒會中斷 200 次。使用Timer0溢位中斷的設定方式，請參考 4-4 節。

　　因為 Timer0 每 0.05 秒中斷一次，也就是每一秒會中斷 200 次，所以我們在程式當中使用一個變數 timer0_tick，程式一開始時，令 timer0_tick等於 0。每一次Timer0 的溢位中斷發生時就讓timer0_tick 加 1，如果 timer0_tick 等於200 就表示已經過 1 秒了，此時就必需處理秒的進位。以下是程式碼：

```
timer0_tick++;
if (timer0_tick==200)
```

2. 在這個程式中，我們使用到自訂的資料結構 time 來儲存時、分、秒等
   資料，其定義格式如下所示：

```
typedef struct {
        char    hour;
        char    minute;
        char    second;
} time;
```

當使用者定義完以上的格式之後接下來，就可以宣告資料型態爲 time
的變數，宣告方法和一般的變數完全相同，以下是宣告範例。

```
time        now;
```

宣告好變數 now 之後，在程式中使用到時、分、秒時，只要使用 now.
hour、now.minute、now.second。例如，如果我們要設定目前的時間
爲 23 點 59 分 59 秒時，就執行以下的指令：

```
now.hour=23;
now.minute=59;
now.second=59;
```

3. 檢查按鈕是否有按下的方法，如下所述：
   當 模式選擇 按鈕的輸入(P2_0)等於 0 時，我們就設定變數 keyA 等
   於 25，然後每一次 Timer0 中斷之後就將 keyA 的數值減 1，直到 keyA
   等於 0 之後，再次檢查 模式選擇 按鈕的輸入(P2_0)是否依然等於 0，
   如果等於 0 就表示使用者是按下 模式選擇 按鈕。這樣子作是爲了避
   免因爲雜訊所造成的誤判，以及消除按鈕的彈跳現象。
   檢查 調整時間 按鈕是否有按下時也是使用相同的方法，只是輸入接
   腳變成 P2_1，變數 keyA 換成 keyB。

4. 本節的數字時鐘有兩種工作模式，分別是調整時間模式和顯示時間模式。電源開啓時，數字時鐘會進入顯示時間模式，之後使用者按下模式選擇按鈕之後，就會在調整時間模式和顯示時間模式之間切換。

5. 爲了讓最右邊一顆七段顯示器的點每秒閃一下，我們在分的個位數部分，讓七段顯示器的dot(P1_7)根據秒是奇數或偶數(利用now.second % 2的結果是0或1來判斷)，決定是否要亮或滅，程式碼如下所示。

```
switch(i) {
    case 0 :   P1=seven_seg[now.minute%10];
               P1_7=(now.second%2);
               break;
    case 1 :   P1=seven_seg[now.minute/10];
               break;
    ………
}
```

6. 七段顯示器的掃描程式碼部分，請參考4-8節的程式說明。

7. 按鈕的偵測程式碼部分，請參考4-6節和4-7節的程式說明。

5-2　LCD 的顯示控制

這一節當中的實驗是使用8051控制LCD顯示器，實驗完成時您可以在LCD顯示幕上看到自己想要顯示的字串。這一小節中我們除了介紹LCD顯示器的顯示控制之外，還將介紹如何在Keil C當中以程式模組的方式來管理自己寫好的程式碼。程式模組的方式可以將經常使用的程式放在個別的檔案當中，以方便日後的重覆使用，這種作法可以節省程式發展的時間。因此，我們將所有控制LCD顯示器的副程式放在同一個檔案當中。

本實驗是使用 8051 的 PORT 1 連接到 LCD 顯示器的資料線,P3_3、P3_4 和 P3_5 則連接到 LCD 顯示器的控制線,如電路圖所示。程式執行時 LCD 顯示器會顯示出數字時鐘的時和分。

這個電路主要的設計觀點是利用 8051 的 P3_3、P3_4、P3_5 作為控制線,分別用來控制 LCD 的 E(接腳 6)、R/W(接腳 5)、RS(接腳 4)。然後將 8051 的 PORT 1 當作資料匯流排連接到 LCD 的資料匯流排 DB0～7 上,讓 LCD 顯示出資料。

動作說明

當電源加上時,LCD 螢幕上會出現 "Hello Keil C" 和 "LCD display",如 5-6 圖所示。

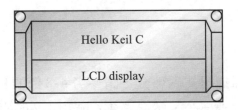

Hello Keil C

LCD display

圖 5-6　LCD 電子時鐘的顯示圖

實驗材料

材料名稱	材料規格	材料數量
LCD 顯示器	2×16	18

零件說明

這一個實驗中所使用的 2X16 的 LCD 顯示器實際上應該是一個 LCD 模組(簡稱 LCM),因為它除了顯示部分之外,還另外包含了一顆 HD44780 的顯示控制器。LCD 模組的接腳有一排針腳和二排針腳兩種方式,其中以一排針腳的方式比較適合麵包板的使用。但是請注意接腳的編號,其中 15

和16兩支接腳是不使用的；有些 LCM 買來時，15 和16兩支接腳就已經不存在，但是有些還是有的；有的 LCM 買來時15 和16兩支接腳是在14支接腳的旁邊，所以使用者必須自己注意接腳的編號。圖 5-7 是一個一排針腳的 LCD 顯示器：

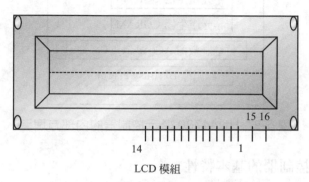

圖 5-7　LCD 顯示器的外觀與接腳圖

以卜是LCD顯示器的接腳說明：

接腳	名稱	輸入輸出	功能
1	V_{ss}	輸入	接地端(GND)
2	V_{DD}	輸入	電源端(＋5V)
3	V_{o}	輸入	亮度調整(輸入可以是 0V 到5V)
4	RS	輸入	選擇暫存器：RS-0 →指令暫存器 RS=1→資料暫存器
5	R/W	輸入	讀寫選擇信號：R/W=0→寫入 LCM 資料 R/W=1→讀取 LCM 資料
6	E	輸入／輸出	LCM 致能信號
7～14	DB0～DB7	輸入／輸出	資料匯流排：DB0～DB7

圖 5-8　LCD 模組的接腳與功能

控制LCD模組主要是經由HD44780，所以使用者必須先了解HD44780的特性，然後才可能寫程式控制LCD模組顯示自己所想要顯示的資料。以下是 HD44780 的功能說明。

HD44780 顯示控制器的內部方塊圖

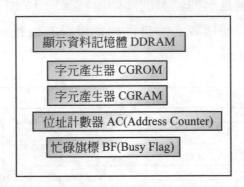

圖 5-9   HD44780 顯示控制器的內部方塊圖

HD44780 顯示控制器的基本特性

顯示資料記憶體 DDRAM

顯示資料記憶體DDRAM是存放LCD顯示器每一個位置的顯示資料，使用者要顯示資料時只要將資料的字型碼(ASCII碼)存入DDRAM中即可。HD44780內部的資料記憶體DDRAM有80個位元組，但是對於16字元×2行的 LCM 而言，只使用到 DDRAM 的 32 個位址，DDRAM 的記憶體位置，如圖 5-10 所示。

位置 ➡	1	2	3	4	5	6	7	8	9	10	11	12	13	14	15	16
第一行	00	01	02	03	04	05	06	07	08	09	0A	0B	0C	0D	0E	0F
第二行	40	41	42	43	44	45	46	47	48	49	4A	4B	4C	4D	4E	4F

圖 5-10   DDRAM 的記憶體位置

例如，第一行第10個字的位址就是09，第二行第1個字的位址就是40。

字元產生器 CGROM

字元產生器CGROM儲存了160個5×7的點矩陣字型，如圖5-11所示。

Higher 4bits / Lower 4bits	0000	0010	0011	0100	0101	0110	0111	1010	1011	1100	1101	1110	1111
××××0000			0	@	P	`	p		—	ヲ	タ	ミ		
××××0001		!	1	A	Q	a	q		。	ア	チ	ム		q
××××0010		"	2	B	R	b	r		「	イ	ツ	メ		θ
××××0011		#	3	C	S	c	s		」	ウ	テ	モ		∞
××××0100		$	4	D	T	d	t		、	エ	ト	ヤ		Ω
××××0101		%	5	E	U	e	u		・	オ	ナ	ユ		ü
××××0110		&	6	F	V	f	v		ヲ	カ	ニ	ヨ		Σ
××××0111		'	7	G	W	g	w		ァ	キ	ヌ	ラ		π
××××1000		(	8	H	X	h	x		ィ	ク	ネ	リ		x̄
××××1001		)	9	I	Y	i	y		ゥ	ケ	ノ	ル		y
××××1010		*	:	J	Z	j	z		ェ	コ	ハ	レ		千
××××1011		+	;	K	[	k	{		ォ	サ	ヒ	ロ		万
××××1100		,	<	L	¥	l	|		ャ	シ	フ	ワ		円
××××1101		-	=	M	]	m	}		ュ	ス	ヘ	ン		÷
××××1110		.	>	N	^	n	→		ョ	セ	ホ	゛		
××××1111		/	?	O	_	o	←		ッ	ソ	マ	゜		▓

圖 5-11　CGROM 的點矩陣字型

字元產生器 CGRAM

字元產生器 CGRAM 允許使用者儲存自行設計的 8 個 5 ×7 點矩陣字型。

位址計數器 AC(Address Counter)

當使用者使用位址設定指令設定 DDRAM 或 CGRAM 的位址時，位址計數器 AC 中就會存放所設定的地址值，以便接下來存取指定位址的資料，而後每次存取 DD RAM 或 CG RAM 時，位址計數器會自動地加 1 或減 1。

忙碌旗標 BF(Busy Flag)

LCM 內部有一個忙碌旗標 BF，它可以指示 LCM 目前的動作情形。

BF＝0　　表示上一個命令已執行完畢，可接受下一個指令碼。

BF＝1　　表示 LCM 正執行內部動作，無法接受任何命令。

除此之外，HD44780 內部還包括了兩個八位元的暫存器，分別說明如下：

(1)　指令暫存器 IR 是存放控制 LCM 的指令碼，它的內容只可以寫入，但是無法被讀出。

(2)　資料暫存器 DR 是暫時存放 LCM 的顯示字元碼；CPU 要將資料存入 DD RAM 或 CG RAM 中時，必須先存放在該暫存器中，而後會自動地移入 DD RAM 或 CG RAM 中；而 CPU 要由 DD RAM 或 CG RAM 中讀取資料時，首先將 RAM 的地址寫入指令暫存器內，此時所對應之內含資料將自動移入資料暫存器，等待 CPU 讀取。

使用者只要將想顯示的字元碼填入 DDRAM 中，該字元便會在相對應的 LCD 位置中顯示出來。但是如何才能將字元碼寫到 DDRAM 中呢？首先你必須了解 LCM 的控制信號線(如圖 5-12)和 LCM 的控制指令，請參考圖 5-13 及說明。

E	RS	R/W	LCM 的動作
1	0	0	將命令寫入指令暫存器 IR 中
1	0	1	讀取忙碌旗標 BF 與位址計數器 AC 內的數值
1	1	0	將資料寫入到 DD RAM 或 CG RAM 中
1	1	1	讀取 DD RAM 或 CG RAM 的內容

圖 5-12　LCM 的控制線

下圖是 LCM 的內建控制指令：

指令的動作	RS	R/W	DB7	DB6	DB5	DB4	DB3	DB2	DB1	DB0	執行時間
功能設定	0	0	0	0	1	DL	N	F	X	X	40us
清除顯示器	0	0	0	0	0	0	0	0	0	1	1.64ms
游標回到左上角	0	0	0	0	0	0	0	0	1	X	40us
設定輸入模式	0	0	0	0	0	0	0	1	I/D	S	40us
顯示幕開或關	0	0	0	0	0	0	1	D	C	B	40us
游標／顯示移位	0	0	0	0	0	1	S/C	R/L	X	X	40us
設定 CGRAM 的地址	0	0	0	1	A	A	A	A	A	A	40us
設定 DDRAM 的地址	0	0	1	A	A	A	A	A	A	A	40us
讀取忙碌旗標和地址	0	1	BF	A	A	A	A	A	A	A	40us
寫入資料到 CGRAM 或 DDRAM	1	0	D	D	D	D	D	D	D	D	40us
從 CGRAM 或 DDRAM 讀取資料	1	1	D	D	D	D	D	D	D	D	40us

圖 5-13　LCM 的控制指令

以下是 LCM 控制指令的詳細說明：

1. 功能設定

使用 LCD 時必須執行的第一個指令，指令碼格式如下：

RS	R/W		DB7	6	5	4	3	2	1	0
0	0		0	0	1	DL	N	F	X	X

DL = 1 資料以 8 位元的方式傳送或接收

DL = 0 資料以 4 位元的方式傳送或接收

使用 4 位元的方式時，資料必須傳送或接收兩次。

N	F	顯示行數	點矩陣字型
0	0	單行顯示	5×7
0	1	單行顯示	5×10
1	X	雙行顯示	5×7

2. 清除顯示器

下達此命令之後，LCD 顯示器將被清除乾淨，同時游標將被移至左上角，指令碼格式如下：

RS	R/W		DB7	6	5	4	3	2	1	DB0
0	0		0	0	0	0	0	0	0	1

3. 游標回到左上角

下達此命令之後，LCM 顯示器的游標將被移至左上角，指令碼格式如下：

RS	R/W		DB7	6	5	4	3	2	1	DB0
0	0		0	0	0	0	0	0	1	X

4. **設定輸入模式**

設定游標移動的方向和顯示幕是否要移動，指令碼格式如下：

RS	R/W		DB7	6	5	4	3	2	1	DB0
0	0		0	0	0	0	0	1	I/D	S

I/D＝1　每次讀寫DD RAM的資料後，位址計數器加1，游標右移
　　　　一位。

I/D＝0　每次讀寫DD RAM的資料後，位址計數器減1，游標左移
　　　　一位。

S＝1　寫入一個字元碼到DDRAM時，游標仍停留在相對應的顯示
　　　位置上，而
　　　　I/D＝1　整個顯示幕左移一位
　　　　I/D=0　 整個顯示幕右移一位

S＝0　顯示幕不移動。

5. **顯示幕開啓／關閉(DISPLAY ON/OFF)**

設定顯示幕的開啓或關閉以及游標的特性，指令碼格式如下：

RS	R/W		DB7	6	5	4	3	2	1	DB0
0	0		0	0	0	0	1	D	C	B

D＝1　顯示幕開啓。

D＝0　顯示幕關閉。

C＝0　游標不會出現。

C＝1　游標出現。

B＝0　游標指示的字元正常顯示，不閃爍。

B＝1　游標指示的字元閃爍，每隔16.7ms字元反黑一次。

6. 顯示／游標移位

移動顯示幕或游標的特性，指令碼格式如下：

RS	R/W		DB7	6	5	4	3	2	1	DB0
0	0		0	0	0	1	S/C	R/L	X	X

7. DD RAM 位址設定(DD RAM ADDRESS SET)

設定 DD RAM 的位址，指令碼格式如下：

RS	R/W		DB7	6	5	4	3	2	1	DB0
0	0		1	A	A	A	A	A	A	A

接下來使用者只要送出字元碼，就可以在相對應的位置上顯示該字元。

8. 讀取忙碌旗標(BF)／位址計數器(AC)

執行這個指令除了可以讀取忙碌旗標之外，同時還可以讀取位址計數器的數值，指令碼格式如下：

RS	R/W		DB7	6	5	4	3	2	1	DB0
0	1		BF	A	A	A	A	A	A	A

當 LCM 正在執行內部指令時，BF=1，此時 LCM 無法接受任何指令；使用者必須等到 BF=0 時才可以下達下一個指令。

9. CG RAM/DD RAM 資料寫入(CG RAM/DD RAM DATA WRITE)

將八位元資料寫入 CGRAM 或 DDRAM 中，指令碼格式如下：

RS	R/W		DB7	6	5	4	3	2	1	DB0
1	0		D	D	D	D	D	D	D	D

使用者要將八位元資料寫入 CG RAM 或 DD RAM 中時，步驟如下：

(1)　設定 CG RAM 或 DD RAM 位址。

(2)　使用本指令將八位元資料寫入 CG RAM 或 DD RAM。

10. 讀取 CGRAM 或 DDRAM 資料

讀取 CGRAM 或 DDRAM 的資料，指令碼格式如下：

RS	R/W		DB7	6	5	4	3	2	1	DB0
1	1		D	D	D	D	D	D	D	D

讀取 CG RAM 或 DD RAM 中的資料時，步驟如下：

(1)　設定 CG RAM 或 DD RAM 位址。

(2)　使用本指令讀取 CG RAM 或 DD RAM 中的資料。

請注意！在下達任何 LCM 的控制指令前，BF 旗標必須是 0，否則 LCM 將無法接受該指令。為了避免產生 LCM 無法接受該指令的情形發生，使用者可以有兩種不同的解決方法：

①　先檢查 BF 旗標是否為 0，確定為 0 後再執行 LCM 的控制指令。

②　從 LCM 指令表中查出所要執行指令碼的執行時間，再延遲此時間即可。但是因為最大的延遲時間是 1.64ms，因此可以在每一次執行指令之後就延遲 1.64ms。

下達任何 LCM 的控制指令時，只要將控制指令寫入指令暫存器 IR 中即可完成，也就是你必須先讓 LCM 的控制線 E=1、RS=0、R/W=0，然後再送出控制指令即可。

內部的重置電路自動執行初始化的工作

HD44780 的內部有一個重置電路，當 LCM 接上電源之後，它會使用內部的重置電路自動執行初始化的工作，此時忙碌旗標保持為 1，直到初始化的工作完成。當 Vcc 升高到 4.5volts 後，BF=1 會維持 10ms。初始化時會執行以下的指令：

1. 清除顯示幕
2. 功能設定　　　　8 位元介面，單行顯示，5×7 點矩陣字型
3. 顯示幕開關　　　顯示幕關閉，游標不會出現，游標指示的字元正
　　　　　　　　　常顯示，不會閃爍
4. 設定輸入模式　　游標右移，整個顯示幕不移動

請注意喔！當電源開啟時，Vcc 由 0.2V 上升到 4.5 V 的時間超出 0.1ms － 10ms 的範圍時，或是電源關閉時，Vcc 小於 0.2 V 的時間少於 1ms 時，LCM 內部的重置電路將無法正常的工作，因此初始化的工作將無法正常的執行，此時必須使用指令執行初始化的工作。

用指令執行初始化的工作

1. 電源啟動之後，等待 Vcc 電源上升至 4.5V 之後至少 15ms。

2. 下達功能設定指令，指令格式如下：

RS	R/W	D7	D6	D5	D4	D3	D2	D1	D0
0	0	0	0	1	1	*	*	*	*

這個指令是設定 LCM 為 8 位元的介面指令，在下達這一個指令之前，不能檢查忙碌旗標。

3. 至少要等待 4.1ms。

4. 下達功能設定指令，指令格式如下：

RS	R/W	D7	D6	D5	D4	D3	D2	D1	D0
0	0	0	0	1	1	*	*	*	*

這個指令是設定 LCM 為 8 位元的介面指令，在下達這一個指令之前，不能檢查忙碌旗標。

5. 至少要等待 100us。

6. 下達功能設定指令，指令格式如下：

RS	R/W	D7	D6	D5	D4	D3	D2	D1	D0
0	0	0	0	1	1	*	*	*	*

這個指令是設定LCM為8位元的介面指令，在下達這一個指令之前，不能檢查忙碌旗標；但是在下達這一個指令之後，就可以檢查忙碌旗標。如果使用者不是使用檢查忙碌旗標的方法，則等待時間至少必須大於這個指令的執行時間。

7. 下達功能設定指令，指令格式如下：

RS	R/W	D7	D6	D5	D4	D3	D2	D1	D0
0	0	0	0	1	1	N	F	*	*

這個指令是設定LCM為8位元的介面、顯示的行數和顯示的字型。

8. 下達關閉顯示幕的指令，指令格式如下：

RS	R/W	D7	D6	D5	D4	D3	D2	D1	D0
0	0	0	0	1	1	1	0	0	0

9. 下達開啟顯示幕的指令，指令格式如下：

RS	R/W	D7	D6	D5	D4	D3	D2	D1	D0
0	0	0	0	0	0	0	0	0	1

10. 設定輸入模式，指令格式如下：

RS	R/W	D7	D6	D5	D4	D3	D2	D1	D0
0	0	0	0	1	1	1	I/D	F	S

11. LCM啟始結束。

電路圖

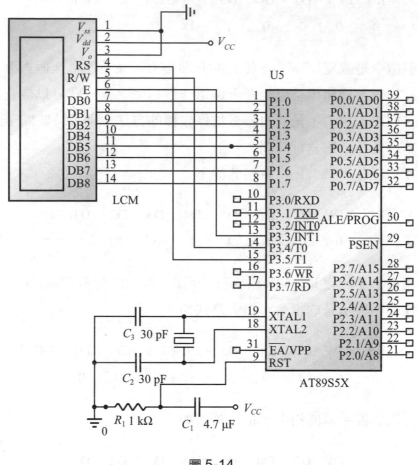

圖 5-14

程式設計

　　這一個實驗當中，我們將 LCM 所使用的 LCM 控制函數放在檔案 lcd.c 當中，函數的宣告則放在檔案 lcd.h 當中。因此如果以後的實驗要使用到 LCM 控制函數時，只要將 lcd.h 和 lcd.c 這 2 個檔案拷貝到你所使用的子目錄中，然後將 lcd.c 加入到專案即可。

　　主程式放在檔案 ex5-2.c 當中，主程式因爲必須使用到 LCM 控制函數，所以必須在程式當中加入 #include <lcd.h>。

　　另外在檔案 delay100us.c 當中存放了函數 delay100us()，因爲這一個函數使用到組合語言指令直接加入的技巧，以達成準確的時間延遲，所以我們將此函數單獨抽出放在單一個檔案中。

　　以下是專案 ex5-2 當中所必須加入的程式檔案。

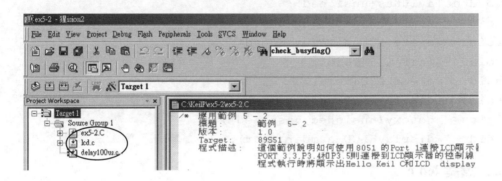

　　以下是這些程式的內容：

1. 檔案 lcd.h

```
/* LCD command */
#define    TwoLine_8bit       56        // 0x38
#define    CLEAR              1         // 0b00000001
#define    CURSOR_HOME        2         // 0b00000010
#define    CURSOR_LEFT        4         // 0b00000100
#define    CURSOR_RIGHT       6         // 0b00000110
#define    CURSOR_OFF         12        // 0b00001100
#define    CURSOR_ON          14        // 0b00001110
#define    CURSOR_BLINK       15        // 0b00001111
#define    GOTO_LINE_2        192
#define    GOTO_LINE_1        128
/* LCD control lines */
#define    ENABLE             1
#define    DISABLE            0
```

```c
#define     READ            1
#define     WRITE           0
#define     COMMAND         0
#define     DATA            1
#define     rs              P3_5
#define     rw              P3_4
#define     enable          P3_3

void delay100us(unsigned);
void    write_LCD_command(unsigned);
void    write_LCD_data(unsigned);
void    init_LCD(void);
void    clear_LCD(void);
void    display_LCD_string(char *);
void    gotoxy(unsigned,unsigned);
void    display_LCD_number(char);
```

2.　檔案 lcd.c

```c
#include <REGX51.H>
#include <lcd.h>
char code int2charLCD[]="0123456789";
void write_LCD_command(unsigned command)
{
    rw=WRITE;
    rs=COMMAND;
    enable=ENABLE;
    P1=command;
    delay100us(20);
    enable=DISABLE;
    rw=1;
}
void write_LCD_data(unsigned LCDdata)
{
    rw=WRITE;
    rs=DATA;
    enable=ENABLE;
```

```
    P1=LCDdata;
    delay100us(20);
    enable=DISABLE;
    rw=1;
}
void init_LCD(void)
{
    write_LCD_command(TwoLine_8bit);          // 0x38
    write_LCD_command(CURSOR_OFF);            // 0x0C
    write_LCD_command(CURSOR_RIGHT);          // 0x06
}
void clear_LCD()
{
    write_LCD_command(CLEAR);
    write_LCD_command(CURSOR_HOME);
}
void display_LCD_string(char *p)
{
    while(*p)
    {
        write_LCD_data(*p);
        p++;
    }
}
void display_LCD_number(char number)
{
    unsigned char x,y;
    x=number/10;
    y=number-10*x;
    write_LCD_data(int2charLCD[x]);
    write_LCD_data(int2charLCD[y]);
}
void gotoxy(unsigned x,unsigned y)
{
    if(x==1)
        write_LCD_command(GOTO_LINE_1+y);
```

```
    else
        write_LCD_command(GOTO_LINE_2+y);
}
```

3.　檔案 delay100us.c

```
void delay100us( )
{
#pragma   asm
more:     mov            R3,#48
          djnz .         R3,$
          djnz           R7,more
#pragma endasm
}
```

4.　檔案 ex5-2.c

─── 應用範例 5-2 ───

```
\*
```

標題：　　　　　範例 5-2

版本：　　　　　1.0

Target：　　　　89S51

程式描述：　　　這個範例說明如何使用 8051 的 Port 1 連接 LCD 顯示器，
　　　　　　　　PORT 3.3,P3.4 和 P3.5 則連接到 LCD 顯示器的控制線。
　　　　　　　　程式執行時將顯示出 Hello Keil C 和 LCD display */

```
/* ************************************************** */
#include <REGX51.H>
#include "lcd.h"
void main (void)  {
  init_LCD();
  clear_LCD();
  display_LCD_string("Hello Keil C");
```

```
    gotoxy(2,1);
    display_LCD_string("LCD  display");
    while(1);            /* 永不止盡的迴路 */
}
```

程式說明

以下我們根據順序，分別說明每一個程式檔案。

1. **lcd.h**

(1) 檔案 lcd.h 主要是定義控制 LCM 所使用到的一些常數和函數。為什麼要將這些常數和函數的定義單獨抽出來放在檔案 lcd.h 呢？因為這種做法可以方便程式模組的管理與使用，如果有其它的專案要使用到 LCM 時，只要先將檔案 lcd.h 和 lcd.c 拷貝到新專案的子目錄，然後在新專案中加入檔案 lcd.c，而主程式當中還必須包含 lcd.h，如此做之後才可以呼叫 LCM 函數。

(2) 在我們的應用電路中，LCM 的連接如下所述：

① LCM 的 Enable 接腳接到 PORT 3 的第 3 支接腳。

② LCM 的 R/W 接腳接到 PORT 3 的第 4 支接腳。

③ LCM 的 RESET 接腳接到 PORT 3 的第 5 支接腳。

④ LCM 的資料匯流排接到 PORT 1。

為了讓程式更容易閱讀，程式的開頭特別將這三條線加以定義，如下所示，所以接下來的程式中，只要使用所定義的名稱就可以。

```
    #define    rs        P3_5
    #define    rw        P3_4
    #define    enable    P3_3
```

2. **lcd.c**

檔案 lcd.c 當中包含了以下一些控制 LCM 的函數，分別如下所示：

副程式名稱	說　明	參數的資料型態
write_LCD_command	將命令寫入 LCM 模組	unsigned 型態的資料
write_LCD_data	將資料寫入 LCM 模組	unsigned 型態的資料
init_LCD	對 LCM 模組執行初始化	無
clear_LCD	清除 LCM 的顯示幕	無
display_LCD_string	在 LCM 模組顯示一串字	指向儲存在程式 記憶體的字串指標
gotoxy(x,y)	設定游標到第 y 行 第 x 個字的位置	x 是 unsigned 型態的資料 y 是 unsigned 型態的資料
display_LCD_number	顯示一個數字	char 型態的資料

這些 LCM 副程式只是根據前面的說明送出適當的信號而已。

(1)　函數 write_LCD_command 是將命令寫入 LCM 模組。

(2)　函數 write_LCD_data 是將資料寫入 LCM 模組。

(3)　函數 init_LCD 主要是對 LCM 下達以下三項指令：

　①　write_LCD_command(DISPLAY_ON);　　　//0x38

　　　設定 LCM 以 8 位元的方式傳送和接收資料，

　　　雙行顯示，5X7 的點矩陣字型

　②　write_LCD_command(CURSOR_OFF);　　　//0x0C

　　　設定 LCM 的顯示幕開啟，不顯示游標

　③　write_LCD_command(CURSOR_RIGHT);

　　　每顯示一個字之後，LCM 顯示幕的字型不動，游標右移

(4)　函數 clear_LCD 主要是對 LCM 下達以下 2 項指令：

　①　write_LCD_command(CLEAR);　　　　　//0x01

　　　清除 LCM 的顯示幕

　②　write_LCD_command(CURSOR_HOME);　　//0x02

　　　設定 LCM 的游標回到第 1 行的第 1 個位置

⑸　函數 display_LCD_string 是將指向儲存在記憶體的字串在 LCM 模組顯示。

⑹　函數 gotoxy(x,y) 設定游標到第 y 行的第 x 個字的位置。

⑺　函數 display_LCD_number(n) 顯示一個數字。

3.　delay100us.c

用 C 語言來發展程式似乎是很簡單，但是如果在我們所發展的專案當中就是需要寫一些組合語言的程式時怎麼辦呢？在這裡我們就遇到這樣的問題，在 8051 將命令或是資料寫入 LCM 時，必須等待一段執行時間，讓 HD44780 顯示控制器完成所指定的動作。所以如何讓 8051 延遲一段執行時間，如果不使用 Timer0 和 Timer1 時，該怎麼作呢？可以使用迴路來完成時間的延遲，在此我們使用組合語言程式碼來完成時間的延遲，因為使用組合語言寫的時間延遲比較準確。

在一個專案當中要加入組合語言程式碼有 2 種方法，第 1 種方法是使用 Inline assembly；第 2 種方法是將組合語言的程式寫在一個檔案當中，然後再從主程式中呼叫這些使用組合語言寫的副程式。第 2 種方法我們已經在 4-10 節中詳細的介紹過；在這一節當中，我們將使用 Inline assembly 的方法。Inline assembly 的方法就是在 C 語言的程式當中直接加入組合語言碼。

如何在 C 語言的程式當中直接加入組合語言碼呢？方法是在程式碼當中直接加入編譯指示 #pragma asm 和 #pragma endasm。編譯指示 #pragma asm 和 #pragma endasm 之間則加入你需要的組合語言碼，例如以下的程式所示：

```
#pragma   asm
more:     mov      R3,#48
          djnz     R3,$
          djnz     R7,more
#pragma endasm
```

上面的這一段程式碼主要只是做時間的延遲，使用組合語言時，我們可以經由以下的計算估計出延遲的時間大約是 0.1ms。

執行的指令	執行次數	指令執行週期	計算結果
more: mov R3,#48	1	1	1
djnz R3,$	1×48	2	96
djnz R7,more	1	2	2

最後還有一個返回指令 ret，所以總共需要 100 個指令，如果外接 12MHZ的石英晶體時，每執行一個指令需要 1us，所以執行這一個副程式總共需要 100us，也就是 0.1ms。但是這只是一個估計值，因為執行副程式時可能有中斷發生，就會造成執行時間增加。

4. ex5-2.c

ex5-2.c是主程式，主程式的流程如下所示：

(1) 設定 LCM 的初始狀態。

(2) 清除 LCM。

(3) 顯示字串 "Hello Keil C!"。

(4) 將游標移到第 2 行。

(5) 顯示字串 "LCD display"。

(6) 永不止盡的迴路。

5-3   數字時鐘 2

在這一節當中，我們將介紹如何使用 8051 微處理器控制 LCD 顯示器，製作一個數字時鐘。我們利用程式模組的觀念，將前面介紹過的 LCD 程式和小鍵盤的程式加入我們的專案當中。

實驗說明

　　本實驗是使用 8051 的 PORT 1 連接到 LCD 顯示器的資料線，P3_3、P3_4 和 P3_5 則連接到 LCD 顯示器的控制線，如電路圖所示。程式執行時 LCD 顯示器會顯示出數字時鐘的時間和日期。8051 的 PORT 2 連接到 4X4 的小鍵盤，可以讓使用者修改時間和和日期。

　　這個電路主要的設計觀點是利用 8051 的 P3_3、P3_4、P3_5 作為控制線，分別來控制 LCD 的 E(接腳 6)、R/W(接腳 5)、RS(接腳 4)。然後將 8051 的 PORT 0 當作資料匯流排連接到 LCD 的資料匯流排 DB0～DB7 上。

動作說明

　　當電源加上時，LCD 螢幕上的第一行會出現數字時鐘的時間部份，第二行則會出現數字時鐘的日期部份，如圖 5-15 所示。

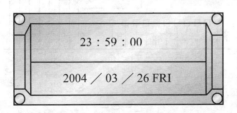

23：59：00

2004／03／26 FRI

圖 5-15　LCD 電子時鐘的顯示圖

　　為了能夠設定時間，我們加入了小鍵盤，4×4 的小鍵盤連接到 8051 的 PORT2，可以讓使用者修改時間和和日期。4×4 小鍵盤上的 B 是功能鈕，每按下一次之後，就可以在正常顯示模式和調整時間模式兩種模式之間切換。當進入調整時間模式時，使用者就可以直接輸入時間和日期，輸入之後再按一下小鍵盤上的 B 鍵就恢復正常的時間顯示。

實驗材料

材料名稱	材料規格	材料數量
4×4 小鍵盤		1
LCD 顯示器	2×16	1

電路圖

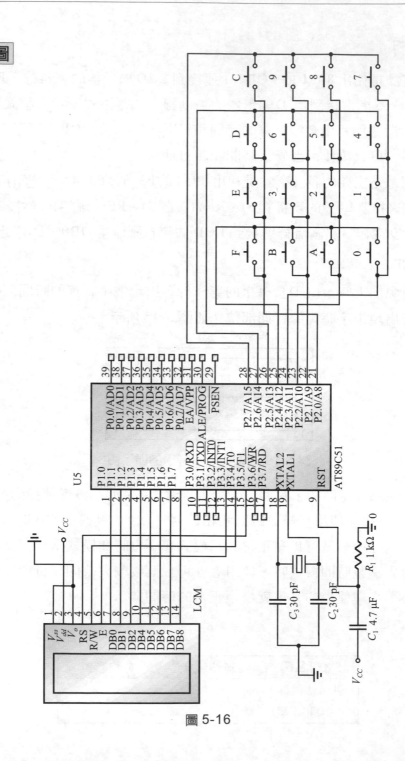

圖 5-16

程式設計

這一個實驗的專案中包含了四個程式檔案，如下圖所示：

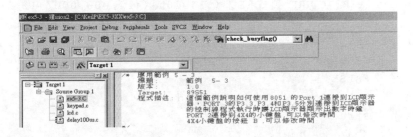

這四個檔案中，其中檔案 lcd.c 和 delay100us.c 在前一節中剛剛說明過，而檔案 keypad.c 則在 4-9 節也已經說明過，所以在此不再重複說明。

程式檔案	說明	程式檔案
cx5-3.c	主程式	如下所示
lcd.c	LCM 控制函數	5-2 節
keypad.c	gotkey()函數	4-9 節
delay100us.c	時間延遲函數	5-2 節

應用範例 5-3

/*

標題：	範例 5-3
版本：	1.0
Target：	89S51
程式描述：	這個範例說明如何使用 8051 的 Port 1 連接到 LCD 顯示器，PORT 3 的 P3.3,P3.4 和 P3.5 分別連接到 LCD 顯示器的控制線程式執行時讓 LCD 顯示器顯示出數字時鐘 PORT 2 連接到 4×4 的小鍵盤,可以修改時間 4×4 小鍵盤的按鈕 B ,可以修改時間*/

```c
/* ********************************************************** */
#include <REGX51.H>
#include <lcd.h>
#define    TIMER0_COUNT 0xD8F0 /*10000h-((12,000,000/(12*100))*/
                               /*  數字時鐘的工作模式 */
#define    SET           11
#define    TRUE          1
#define    FALSE         0
#define    putchar       write_LCD_data
typedef    struct {
           char    hour;
           char    minute;
           char    second;
} time;
typedef    struct {
           char    year;
           char    month;
           char    day;
} date;
time now={23,59,0},display;
date today={04,05,29},tmpday;
static unsigned timer0_tick=100,mode=0,operation;
char code dayofmonth[]={31,28,31,30,31,30,31,31,30,31,30,31};
char code weekday[7][4]={"MON","TUE","WED","THU","FRI","SAT",
                         "SUN"};
char code command[1][6]={"Watch",};
char code int2char[]="0123456789";
char gotkey();
void display_time(void)
{
  gotoxy(1,0);
        display_LCD_number(display.hour);
        display_LCD_string(":");
        display_LCD_number(display.minute);
        display_LCD_string(":");
        display_LCD_number(display.second);
}
```

```c
void display_date()
{
    char i,days=4;
  gotoxy(2,2);
        display_LCD_number(today.year);
        display_LCD_string("/");
        display_LCD_number(today.month);
        display_LCD_string("/");
        display_LCD_number(today.day);
        display_LCD_string(" ");
  if(today.month > 1)
        for(i=0;i<=today.month-2;i++)
            days+=(dayofmonth[i]%7);
      if( today.year !=0 ) days+=((today.year-1)/4)+today.year+1;
        if (today.year%4==0 && today.month >2)  days++;
        days=(days+today.day) % 7;
        display_LCD_string(&weekday[days][0]);
}
  int getdigit(unsigned char x,unsigned char y)
  {
        char  keys;
        do {
            gotoxy(x,y);
            putchar('_');
            keys=gotkey();
            gotoxy(x,y);
            putchar(int2char[keys]);
        } while(keys>9);
        return(keys);
}
  int gettime()
  {
        char temp;
        do {
            while((temp=getdigit(1,0))>2);   //時的十位數不能大於2
            temp=temp*10+getdigit(1,1);
            if (temp > 23) display_time();
        } while (temp > 23);
```

```c
        display.hour=temp;
          while((temp=getdigit(1,3))>5);
        display.minute=temp*10+getdigit(1,4);
        return(TRUE);
}
char monthday(char year,char month)
{
        if(month==2 && year%4==0)                //潤年的 2 月有 29 天
            return(29);
        else
            return(dayofmonth[month-1]);        //非閏年時的該月份天數
}
int getdate()
{
        char temp,days;
          temp=getdigit(2,2);
        tmpday.year=temp*10+getdigit(2,3);
        do {
            while((temp=getdigit(2,5))>1);   //月的十位數不能大於 1
             temp=temp*10+getdigit(2,6);
            if (temp > 12) display_date();   //月份的數字不能大於 12
        } while (temp > 12);
        tmpday.month=temp;
        do {
            while((temp=getdigit(2,8))>3);   //日的十位數不能大於 3
             temp=temp*10+getdigit(2,9);
             days=monthday(tmpday.year,tmpday.month);
               if(temp > days || temp==0) display_date();
        } while (temp > days || temp==0);
                                        //輸入的日期大於該月日期就重新輸入
          tmpday.day=temp;
          return(TRUE);
}
static void timer0_isr(void) interrupt  TF0_VECTOR using 1
{
        TR0=0;
        TL0=(TIMER0_COUNT & 0x00FF);
        TH0=(TIMER0_COUNT >> 8);
```

```
        TR0=1;
        if(--timer0_tick) return;
        timer0_tick=100;
        now.second++;                          //秒加1
        if (now.second==60) {                  //如果秒等於60
                now.second=0;                  //秒恢復為0
                now.minute++;                  //分加1
                if (now.minute==60) {          //如果分等於60
                        now.minute=0;          //分恢復為0
                        now.hour++;            //時加1
                        if (now.hour==24) {    //如果時等於24
                                now.hour=0;    //時恢復為0
                            today.day++;       //日加1
                            if (today.day>monthday(today.year,
                                today.month)) {
                                    today.day=1;
```
//如果日超過當月最大日數，就變成1
```
                                    today.month++;
```
//月加1
```
                                    if(today.month==13) {
```
//如果月等於13
```
                                            today.month=1;
```
//月恢復為1
```
                                            today.year++;
```
//年加1
```
                                    }
                            }
                            display_date();
                        }
                }
        }
        if (operation==SET ) return;
        display=now;
        display_time();
}
static void timer0_initialize(void)
{
```

```c
    EA=0;
    TR0=0;
    TMOD &= 0XF0;
    TMOD |=0x01;
    TL0=(TIMER0_COUNT & 0x00FF);
    TH0=(TIMER0_COUNT >> 8);
    PT0=0;
    ET0=1;
    TR0=1;
    EA=1;
}
void main (void)  {
        char keys;
        init_LCD();
        clear_LCD();
        gotoxy(2,0);
        display_LCD_string("20");
        display=now;
        display_time();
        display_date();
        gotoxy(1,9);
        display_LCD_string(&command[mode][0]);
        timer0_initialize();
        do {
        keys=gotkey();
            if(keys==SET)  {
                operation=SET;
                if ( gettime()) now=display;
                if ( getdate()) {
                today=tmpday;
                display_date();
            }
        }
            operation=0;
        } while(1);
}
```

程式說明

1. 在這一個程式當中，我們使用 Timer0 的溢位中斷，在本程式中，Timer0 每秒中斷 100 次，因此 Timer0 的計數器數值必須設定為 10000h －(12,000,000/(12×100))，也就是 D8F0。使用 Timer0 溢位中斷的設定方式，請參考 4-4 節。

2. 數字時鐘的計時部分和 3-1 節相同，請參考 3-1 節。

3. LCD 顯示器的第二行是顯示年、月和日期。所以當時鐘計時到 23 點 59 分 59 秒之後，再增加 1 秒之後，就進入 24 點 0 分 0 秒。此時必須把時、分、秒皆恢復為 0，同時把日加 1，如果日超過當月最大日數，就把日變成 1，然後把月加 1，如果月等於 13 時，就把月恢復為 1，然後把年加 1。以下是程式碼：

```
if (now.hour==24) {          //如果時等於 24
now.hour=0;                  //時恢復為 0
today.day++;                 //日加 1
if (today.day>monthday(today.year,today.month)) {
    today.day=1;             //如果日超過當月最大日數，就變成 1
    today.month++;           //月加 1
    if(today.month==13) {    //如果月等於 13
        today.month=1;       //月恢復為 1
        today.year++;        //年加 1      }}
```

4. 函數 monthday(char year,char month)可以經由輸入的年和月，傳回該年該月有多少天，因為閏年的 2 月有 29 天，所以函數 monthday 中必須檢查是否是閏年的 2 月，如果是閏年的 2 月就傳回 29，否則就傳回陣列 dayofmonth 當中所儲存之月份的天數，程式碼如下所示：

```
char monthday(char year,char month)
{
```

```
        if(month==2 && year%4==0)        //潤年的 2 月有 29 天
            return(29);
        else
            return(dayofmonth[month-1]);   //非閏年時的該月份天數
    }
```

5.   在顯示年、月和日的時候，還顯示出星期幾，以下的程式碼可以計算出目前的年、月、日是星期幾。

```
        if(today.month > 1)
            for(i=0;i<=today.month-2;i++)
                days+=(dayofmonth[i]%7);        //把 1 月到前一個月的
                                                天數加起來
        if( today.year !=0 ) days+=((today.year-1)/4)+today.year+1;
            if (today.year%4==0 && today.month >2) days++;
            days=(days+today.day) % 7;
```

5-4   電子音樂

在這一節當中，我們將介紹如何使用 8051 產生電子音樂。

實驗說明

使用 8051 產生電子音樂時，必須對於聲音的特性有所了解。構成聲音的三要素分別是：振幅、頻率和音色，其中振幅關係到聲音的大小聲，頻率牽涉到聲音的高低音，音色則是聲音中諧波的成分。在這裡，我們只考慮聲音的高低音變化。

我們要產生不同頻率的聲音時，可以讓 8051 產生不同頻率的方波，如圖 5-17 所示。

圖 5-17 當中的方波，其頻率等於週期 T 的倒數，也就是頻率 f = 1/T。我們將此輸出的方波用低通濾波器過濾掉高頻的諧波，就可以產生固定頻

率的弦波。接下來將此弦波用音頻放大器LM386適當地放大,就可以接到喇叭發出聲音。8051產生固定頻率方波的方法是使用Timer0或Timer1的溢位中斷,然後在中斷發生時,將輸出接腳的電壓反向。

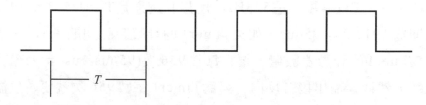

圖 5-17

發音	簡譜碼	頻率	週期(μs)	半週期	16進位	FFFF-****
低音 SO	1	392	2551	1275.5	4FC	FB03
低音 LA	2	440	2273	1136.5	471	FB8E
低音 SI	3	494	2024	1012	3F4	FC0B
中音 DO	4	523	1912	956	3BC	FC43
中音 RE	5	587	1704	852	354	FCAB
中音 MI	6	659	1517	758.5	2F7	FD08
中音 FA	7	698	1433	716.5	2CD	FD32
中音 SO	8	784	1276	638	27E	FD81
中音 LA	9	880	1136	568	238	FDC7
中音 SI	A	988	1012	506	1FA	FE05
高音 DO	B	1046	956	478	1DE	FE21
高音 RE	C	1175	851	425.5	1AA	FE55
高音 MI	D	1318	759	379.5	17C	FE83
高音 FA	E	1397	716	358	166	FE99
高音 SO	F	1568	638	319	13F	FEC0
不發音	0	0	0	0	0	0

圖 5-18 　C 大調各音符頻率與計數值的對照表

在這裡，我們選擇使用 8051 的 Timer1 的溢位中斷，Timer1 的溢位中斷發生時，將輸出接腳的電壓反向，然後重新載入 Timer1 的計數器數值。所以唯一要做的就是正確的設定 Timer1 的工作模式和 Timer1 的計數器數值。例如中音的 DO，頻率是 523Hz，所以其週期是 T ＝ 1/523 ＝ 1912us，其半週期為 1912/2 ＝ 956us，如果 Timer1 的計時時脈週期是 1us，那麼只要設定 Timer1 的計數器數值，讓它每數 956 次(956us/1us ＝ 956)就產生溢位中斷，然後讓輸出接腳反向。因為 Timer1 每數 956 次就要產生溢位中斷，因此如果 Timer1 設定為 16 位元的工作模式時，它的計數器在開始計數之前就必須設為 FC43(10000H-956)。

根據以上的道理，我們可以預先計算出每一音符的計數器數值，然後將這些數值儲存在程式記憶體中，當我們需要什麼頻率的聲音時，只要從程式記憶體中讀出相對應的數值即可。以下是 C 大調的各音符頻率與計數值。在此我們是讓 Timer1 使用 12MHz 的計時時脈，所以 Timer1 的計時時脈週期是 1us。

產生樂曲的音樂時，除了頻率的高低之外，還必須考慮拍子，也就是音符演奏的長短。如果 1 拍為 0.4 秒的時間，1/4 拍就是 0.1 秒，其餘的節拍就是它的倍數。所以拍子的時間可以利用程式設定延遲時間的長短就可以得到。我們將每一個拍子用一個拍子代碼來表示，如圖 5-19 所示。

在我們的程式中，我們使用 1 個位元組來表示每個音符，其中高階的 4 位元代表音符的高低，低階的 4 位元代表音符的節拍。以下是經由音樂簡譜建立起樂曲的過程。

建立音樂的步驟：

1. 先找到樂曲的簡譜。

2. 把簡譜碼的音符根據圖 5-18 轉為高階 4 位元。

3. 把同一音符的拍子根據圖 5-19 轉為低階 4 位元。

4. 把高階 4 位元和低階的 4 位元組合成 1 個位元組。

拍子代碼	拍子
1	1/4 拍
2	2/4 拍
3	3/4 拍
4	1 拍
5	1 又 1/4 拍
6	1 又 1/2 拍
8	2 拍
A	2 又 1/2 拍
C	3 拍
F	3 又 3/4 拍
0	4 拍

圖 5-19　拍子代碼與拍子對照表

以下是一個建立音樂的範例：

生日快樂歌

|5 · 5 6 5 | 1 7 — |5 · 5 6 5 | 2 1 — |
祝 你 生日 快 樂　祝 你 生日 快 樂

|5 · 5 6 5 | 1 7 — |5 · 5 6 5 | 2 1 — |
祝 你 生日 快 樂　祝 你 生日 快 樂

這是將上面的簡譜轉換成代碼的結果，如下所示。

0x82,0x01,0x81,0x94,0x84,0xB4,0xA4,0x04,0X82,0x01,0X81,0x94,0X84,0xc4,
0XB4,0x04,0x82,0x01,0x81,0xF4,0xD4,0xB4,0xA4,0x94,0XE2,0x01,0XE1,0xD4,
0XB4,0xC4,0XB4,0x04

將此代碼存在程式記憶體中，程式執行時將音譜代碼的每一個位元組逐一
地讀出來，每一位元組的高階 4 位元是音符的頻率，我們用它來設定 Timer1

的計數器數值。每一位元組的低階 4 位元是音符的拍子，我們用它來設定每一音符的演奏時間，在此我們是以呼叫延遲副程式 delay( ) 來完成，延遲副程式 delay( ) 的說明請參考程式說明的部分。

實驗材料

材料名稱	材料規格	材料數量
小喇叭		1
電阻	470Ω，1/4 W	1
電阻	1kΩ，1/4 W	1
電阻	10kΩ，1/4 W	1
電容	10μ	1
LM386		1

零件說明

　　LM386 是一顆 8 支接腳的音頻功率放大器，如圖 5-20 所示。它的輸出可以直接接上喇叭(8Ω負載)，並且達到 325mW 的輸出功率。它的輸入信號必須小於±0.4V。LM386 可以將輸入電壓放大 20 倍或 200 倍，如果第 1 支接腳和第 8 支接腳不連接時，輸入電壓會放大 20 倍；如果第 1 支接腳和第 8 支接腳部之間連接 1 個電容時，輸入電壓就放大 200 倍；你也可以在第 1 支接腳和第 8 支接腳部之間連接不同的RC電路，就會對輸入電壓產生不同的放大倍率。它的 Vcc 可以加到 15V 的正電壓，但是在本範例中我們使用＋5V 的電源。

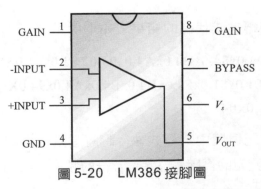

圖 5-20　LM386 接腳圖

電路圖

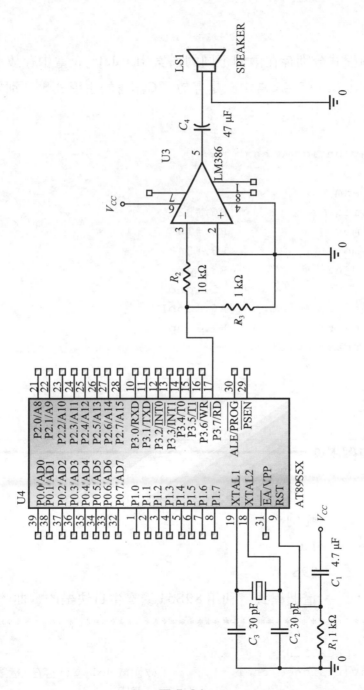

圖 5-21

程式設計

　　這一個程式分別存在兩個不同的檔案中，delay.c當中存放了組合語言副程式delay( )；ex5-4.c當中則是存放了C語言的主程式，分別如下所示：

1. delay.c

```
void delay(unsigned char n)
{
#pragma    asm
loop:      mov            R6,#02
loop1:     mov            R5,#187
loop2:     mov            R3,#248
more:      djnz           R3,more
           djnz           R5,loop2
           djnz           R6,loop1
           djnz           R7,loop
#pragma endasm
}
```

2. ex5-4.c

── 應用範例 5-4 ──

```
/*
標題：            範例 5-4
版本：            1.0
Target：          89S51
程式描述：        這個程式是利用 89S51 演奏生日快樂的歌曲 */
/* ********************************************************* */

#include <REGX51.H>
void delay(unsigned char n);        //函數 delay()存在 檔案 delay.c
                                       當中
```

```
code unsigned song[]={
0x82,0x01,0x81,0x94,0x84,0xB4,0xA4,0x04,0x82,0x01,0x81,
0x94,0x84,0xC4,0xB4,0x04, 0x82,0x01,0x81,0xF4,0xD4,0xB4,
0xA4,0x94,0xE2,0x01,0xE1,0xD4,0xB4,0xC4,0xB4,0x04,
0x82,0x01,0x81,0x94,0x84,0xB4,0xA4,0x04,0x82,0x01,0x81,
0x94,0x84,0xC4,0xB4,0x04, 0x82,0x01,0x81,0xF4,0xD4,0xB4,
0xA4,0x94,0xE2,0x01,0xE1,0xD4,0xB4,0xC4,0xB4,0x04,
0x00};
code int note[]={
0x0000,0xFB03,0xFB8E,0xFC0B,0xFC43,0xFCAB,0xFD08,0xFD32,

0xFD81,0xFDC7,0xFE05,0xFE21,0xFE55,0xFE83,0xFE99,0xFEC0};
unsigned char i=0;
unsigned char hi_note,low_note;
static void timer1_isr(void) interrupt TF1_VECTOR using 2
{
    TR1-0;
    TL1=low_note;
    TH1=hi_note;
    TR1=1;
    P3_7=3_7;
}
static void timer1_initialize(void)
{
    EA=0;
    TR1=0;
    TMOD = 0X10;
    ET1=1;
    EA=1;
}
void singing()
{
    unsigned char beat,temp;
    i=0;
    do {
        temp=song[i];                    // 讀出樂譜的一個 byte
```

```
        if (temp==0) {              // 如果是 0 就表示音樂結束
            TR1=0;                  // 停止計時計數器 1
            return;                 // 返回
        }
        beat=temp & 0x0f;           //取出低階的 4 位元，這是拍子
        temp=(temp >> 4) & 0x0f;    //取出高階 4 位元當成音符的頻率
        if (temp==0) TR1=0;         //如果拍子是 0 就表示休止符
        else {
        hi_note=note[temp] >> 8;    //根據音符的頻率得到 Timer1 計數值
            low_note=note[temp] & 0x00FF;
                TR1=1;              //啟動計時計數器 1
        }
        delay(beat);                // 延遲拍子的時間
        i++;
    } while(1);
}
void main (void)  {
    timer1_initialize();
    do {
        singing();
    } while (1);                    // 永不止盡的迴路
}
```

程式說明

1. 在這一個實驗中，我們選擇使用 8051 的 Timer1 的溢位中斷，在 Timer1 的溢位中斷發生時，將輸出接腳 Port3.7 的電壓反向，以產生固定頻率的聲音。使用計時計數器 Timer1 之前，必須先執行 Timer1 的初始化功能。Timer1 初始化是呼叫函數 timer1_initialize( )，函數 timer1_initialize( ) 按照以下的步驟執行：

    (1)　先暫停接受所有的中斷。　　　　EA = 0;
    　　　請參考中斷致能暫存器 IE 的內容：

位元	7	6	5	4	3	2	1	0
	EA	–	ET2	ES	ET1	EX1	ET0	EX0

EA是設定整體中斷的啟動或是關閉，所以EA＝0是設定系統不接受所有的中斷，而EA＝1則是設定系統可以接受中斷。

ET1是設定接受或不接受 Timer1 的中斷，所以 ET1＝0 是設定不接受 Timer1 的中斷，而 ET1＝1 則是設定接受 Timer1 的中斷。

(2) 關閉 Timer1。　　　　　　　　　　TR1 = 0;

(3) 設定計時器 1 的工作模式。　　　　　TMOD = 0X10;

設定計時器 1 的工作模式時必須使用計時器模式控制暫存器 TMOD，TMOD 的內容如下所示：

位元	7	6	5	4	3	2	1	0
	CATE	C/T	M1	M0	GATE	C/T	M1	M0

　　　　　　計時器 1　　　　　　　　　　　　計時器 0

其中 M1 和 M0 則是用來選擇計時計數器的工作模式，如下表所示：

M1	M0	工作模式
0	0	13 位元的計時／計數器
0	1	16 位元的計時／計數器
1	0	8 位元的計時／計數器
1	1	計時器

因為我們要設定計時器 1 為 16 位元的工作模式，所以必須執行

　　TMOD = 0x10;

(4)　設定計時器 1 接受 Timer1 的中斷。　　ET1 = 1;

(5)　設定系統接受中斷。　　EA = 1;

2.　整數陣列 note 儲存產生 C 大調各音符的計數值，請參考圖 5-18。程式如下：

```
code int note[]={
0x0000,0xFB03,0xFB8E,0xFC0B,0xFC43,0xFCAB,0xFD08,0xFD32,
0xFD81,0xFDC7,0xFE05,0xFE21,0xFE55,0xFE83,0xFE99,0xFEC0};
```

3.　Timer1 溢位中斷發生時就重新載入音符的計數值，同時將 P3.7 反相即可，程式如下所示：

```
static void timer1_isr(void) interrupt TF1_VECTOR using 2
{
    TR1=0;
    TL1=low_note;
    TH1=hi_note;
    TR1=1;
    P3_7=3_7;
}
```

4.　我們所發展的專案當中如果需要寫一些組合語言的程式時怎麼辦呢？在這裡我們就遇到這樣的問題，假設每 1/4 拍的時間是 0.187 秒時，如果不使用 Timer0 和 Timer1 時，該怎麼作呢？我們使用的做法是 Inline assembly，也就是在程式當中直接加入組合語言碼，程式在 delay.c 當中：

我們可以經由以下的計算估計出延遲的時間大約是 0.186635ms。假設每 1/4 拍的時間是 0.0573ms。你也可以適當地加以修改。

執行的指令	執行次數	指令執行週期	計算結果
loop:　 mov　R6,#02	1	1	1
loop1: mov　R5,#187	2	1	2
loop2: mov　R3,#248	2×187	1	374
more:　djnz R3,more	2×187×248	2	185504
djnz R5,loop2	2×187	2	748
djnz R6,loop1	2	2	4
djnz R7,loop	1	2	2

5. 歌曲存放在程式記憶體中，在這個程式裡是存放在標示是 song 的位置，你可以改成自己喜好的歌曲。

6. 主程式當中只呼叫 timer1_initialize( )和 singing( )。

7. 函數 singing( )當中主要是從歌曲 song 的樂譜逐一的讀出來，每次讀一個 byte，然後將高階 4 位元當成是音符的頻率，我們用它來設定 Timer1 的計數器數值；而低階的 4 位元則是音符的拍子，我們用它來設定每一音符的演奏時間。程式如下所示：

```
do {
      temp=song[i];                // 讀出樂譜的一個 byte
      if (temp==0) {               // 如果是 0 就表示音樂結束
          TR1=0;                   // 停止計時計數器 1
          return;                  // 返回
      }
      beat=temp & 0x0f;            //取出低階的 4 位元，這是拍子
      temp=(temp >> 4) & 0x0f;     //取出高階 4 位元當成是音符的頻率
      if (temp==0) TR1=0;          //如果拍子是 0 就表示是休止符
      else {
        hi_note=note[temp] >> 8;   //根據音符的頻率得到 Timer1 計數值
        low_note=note[temp] & 0x00FF;
          TR1=1;                            //啟動計時計數器 1
```

```
    }
    delay(beat);                          // 延遲拍子的時間
    i++;
} while(1);
```

5-5　步進馬達

本節中，我們將介紹如何使用 8051 控制步進馬達。

實驗說明

實驗功能說明

本實驗透過 4×4 小鍵盤的輸入控制步進馬達的正轉、反轉、停止轉動、或是加速與減速。實驗進行時，使用者按下 F 鍵時步進馬達就正轉，使用者按下 B 鍵時步進馬達就反轉，按下 C 鍵步進馬達就停止轉動，按下 A 鍵步進馬達就加速轉動，按下 D 鍵步進馬達就減速轉動。

步進馬達的特色與驅動方法

所謂步進馬達就是能夠依照使用者送出的時序脈衝，一步一步地轉動。因此步進馬達可以使用開環路(Open loop)的控制方法，以低成本的方式執行可變速度控制、定位控制。步進馬達可以應用在列表機、磁碟機、影印機以及傳真機上。

步進馬達轉動一步的角度，稱為步進角。我們只要知道步進馬達走一步的角度或距離是多少，以及我們需要轉多少角度或走多少距離，就可以算出必須送出多少脈波給步進馬達。簡單地說可以用以下的公式表示

旋轉角度＝輸入脈衝數×步進角

步進馬達的分類

依照轉子的不同，步進馬達可分為永磁式步進馬達、可變磁阻式步進馬達以及混合式步進馬達，這三種步進馬達的優缺如下表所示：

步進馬達的分類	簡稱	優點	缺點
永磁式步進馬達	PM 式步進馬達	售價比較便宜	轉矩較小
可變磁阻式步進馬達	VR 式步進馬達		
混合式步進馬達	hybrid 式步進馬達	步進角較小	售價較高

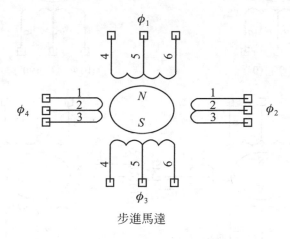

圖 5-22　步進馬達結構圖

基本動作

　　圖 5-22 是一個永磁式步進馬達的結構圖，要讓步進馬達旋轉時，首先讓ϕ_1的線圈通入電流(此動作稱為把ϕ_1激磁)，在ϕ_1線圈形成S極，與轉子的N極相吸，如圖 5-23(a)。其次，讓ϕ_2激磁的話，就會在ϕ_2上行成 S 極，並使得轉子上的N極受ϕ_2的S吸引而順時針旋轉 90°後停止，如圖 5-23(b)。若以相同的步驟依序讓ϕ_3和ϕ_4激磁的話，則步進馬達的轉子將依序如圖 5-23(c)和圖 5-23(d)所示，順時針旋轉。如果想要將旋轉方向換成逆時針旋轉，僅需將激磁的順序由$\phi_1 \rightarrow \phi_2 \rightarrow \phi_3 \rightarrow \phi_4$，改成為$\phi_1 \rightarrow \phi_4 \rightarrow \phi_3 \rightarrow \phi_2$。當需要改變旋轉速度時，僅需加快激磁的速度。反之，如果要減低速度，也只需將激磁的速度減低即可。

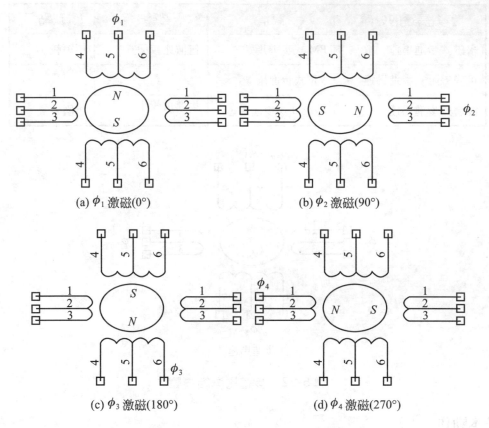

(a) ϕ_1 激磁(0°)　　　　　　　(b) ϕ_2 激磁(90°)

(c) ϕ_3 激磁(180°)　　　　　　(d) ϕ_4 激磁(270°)

圖 5-23　步進馬達動作說明圖

激磁方式的種類與特色

　　步進馬達有許多種不同的激磁方式。在此我們將敘述一般較常使用的方式。

1 相激磁方式

　　第一種方式是把馬達的線圈逐相激磁，如圖 5-24 所示。

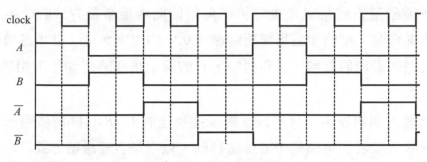

圖 5-24　1 相激磁

2 相激磁方式

2 相激磁的激磁順序如圖 5-25 所示。

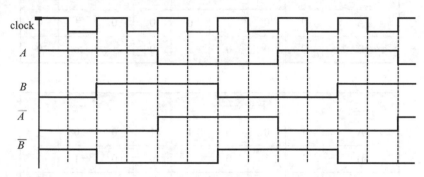

圖 5-25　2 相激磁

1-2 相激磁方式

這種激磁方式的的激磁順序如圖 5-26 所示。

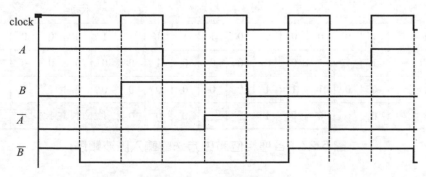

圖 5-26　1-2 相激磁

　　　這種激磁方式可以產生的步進角是前面兩種激磁方式的一半。換言之，步進角是 1.8°的步進馬達能夠產生 0.9°的步進角度。當步進角減小時可以得到較圓滑的旋轉，但相對的，它的靜止角度誤差會比 1 相激磁和 2 相激磁大。

　　　根據上面的描述，我們只要將步進馬達的 A、B、$\overline{A}$ 和 $\overline{B}$ 依照一定的方式反覆輸入脈波即可驅動步進馬達轉動，以下是各種激磁方式

1 相激磁	正轉 →				反轉 →			
A	1	0	0	0	1	0	0	1
B	0	1	0	0	0	0	0	0
$\overline{A}$	0	0	1	0	0	0	1	0
$\overline{B}$	0	0	0	1	0	1	0	0

2 相激磁	正轉 →				反轉 →			
A	1	0	0	1	1	0	0	1
B	1	1	0	0	0	0	1	1
$\overline{A}$	0	1	1	0	0	1	1	0
$\overline{B}$	0	0	1	1	1	1	0	0

1-2 相激磁	正轉 →								反轉 →							
A	1	0	0	0	0	0	1	1	1	1	1	0	0	0	0	0
B	1	1	1	0	0	0	0	0	1	0	0	0	0	0	1	1
$\overline{A}$	0	0	1	1	1	0	0	0	0	0	0	0	1	1	1	0
$\overline{B}$	0	0	0	0	1	1	1	0	0	0	1	1	1	0	0	0

圖 5-27　各種相位激磁方法的輸入脈波順序

實驗材料

本實驗中，我們利用 8051 的 Port 1 連接到步進馬達，因為 8051 的 Port1 輸出電流不夠大，無法直接推動步進馬達，所以我們使用了一顆 FT5754 來放大電流，FT5754 內含 4 組達靈頓電晶體，可以將電流放大到 3A。圖 5-28 是 FT5754 的接腳圖，圖 5-29 則是 FTFT5754 的內部電路圖。

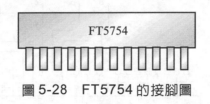

圖 5-28　FT5754 的接腳圖

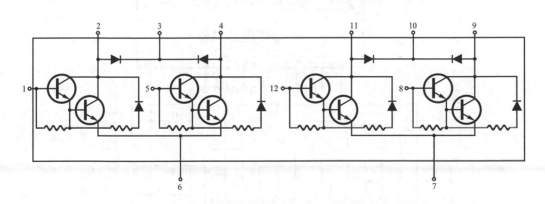

圖 5-29　FT5754 的內部線路圖

電路圖

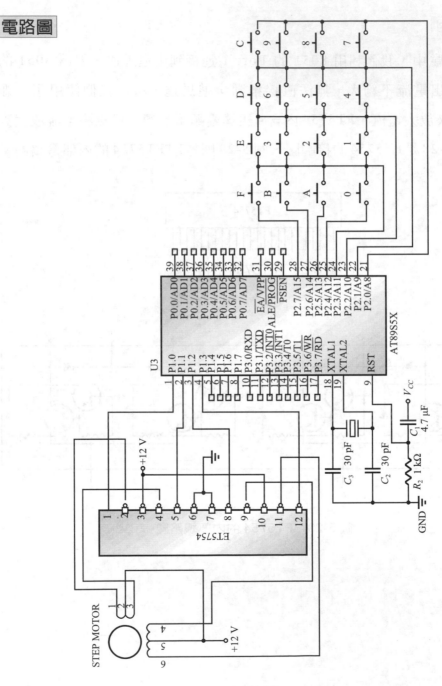

圖 5-30

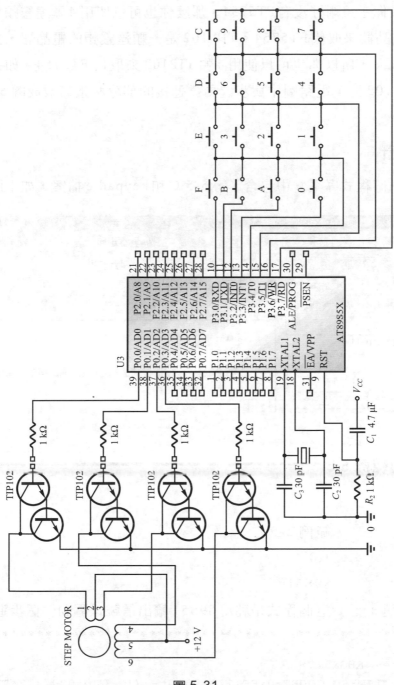

圖 5-31

　　如果你手邊剛好沒有 FT5754，那麼你也可以使用 4 顆達靈頓電晶體或是 4 顆電晶體來取代 FT5754。TIP 102 是一顆達靈頓的電晶體，主要是作為電流放大，所以你也可以使用 4 顆 TIP102 來取代 FT5754。如果你使用 4 顆 TIP102 時，電路圖中與步進馬達連接的部分必須修改成圖 5-31 的連接方式。

程式設計

　　這一個程式專案當中包含了 ex5-5.C 和 keypad.c 檔案，如下圖所示。

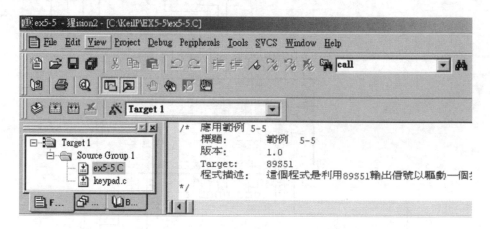

── 應用範例 5-5 ──

```
/*

標題：          範例 5-5

版本：          1.0

Target：        89S51

程式描述：      這個程式是利用 89S51 輸出信號以驅動一個步進馬達*/
/* ****************************************************** */

#include <REGX51.H>
#define TIMER0_COUNT 0xEE11/*10000h-((12,000,000/(12*FREQ)))*/
```

```c
#define STOP              0
#define FORWARD           1
#define BACKWARD          2
char gotkey();
code forward[4]={0XFE,0XFD,0XFB,0X07};
code backward[4]={0X07,0XFB,0XFD,0XFE};
unsigned char timer0_tick=0,i=0,times=100,status=1;
static void timer0_isr(void) interrupt TF0_VECTOR using 1
{
  TR0=0;
  TL0=(TIMER0_COUNT & 0x00FF);
  TH0=(TIMER0_COUNT >> 8);
  TR0=1;
  timer0_tick++;
  if (timer0_tick==times) {
    i++;
        if(i==4) i=0;
        timer0_tick=0;
        if (status==FORWARD) P1=forward[i];
        if (status==BACKWARD) P1=backward[i];
  }
}
static void timer0_initialize(void)
{
  EA=0;
  timer0_tick=0;
  TR0=0;
  TMOD=0x01;
  TL0=(TIMER0_COUNT & 0x00FF);
  TH0=(TIMER0_COUNT >> 8);
  PT0=0;
  ET0=1;
  TR0=1;
  EA=1;
}
void main (void)  {
```

```
    char    command;
    timer0_initialize();
    do {
        command=gotkey();
        if(command==15) status=FORWARD;         //按下 F 鍵
        if(command==11) status=BACKWARD;        //按下 B 鍵
        if(command==12) status=STOP;            //按下 C 鍵
        if((command==10) && (times>1)) times=times/2;
                                                //按下 A 鍵
        if(command==13) times=times*2;          //按下 D 鍵
    } while (1);                            /* 永不停止的迴路 */
}
```

程式說明

1. 在這一個實驗中，我們選擇使用 8051 的 Timer0 的溢位中斷，讓 8051 在 Timer0 溢位中斷發生時，決定是否該送出時序脈波，以控制步進馬達的轉動。我們在程式一開始時就設定讓 Timer0 每秒中斷 200 次(請參考 4-4 節)。

2. 步進馬達的轉動是屬於機械動作，其反應頻率比較慢。而為了控制步進馬達的轉速，我們在 Timer0 的中斷服務程式當中使用了一個變數 timer0_tick，每次進入 Timer0 的中斷服務程式時就將 timer0_tick 加 1，當 timer0_tick 等於 times 時，就送出脈波讓步進馬達轉動。因此我們只要改變 times 的大小就可以控制步進馬達的轉速。

   在上面的程式中，剛開始時我們設定 times 等於 100，所以 8051 每 1 秒送出 2 個脈波，因為我們是採用 1 相激磁的驅動方式，所以這相當於步進馬達每 1 秒轉動 3.6 度。

3. 在 Timer0 的中斷服務程式當中，是送出預先儲存的脈波，如果是正向轉動時就依序地送出陣列 forward 當中的資料，如果是逆向轉動時則依序地送出陣列 backward 當中的資料。

```
code forward[4]={0XFE,0XFD,0XFB,0X07};
code backward[4]={0X07,0XFB,0XFD,0XFE};
```

4. 使用者按下 F 鍵時，步進馬達就正轉，我們利用一個變數 status 來儲存步進馬達的狀態，此時就設定變數 status 等於 FORWARD(1)；同理，使用者按下 B 鍵時，步進馬達就反轉，變數 status 等於 BACKWARD (2)；使用者按下 C 鍵時，步進馬達就停止轉動，此時變數 status 等於 STOP(0)。

使用者按下 A 鍵時，步進馬達就加速轉動，此時是讓 times 等於原來的一半。

使用者按下 D 鍵時，步進馬達就減速轉動，此時是讓 times 等於原來的 2 倍。程式碼如下所示：

```
do {
    command=gotkey();
    if(command==15) status=FORWARD;                      //按下 F 鍵
    if(command==11) status=BACKWARD;                     //按下 B 鍵
    if(command==12) status=STOP;                         //按下 C 鍵
    if((command==10) && (times>1)) times=times/2;   //按下 A 鍵
    if(command==13) times=times*2;                       //按下 D 鍵
} while (1);                                          /* 永不停止的迴路 */
```

5-6 D/A 轉換器

實驗說明

這一個實驗主要是使用 8051 和 D/A 轉換器 DAC0800 連接，並從 DAC0800 輸出類比電壓，我們希望從 DAC0800 輸出以下的波形。

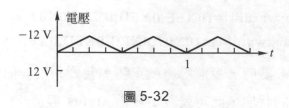

圖 5-32

実験材料

材料名稱	材料規格	材料數量
電阻	5.1kΩ，1/4W	3
電容	200pF，1/4 W	1
DAC0800		1
TL074	OP 放大器	1

DAC0800 的接腳圖，如圖 5-33 所示。

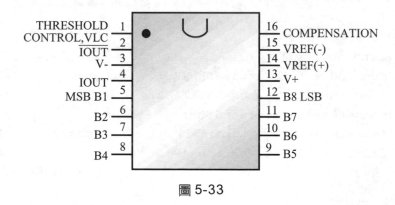

圖 5-33

DAC0800 是一顆 8 位元的高速度電流輸出式 D/A 轉換器，它的轉換時間大約是 100ns。

1. B1～B8：8 位元數位資料輸入。請注意！B1 是最高位元，B8 是最低位元。

2. V⁺：正電源輸入接腳，輸入電壓的範圍是 4.5V 到 18V 之間。

3. V⁻：負電源輸入接腳，輸入電壓的範圍是 −4.5V 到 −18V 之間。

4. VR⁺和 VR⁻：參考電壓的輸入，可以決定 B1～B8 滿刻度輸入時的輸出電流I_{fs}。

$$I_{fs} = V_{\text{ref}}/R_{\text{ref}}$$

5.　I_{out}：DAC0800是一顆電流輸出式的D/A轉換器，B1～B8的輸入數位
　　數值決定了I_{out}的數值，其關係式如下所示：

$$I_{\text{out}} = I_{fs} \times (\text{B1} \sim \text{B8})/255$$

6.　COMP：由COMP接腳加上一個電容接到VEE接腳可以防止高頻振盪。
　　圖5-34是使用DAC0800時的一種典型接法：

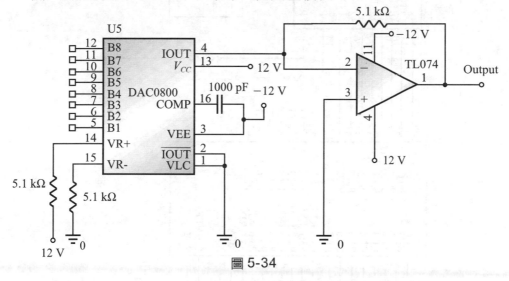

圖5-34

　　DAC0800的第4支接腳是電流式輸出，因此我們可以將電流轉換成電
壓，這可以接上一顆OP放大器完成，如圖5-34所示。上圖當中的

$$I_{\text{out}} = V_{\text{ref}}/R_{\text{ref}} \times (\text{B1} \sim \text{B8})/255 = 12\text{V}/5.1\text{K} \times (\text{B1} \sim \text{B8})/255$$

而TL074的輸出則等於

$$V_{\text{out}} = I_{\text{out}} \times 5.1\text{K} = 12\text{V}/5.1\text{K} \times (\text{B1} \sim \text{B8})/255$$
$$= 12\text{V}/5.1\text{K} \times (\text{B1} \sim \text{B8})/255 \times 5.1\text{K} = 12\text{V} \times (\text{B1} \sim \text{B8})/255$$

所以真正輸出的電壓是0V到＋12V之間。

電路圖

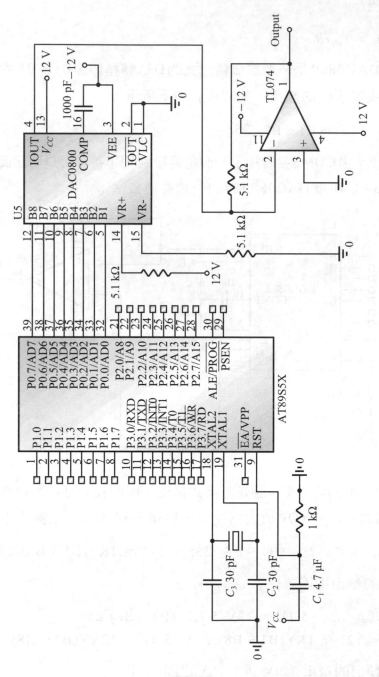

圖 5-35

程式設計

—— 應用範例 5-6 ——

```
/*

標題：         範例 5-6
版本：         1.0
Target：       89S51
程式描述：      這個程式是利用 89S51 連接 DAC0800，然後經由 Timer0
               的控制不停的送出三角波 */

/* *************************************************** */

#include <REGX51.H>
#define      TIMER0_COUNT      0xEE00
/* 10000h-(11,059,200/(12*FREQ)) */
#define      TOTAL             200
#define      HALF            TOTAL/2
long              ticks=0;
unsigned char   timer0_tick,count=0;
static void timer0_isr(void) interrupt TF0_VECTOR using 1
{
    TR0=0;
    TL0=(TIMER0_COUNT & 0x00FF);
    TH0=(TIMER0_COUNT >> 8);
    TR0=1;
    if(ticks==TOTAL) ticks=0;     // 一秒的時間到了，ticks=0
    if (ticks<HALF)count++;       // 前面一半的時間內，將 count 加 1
    if (ticks>HALF)count--;       // 前面一半的時間內，將 count 減 1
    P0=count;                     // 將 count 的數值由 PORT 1 輸出
}
static void timer0_initialize(void)
{
  EA=0;
```

```
    timer0_tick=0;
    TR0=0;
    TMOD &= 0XF0;
    TMOD |=0x01;
    TL0=(TIMER0_COUNT & 0x00FF);
    TH0=(TIMER0_COUNT >> 8);
    PT0=0;
    ET0=1;
    TR0=1;
    EA=1;
}
void main (void) {
    timer0_initialize();
    ticks=0;
    count=0;
    while (1);                      /* Loop forever */
}
```

程式說明

1.　在這一個程式當中，Timer0 溢位中斷每一秒發生 200 次，也就是每隔 5ms 就會發生 1 次 Timer0 的溢位中斷，因為 DAC0800 的轉換時間大約是 100ns，所以 5ms 對於 DAC0800 而言是足夠完成轉換的。換言之，你可以進一步地提高每一秒鐘溢位中斷的發生次數，只要長過 DAC0800 的轉換時間即可。

2.　我們將一秒的時間分割成前後兩段；前面一半的時間內，每一次Timer0 溢位中斷發生之後，就將count加1; 後面一半的時間內，每一次Timer0 溢位中斷發生之後，就將 count 減 1。程式碼如下所示：

```
    if(ticks==TOTAL) ticks=0;   // 一秒的時間到了，ticks=0
    if (ticks<HALF)count++;     // 前面一半的時間內，將 count 加 1
    if (ticks>HALF)count--;     // 前面一半的時間內，將 count 減 1
    P0=count;                   // 將 count 的數值由 PORT 1 輸出
```

你也可以修改輸出訊號的週期。

3. 接下來將count的數值由PORT 1輸出之後，其餘的工作就由DAC0800去完成。

5-7　繪圖型顯示器

實驗說明

本節將使用8051搭配繪圖型液晶顯示器(DG-128064)，來顯示各種不同的圖形。我們利用8051的 PORT C 來控制 DG-128064，並且由 PORT A輸出資料到DG-128064。當你完成本節的電路和程式之後，將可以看到繪圖型的液晶顯示器顯示出：

目前時間是：

12：30：00

05/09/01

你可以修改程式讓它顯示出任意的字型喔！

實驗材料

材料名稱	材料規格	材料數量
繪圖型液晶顯示器	DG-128064	4
排阻	9 pin，1K	4
可變電阻	1K	2

DG-12806 的介紹

DG-128064是一顆128點×64點的繪圖型液晶顯示器，液晶顯示螢幕的128點×64點又區分成兩個64點×64點的區域，這兩個區域分別由 CS1和 CS2 兩支接腳控制，如圖5-36所示。

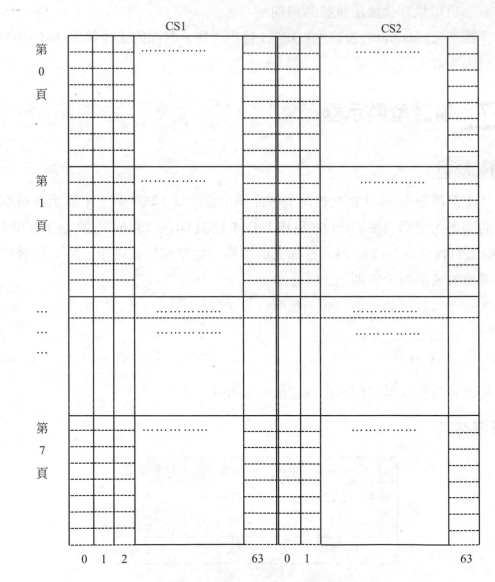

圖 5-36　DG128064 的點座標

　　請注意！上圖中的 X 座標和 Y 座標和我們傳統上的 XY 座標剛好相反。
DG-128064 將 X 座標的 64 個點分成 8 頁，分別是第 0 頁到第 7 頁，而每一
頁有 8 個點，剛好存在同一個位元組當中；至於 Y 座標的 128 個點則是以

0 到 127 來區分，其中 0 到 63 是由 CS1 接腳來控制，64 到 127 則是由 CS2
接腳來控制。使用者設定螢幕上的點資料時，必須指定：

1. CS1 和 CS2，例如 CS1 = 1，CS2 = 0，就是選擇繪圖型 LCD 左半邊
   螢幕。
2. X 等於第幾頁，也就是 X = 0～7。
3. Y = 第幾個 byte，也就是 Y = 0 到 63。

DG-128064 的接腳說明

接腳	接腳名稱	輸出入方向	功　　能
1	V_{ss}	輸入	接地
2	V_{cc}	輸入	電源端，接 + 5V
3	V_v	輸入	顯示幕的亮度調整接腳，輸入電壓：－ 10V～5V
4	D/I	輸入	高電位(+ 5V)：資料，低電位(0V)：指令
5	R/W	輸入	高電位(+ 5V)：讀取資料，低電位(0V)：寫入資料
6	E	輸入	繪圖型 LCD 致能接腳
7～14	DB0～DB7	輸入／輸出	資料線
15	CS1	輸入	當 CS1 = 1 時，選擇繪圖型 LCD 左半邊螢幕
16	CS2	輸入	當 CS2 = 1 時，選擇繪圖型 LCD 右半邊螢幕
17	Reset	輸入	輸入低電壓時重置晶片，請參考圖 4-12
18	VEE	輸出	這一支接腳會由晶片內部產生－ 10V 的電壓
19，20	NC		不用連接

1. 重　置

　　當 DG-128064 的 reset 接腳接收到正確的低電壓信號之後，它就會被
重置。此時將關閉顯示器、設定顯示的起始列暫存器為 0 但是 reset 接腳的
信號必須符合以下的規定：

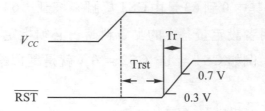

$$Trst(min) = 1.0\mu s \quad \cdots\cdots\cdots\cdots\cdots reset 信號至少維持 1.0\mu s 以上的$$
低電位

$$Tr(max) = 200\mu s \quad \cdots\cdots\cdots\cdots 表示 reset 拉回高電位的上升時間不$$
可超 200μs

2. 輸入暫存器(input register)

從微處理器寫入繪圖型LCD的顯示資料是先儲存在輸入暫存器中，然後才將資料載入到顯示記憶體的 RAM 當中。

3. 輸出暫存器

由顯示記憶體中讀取的資料會先儲存在輸出暫存器中，繪圖型LCD會由輸出暫存器中讀取資料，位址指標所顯示的資料將出現在輸出暫存器上，當資料被讀取後 Y 指標的數值會自動加1。

4. 忙碌旗標

當繪圖型LCD的內部還在工作時，忙碌旗標是 1；此時除了可以讀取狀態指標之外，其餘的指令均不會被接受，所以微處理器要求繪圖型LCD執行某一指令之前，最好能先檢查忙碌旗標是否為 0。

5. 顯示器開／關

當顯示器打開時，顯示記憶體的資料才能顯示在顯示幕上對應的點，否則繪圖型 LCD 將無法顯示出圖形。

6. X、Y 位址計數器

X位址暫存器是3位元，Y暫存器是6位元，這2個暫存器的主要目的是指到資料記憶體的位址，其中X、Y暫存器的功能區分如下：

X 位址暫存器：設定X座標是第0頁到第7頁當中的某一頁。

Y位址暫存器：Y位址計數器是設定Y座標是0到63當中的一個數值。

使用者必須使用指令去設定Y位址計數器；但是當Y位址計數器被設定之後，如果有資料寫入到顯示記憶體的動作，它就會自動加1。

7. 顯示資料栓鎖器

當資料由顯示RAM送到繪圖型LCD的驅動電路時，會暫時被栓鎖在顯示資料栓鎖器當中。

8. 顯示資料記憶體 RAM

繪圖型 LCD 的顯示幕是由128×64個點(pixel)所構成，每1點用1個位元來表示亮或滅；當一個點亮的時候就在對應的位元存入 1，暗的時候則在對應的位元存入0，而這些資料就儲存在這塊顯示資料的記憶體當中。

DG-128064 指令集

指令集	控制信號		指令集							
	R/W	D/I	DB7	DB6	DB5	DB4	DB3	DB2	DB1	DB0
顯示器開／關	0	0	0	0	1	1	1	1	1	D
設定顯示的開始座標	0	0	1	1	設定顯示的開始座標(0～63)					
設定頁數(X 座標)	0	0	1	0	1	1	1	頁數(0～7)		
設定顯示器的 Y 座標	0	0	0	1	設定顯示器的 Y 座標(0～63)					
狀態讀取	1	0	忙碌	0	ON/OFF	重置	0	0	0	0
資料寫入 DD RAM	0	1	寫入資料							
讀取 DD RAM 資料	1	1	讀取資料							

圖 5-37

1. 顯示器開／關

R/W̄	D/Ī		DB7	6	5	4	3	2	1	0
0	0		0	0	1	1	1	1	1	D

D＝1：顯示器開；D＝0：顯示器關閉

2. 設定顯示的開始座標

R/W̄	D/Ī		DB7	6	5	4	3	2	1	0
0	0		1	1	S	S	S	S	S	S

執行這個指令之後，繪圖型LCD會根據SSSSSS的數值，設定從距離螢幕左邊多少點的位置開始顯示圖形。

3. 設定頁數(X 座標)

R/W̄	D/Ī		DB7	6	5	4	3	2	1	0
0	0		1	0	1	1	1	P	P	P

執行這個指令之後，PPP 會寫入 X 位址暫存器當中，接下來對繪圖型 LCD 進行讀寫時，資料都是針對此頁進行。

4. 設定顯示器的 Y 座標

R/W̄	D/Ī		DB7	6	5	4	3	2	1	0
0	0		0	1	Y	Y	Y	Y	Y	Y

執行這個指令之後，數值 YYYYYY 會寫入 Y 位址暫存器當中，接下來對繪圖型LCD進行讀寫時，是針對這一個Y位址進行，但是讀寫之後 Y 位址暫存器的內容會自動加 1 。

5. 狀態讀取

R/$\overline{\text{W}}$	D/$\overline{\text{I}}$		DB7	6	5	4	3	2	1	0
1	0		busy	0	ON/OFF	RESET	0	0	0	D

busy：當繪圖型LCD的內部正在工作時，忙碌旗標是 1；此時除了可以讀取狀態指標之外，其餘的指令均不會被接受，所以微處理器要求繪圖型LCD執行某一指令之前，最好能先檢查忙碌旗標是否為 0。

ON/OFF：表示液晶顯示器的顯示狀態開或是關。

RESET：RESET 旗標為 1 時，除了讀取狀態指標之外，無法接受其它指令；RESET 旗標為 0 時，表示系統進入正常操作。

6. 資料寫入顯示資料的 RAM

R/W	D/I		DB7	6	5	4	3	2	1	0
0	1		D	D	D	D	D	D	D	D

執行這個指令之後，8 位元的資料 DDDDDDDD 會寫入 X 位址暫存器和 Y 位址暫存器所指到的顯示資料記憶體當中，寫入之後 Y 的位址值會自動加 1。

7. 顯示資料的讀取

R/$\overline{\text{W}}$	D/$\overline{\text{I}}$		DB7	6	5	4	3	2	1	0
1	1		D	D	D	D	D	D	D	D

執行這個指令之後，可以讀取目前 X 位址暫存器和 Y 位址暫存器所指到顯示記憶體中資料。

電路圖

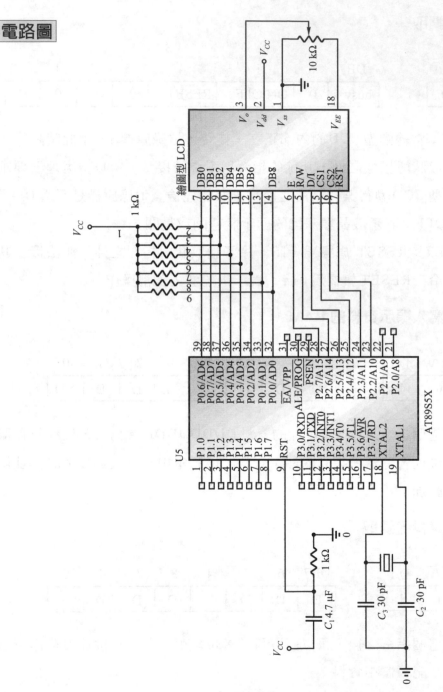

圖 5-39

程式設計

―― 應用範例 5-7 ――

```
/*

標題:              範例 5-7
版本:              1.0
Target:           89S51
程式描述:          這個程式是利用89X51連接繪圖型LCD,

                   然後顯示出:

                   目前時間是:

                   12：30：00

                   /05/09/01 */

/* ***************************************************** */

#include <REGX51.H>

/* 繪圖型 LCD 指令 */
#define   GLCD_OFF               62 //關閉繪圖型 LCD
#define   GLCD_ON                63 //打開繪圖型 LCD
#define   GLCD_START_LINE_0      192 //設定繪圖型 LCD 左半邊的起始行
#define   SET_PAGE               184 //設定繪圖型 LCD 的頁數
#define   SET_Y_ADDRESS_0        64 //設定繪圖型 LCD 的 y 軸位置
#define   CLEAR                  0   //清除繪圖型 LCD
/* 繪圖型 LCD 控制線 */
#define   ENABLE                 1
#define   DISABLE                0
#define   READ                   1
#define   WRITE                  0
#define   COMMAND                0
#define   DATA                   1
```

```
#define   GLCD_RESET              P2_2
#define   GLCD_CS2                P2_3
#define   GLCD_CS1                P2_4
#define   GLCD_D_I                P2_5
#define   GLCD_R_W                P2_6
#define   GLCD_ENABLE             P2_7
typedef   struct {
        char    hour;
        char    minute;
        char    second;
} time;
typedef   struct {
        char    year;
        char    month;
        char    day;
} date;
time now;
date today;
unsigned char gx,gy;
static unsigned timer0_tick;
char code int2char[]="0123456789";
char code monthday[]={31,28,31,30,31,30,31,31,30,31,30,31};
char code weekday[7][4]={"MON","TUE","WED","THU","FRI","SAT",
                        "SUN"};
unsigned char code digit[10][4][8]=
//0
{{
{0X00,0X00,0X00,0XFC,0XFE,0X03,0X01,0X81},
{0XC1,0X61,0X31,0X1B,0XFE,0XFC,0X00,0X00},
{0X00,0X00,0X00,0X0F,0X1F,0X36,0X23,0X21},
{0X20,0X20,0X20,0X30,0X1F,0X0F,0X00,0X00}},
//1
{
{0X00,0X00,0X00,0X00,0X00,0X04,0X06,0XFF},
{0XFF,0X00,0X00,0X00,0X00,0X00,0X00,0X00},
{0X00,0X00,0X00,0X00,0X20,0X20,0X20,0X3F},
```

```
{0X3F,0X20,0X20,0X20,0X00,0X00,0X00,0X00}},
//2
{
{0X00,0X00,0X00,0X1C,0X1E,0X03,0X01,0X81},
{0XC1,0X41,0X61,0X33,0X3E,0X1C,0X00,0X00},
{0X00,0X00,0X00,0X3C,0X3E,0X33,0X31,0X31},
{0X30,0X30,0X30,0X30,0X30,0X3C,0X00,0X00}},
//3
{
{0X00,0X00,0X00,0X0C,0X0E,0X02,0X01,0X41},
{0X41,0XE1,0XE1,0XB2,0X1E,0X0C,0X00,0X00},
{0X00,0X00,0X00,0X0C,0X1C,0X10,0X20,0X20},
{0X20,0X20,0X20,0X11,0X1F,0X0E,0X00,0X00}},
//4
{
{0X00,0X00,0X80,0XC0,0X60,0X30,0X18,0X0C},
{0X06,0XFF,0XFF,0X00,0X00,0X00,0X00,0X00},
{0X00,0X07,0X07,0X04,0X04,0X04,0X04,0X24},
{0X24,0X3F,0X3F,0X24,0X24,0X04,0X00,0X00}},
//5
{
{0X00,0X00,0X00,0XFF,0XFF,0X43,0X23,0X23},
{0X23,0X23,0X23,0X43,0XC3,0X80,0X00,0X00},
{0X00,0X00,0X00,0X0C,0X1C,0X10,0X20,0X20},
{0X20,0X20,0X20,0X10,0X1F,0X0F,0X00,0X00},},
//6
{
{0X00,0X00,0X00,0XFC,0XFE,0X82,0X41,0X41},
{0X41,0X41,0X41,0XC7,0X86,0X00,0X00,0X00},
{0X00,0X00,0X00,0X0F,0X1F,0X30,0X20,0X20},
{0X20,0X20,0X20,0X10,0X1F,0X0F,0X00,0X00}},
//7
{
{0X00,0X00,0X00,0X0F,0X03,0X03,0X03,0X03},
{0X83,0XC3,0X63,0X33,0X1F,0X0F,0X00,0X00},
{0X00,0X00,0X00,0X00,0X00,0X00,0X00,0X3F},
```

```
{0X3F,0X00,0X00,0X00,0X00,0X00,0X00,0X00}},
//8
{
{0X00,0X00,0X00,0X1C,0XBE,0XE2,0X41,0X41},
{0X41,0X41,0XE2,0XBE,0X1C,0X00,0X00,0X00},
{0X00,0X00,0X0E,0X1F,0X11,0X20,0X20,0X20},
{0X20,0X20,0X20,0X11,0X1F,0X0E,0X00,0X00}},
//9
{
{0X00,0X00,0X00,0X7C,0XFE,0X82,0X01,0X01},
{0X01,0X01,0X82,0XC6,0XFC,0XF8,0X00,0X00},
{0X00,0X00,0X00,0X0C,0X1C,0X18,0X21,0X21},
{0X21,0X21,0X10,0X1C,0X0F,0X03,0X00,0X00}}};
unsigned char code slash[4][8]=
///
{
{0X00,0X00,0X00,0X00,0X00,0X80,0XC0,0X60},
{0X30,0X18,0X0C,0X06,0X03,0X01,0X00,0X00},
{0X30,0X18,0X0C,0X06,0X03,0X01,0X00,0X00},
{0X00,0X00,0X00,0X00,0X00,0X00,0X00,0X00}};
// :
unsigned char code comma[4][8]=
{
{0X00,0X00,0X00,0X00,0X00,0X00,0X10,0X38},
{0X38,0X10,0X00,0X00,0X00,0X00,0X00,0X00},
{0X00,0X00,0X00,0X00,0X00,0X00,0X02,0X07},
{0X07,0X02,0X00,0X00,0X00,0X00,0X00,0X00}};
unsigned char code space[4][8]=
{
{0X00,0X00,0X00,0X00,0X00,0X00,0X00,0X00},
{0X00,0X00,0X00,0X00,0X00,0X00,0X00,0X00},
{0X00,0X00,0X00,0X00,0X00,0X00,0X00,0X00},
{0X00,0X00,0X00,0X00,0X00,0X00,0X00,0X00}};
//年
unsigned char code yearp[4][8]=
{
```

```
{0X08,0X00,0X08,0X08,0X0F,0XFC,0X11,0X00},
{0X21,0X10,0X5F,0XF8,0X11,0X00,0X11,0X00},
{0X11,0X04,0XFF,0XFE,0X01,0X00,0X01,0X00},
{0X01,0X00,0X01,0X00,0X00,0X00,0X00,0X00}};
//星
unsigned char code weekp[2][4][8]=
{{
{0X3F,0XF8,0X20,0X08,0X3F,0XF8,0X20,0X08},
{0X3F,0XF8,0X01,0X00,0X21,0X08,0X3F,0XFC},
{0X21,0X00,0X41,0X10,0XBF,0XF8,0X01,0X00},
{0X01,0X04,0XFF,0XFE,0X00,0X00,0X00,0X00}},
//期
{
{0X22,0X04,0X22,0X7E,0X7F,0X44,0X22,0X44},
{0X3E,0X7C,0X22,0X44,0X3E,0X44,0X22,0X44},
{0X22,0X7C,0XFF,0XC4,0X24,0X44,0X22,0X84},
{0X41,0X14,0X82,0X08,0X00,0X00,0X00,0X00}}};
unsigned char code weekdayp[7][4][8]=
{{
//一
{0X00,0X00,0X00,0X00,0X00,0X00,0X00,0X00},
{0X00,0X00,0X00,0X00,0X00,0X04,0XFF,0XFE},
{0X00,0X00,0X00,0X00,0X00,0X00,0X00,0X00},
{0X00,0X00,0X00,0X00,0X00,0X00,0X00,0X00}},
//二
{
{0X00,0X00,0X00,0X00,0X00,0X10,0X3F,0XF8},
{0X00,0X00,0X00,0X00,0X00,0X00,0X00,0X00},
{0X00,0X00,0X00,0X00,0X00,0X00,0X00,0X04},
{0XFF,0XFE,0X00,0X00,0X00,0X00,0X00,0X00}},
//三
{
{0X00,0X00,0X00,0X08,0X7F,0XFC,0X00,0X00},
{0X00,0X00,0X00,0X00,0X00,0X10,0X3F,0XF8},
{0X00,0X00,0X00,0X00,0X00,0X00,0X00,0X04},
{0XFF,0XFE,0X00,0X00,0X00,0X00,0X00,0X00}},
```

```
//四
{
{0X00,0X00,0X00,0X04,0XFF,0XFE,0X44,0X44},
{0X44,0X44,0X44,0X44,0X44,0X44,0X44,0X44},
{0X48,0X3C,0X50,0X04,0X40,0X04,0X7F,0XFC},
{0X40,0X04,0X00,0X00,0X00,0X00,0X00,0X00}},
//五
{
{0X00,0X08,0X7F,0XFC,0X02,0X00,0X02,0X00},
{0X02,0X00,0X02,0X10,0X3F,0XF8,0X04,0X10},
{0X04,0X10,0X04,0X10,0X08,0X10,0X08,0X10},
{0X08,0X10,0XFF,0XFE,0X00,0X00,0X00,0X00}},
//六
{
{0X04,0X00,0X02,0X00,0X03,0X00,0X01,0X04},
{0XFF,0XFE,0X00,0X00,0X00,0X00,0X04,0X40},
{0X0C,0X20,0X08,0X10,0X10,0X18,0X10,0X0C},
{0X20,0X0C,0X40,0X04,0X00,0X00,0X00,0X00}},
//日
{
{0X00,0X10,0X3F,0XF8,0X20,0X10,0X20,0X10},
{0X20,0X10,0X20,0X10,0X3F,0XF0,0X20,0X10},
{0X20,0X10,0X20,0X10,0X20,0X10,0X20,0X10},
{0X3F,0XF0,0X20,0X10,0X00,0X00,0X00,0X00}}};
//月
unsigned char code monthp[4][8]=
{
{0X00,0X10,0X1F,0XF8,0X10,0X10,0X10,0X10},
{0X1F,0XF0,0X10,0X10,0X10,0X10,0X1F,0XF0},
{0X10,0X10,0X10,0X10,0X10,0X10,0X10,0X10},
{0X20,0X50,0X40,0X20,0X00,0X00,0X00,0X00}};
unsigned char code token[7][4][8]=
{
{
{0X00,0X00,0X00,0X00,0X00,0X00,0X00,0X00},
{0X00,0X00,0X00,0X00,0X00,0X00,0X00,0X00},
```

```
{0X00,0X00,0X00,0X00,0X00,0X00,0X00,0X00},
{0X00,0X00,0X00,0X00,0X00,0X00,0X00,0X00}},
//現
{
{0X42,0X42,0XFE,0X43,0X42,0X00,0X00,0XFE},
{0X49,0X49,0X49,0X49,0XFF,0X00,0X00,0X00},
{0X08,0X18,0X0F,0X04,0X22,0X20,0X20,0X13},
{0X0E,0X01,0X01,0X3E,0X23,0X20,0X30,0X00}},
//在
{
{0X02,0X02,0X02,0X84,0X64,0X1C,0X87,0X84},
{0X84,0XF4,0X84,0X84,0XC4,0X86,0x04,0X00},
{0X04,0X02,0X01,0X3F,0X00,0X10,0X10,0X10},
{0X10,0X1F,0X10,0X10,0X10,0X18,0X10,0X00}},
//時
{
{0XFC,0X44,0X44,0XFC,0X80,0X92,0X92,0X52},
{0X52,0X5F,0X52,0XF2,0X9A,0XD2,0X80,0X00},
{0X0F,0X04,0X04,0X0F,0X00,0X00,0X02,0X04},
{0X80,0X00,0X40,0X1F,0X00,0X00,0X00,0X00}},
//間
{
{0X00,0XFF,0X15,0X15,0X15,0X95,0X9F,0X10},
{0X10,0X9F,0X95,0X15,0X15,0X15,0XFF,0X00},
{0X00,0X3F,0X00,0X00,0X00,0X0F,0X0A,0X0A},
{0X0A,0X0A,0X0F,0X00,0X20,0X20,0X1F,0X00}},
//是
{
{0X40,0X40,0X40,0X5F,0X55,0X55,0X55,0XD5},
{0X55,0X55,0X55,0X5F,0X40,0X60,0X40,0X00},
{0X20,0X10,0X08,0X07,0X08,0X10,0X20,0X3F},
{0X22,0X22,0X22,0X23,0X22,0X20,0X20,0X00}},
//:
{
{0X00,0X00,0X00,0X00,0X00,0X00,0X10,0X38},
{0X38,0X10,0X00,0X00,0X00,0X00,0X00,0X00},
```

```c
{0X00,0X00,0X00,0X00,0X00,0X00,0X02,0X07},
{0X07,0X02,0X00,0X00,0X00,0X00,0X00,0X00}}};
 /*  時間延遲函數  */
void delay(void)   {
  unsigned char i,j;
    for (i=0;i<255;i++)
        for(j=0;j<255;j++)
            ;
}
void check_GLCD_busyflag(void)
{
    unsigned char   x;
    GLCD_R_W=READ;
    GLCD_D_I=COMMAND;
    GLCD_ENABLE=ENABLE;
    P0=255;
    do {
            x=P0 && 128;
    } while(x);
    GLCD_ENABLE=DISABLE;
    GLCD_D_I=1;
    GLCD_R_W=1;
}
void write_GLCD_command(unsigned command)
{
    GLCD_R_W=WRITE;         // P2_6 = 0
    GLCD_D_I=COMMAND;       // P2_5 = 0
    GLCD_ENABLE=ENABLE;     // P2_7=1
    P0=command;             // 從 P0 送出 command
    GLCD_ENABLE=DISABLE;    // P2_7=0
    GLCD_D_I=1;             // P2_5 = 1
    GLCD_R_W=1;             // P2_6 = 1
// 檢查忙碌旗標，直到繪圖型 LCD 不忙碌時就返回
    check_GLCD_busyflag();
}
void write_GLCD_data(unsigned GLCDdata)
```

```
{
    GLCD_R_W=WRITE;            // P2_6 = 0
    GLCD_D_I=DATA;             // P2_5 = 1
    GLCD_ENABLE=ENABLE;        // P2_7=1
    P0=GLCDdata;               // 從 P0 送出 資料
    GLCD_ENABLE=DISABLE;       // P2_7= 0
    GLCD_D_I=0;                // P2_5 = 0
    GLCD_R_W=1;                // P2_6 = 1
// 檢查忙碌旗標，直到繪圖型 LCD 不忙碌時就返回
    check_GLCD_busyflag();
}
void clear_GLCD()
{
    int     i,j;
    GLCD_RESET=0;
    for(i=0;i<2;i++);
    GLCD_RESET=1;
    GLCD_CS1=1;
    GLCD_CS2=1;
    write_GLCD_command(GLCD_ON);
    write_GLCD_command(GLCD_START_LINE_0);
    for(i=0;i<8;i++)
    {
        write_GLCD_command(SET_PAGE+i);
        write_GLCD_command(SET_Y_ADDRESS_0);
        for(j=0;j<64;j++)
            write_GLCD_data(0);
    }
}
void show_pattern(unsigned char page,unsigned char y,
                unsigned char *pattern,unsigned char len)
{
    int i;
    write_GLCD_command(SET_PAGE+page);
    write_GLCD_command(SET_Y_ADDRESS_0+y);
    for(i=0;i<len;i++)
```

```
        {
            write_GLCD_data(*pattern);
            pattern++;
        }
}
void clear_pattern(unsigned char page,unsigned char y,
                    unsigned char len)
{
        int i;
        write_GLCD_command(SET_PAGE+page);
        write_GLCD_command(SET_Y_ADDRESS_0+y);
        for(i=0;i<len;i++)
            write_GLCD_data(CLEAR);
}
unsigned char read_GLCD_data(void)
{
        unsigned char x;
        GLCD_D_I=DATA;
        GLCD_R_W=READ;
        GLCD_ENABLE=ENABLE;
        P0=255;
        x=P0;
        GLCD_ENABLE=DISABLE;
        GLCD_D_I=0;
        check_GLCD_busyflag();
        GLCD_D_I=DATA;
        GLCD_ENABLE=ENABLE;
        x=P0;
        GLCD_ENABLE=DISABLE;
        check_GLCD_busyflag();
        return x;
}
void putpixel(unsigned char x,unsigned char y)
{
        unsigned char i=1,temp,page_no;
        if(x<64) {
```

```
            GLCD_CS1=0;
            GLCD_CS2=1;
    } else
    {
            GLCD_CS1=1;
            GLCD_CS2=0;
            x=x-64;
    }
    write_GLCD_command(SET_Y_ADDRESS_0+y);
    page_no=SET_PAGE+x/8;
    write_GLCD_command(page_no);
    temp=x%8;
    while(temp) {
            i=i*2;
            temp--;
    }
    temp=read_GLCD_data();
    i=i | temp;
    write_GLCD_command(page_no);
    write_GLCD_data(i);
}
void display_GLCD_data(unsigned char *p)
{
    if (gx<64) {
        GLCD_CS1=1;
        GLCD_CS2=0;
        show_pattern(gy,gx,p,8);
        show_pattern(gy,gx+8,p+8,8);
        show_pattern(gy+1,gx,p+16,8);
        show_pattern(gy+1,gx+8,p+24,8);
    } else
    {
      GLCD_CS1=0;
      GLCD_CS2=1;
      show_pattern(gy,gx-64,p,8);
      show_pattern(gy,gx-58,p+8,8);
```

```c
            show_pattern(gy+1,gx-64,p+16,8);
            show_pattern(gy+1,gx-58,p+24,8);
        }
        gx=gx+16;
    }
void display_GLCD_string(unsigned char *p,int len)
{
        int i;
        for(i=0;i<len;i++)
            display_GLCD_data((p+32*i));
}
void display_GLCD_number(char number)
{
        int x,y;
        x=number/10;
        y=number%10;
        display_GLCD_data(digit[x]);
        display_GLCD_data(digit[y]);
}
void gotoxy(unsigned x,unsigned y)
{
        gy=y;
        gx=x;
}
void main (void)
{
        unsigned char i=0;
        clear_GLCD();
        gotoxy(0,0);
        display_GLCD_string(token,7);     //顯示 現在時間是：
        now.hour=12;
        now.minute=30;
        now.second=0;
        gotoxy(0,4);
        display_GLCD_number(now.hour);    // 顯示 12:00:00
        display_GLCD_data(comma);
```

```
display_GLCD_number(now.minute);
display_GLCD_data(comma);
display_GLCD_number(now.second);
today.year=5;
today.month=9;
today.day=1;
gotoxy(0,6);
display_GLCD_number(today.year);    // 顯示 05/09/01
display_GLCD_data(slash);
display_GLCD_number(today.month);
display_GLCD_data(slash);
display_GLCD_number(today.day);
while(1);                            /* 永不止盡的迴路 */
}
```

程式說明

1. 首先，我們將繪圖型LCD的一些控制指令定義成常數，如下所示：

    #define GLCD_OFF   62   //關閉繪圖型LCD

    #define GLCD_ON   63   //打開繪圖型LCD

    #define GLCD_START_LINE_0 192   //設定繪圖型LCD左
                                          半邊的起始行

    #define SET_PAGE   184   //設定繪圖型LCD的頁數

    #define SET_Y_ADDRESS_0   64   //設定繪圖型LCD的y軸位置

    #define CLEAR   0   //清除繪圖型LCD

2. 在這一個程式當中，我們完成了以下的一些繪圖型 LCD 的控制副程式，這些副程式是根據繪圖型LCD的規格所完成，每一個副程式的名稱、使用參數與使用說明如下表所示：

副程式名稱	說　明	參　數
write_GLCD_command	寫入命令	unsigned char 型態的資料
write_GLCD_data	寫入資料	unsigned char 型態的資料
clear_GLCD	清除螢幕	無
show_pattern	顯示一個圖形	頁數，Y 座標，指向圖形的指標，長度
clear_pattern	清除一個圖形	頁數，Y 座標，長度
read_GLCD_data	讀取指定位置的資料	無
putpixel	在指定位置顯示一個點	X 座標，Y 座標
display_GLCD_data	顯示一個字	指向該字型的指標
display_GLCD_string	顯示一個字串	指向該字串的指標，長度
display_GLCD_number	顯示一個數字(0～99)	數字
gotoxy	設定游標到指定位置	X 座標，Y 座標

3. 以下我們先說明 write_GLCD_command 這一個指令

   8051 要送出指令給繪圖型 LCD 時，必須根據以下的時序圖設定信號線：

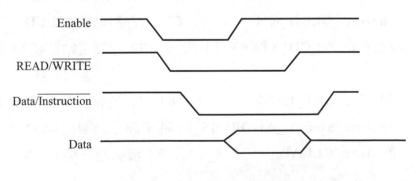

```
void write_GLCD_command(unsigned command)
{
        GLCD_R_W=WRITE;           // P2_6 = 0
        GLCD_D_I=COMMAND;         // P2_5 = 0
        GLCD_ENABLE=ENABLE;       // P2_7=1
```

```
        P0=command;                    // 從 P0 送出 command
        GLCD_ENABLE=DISABLE;  // P2_7=0
        GLCD_D_I=1;                     // P2_5 = 1
        GLCD_R_W=1;                    // P2_6 = 1
              // 檢查忙碌旗標，直到繪圖型LCD不忙碌時就返回
        check_GLCD_busyflag();
    }
```

4. write_GLCD_data這一個指令是8051送出資料給繪圖型LCD時使用
    的指令。write_GLCD_data必須根據以下的時序圖設定信號線：

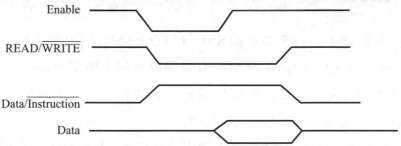

```
    void write_GLCD_data(unsigned GLCDdata)
    {
        GLCD_R_W=WRITE;            // P2_6 = 0
        GLCD_D_I=DATA;             // P2_5 = 1
        GLCD_ENABLE=ENABLE;    // P2_7=1
        P0=GLCDdata;                   // 從 P0 送出 資料
        GLCD_ENABLE=DISABLE;    // P2_7= 0
        GLCD_D_I=0;                    // P2_5 = 0
        GLCD_R_W=1;                   // P2_6 = 1
              // 檢查忙碌旗標，直到繪圖型LCD不忙碌時就返回
        check_GLCD_busyflag();
    }
```

5.　以下是這些副程式的使用範例：

(1)　開啓繪圖型 LCD 時，使用 write_GLCD_command，送出 GLCD_ON 的指令：

　　write_GLCD_command(GLCD_ON);

(2)　清除繪圖型 LCD 時，使用 write_GLCD_command，送出 CLEAR 的指令：

　　write_GLCD_data(CLEAR);

5-8　RS232

在這一節當中，我們將介紹 8051 和 PC 之間如何使用 RS232 互相傳遞資料。RS232 是使用非同步的串列方式傳遞資料，所謂非同步的方式是指傳遞資料的裝置間，彼此的時鐘信號可以存在相位差，下圖是使用 RS232 的串列方式傳遞資料時，輸出資料的格式。傳送資料之前，串列傳送線的電壓是高電位，傳送資料時必須先送出開始位元(start bit)，然後再從高位元開始，一次傳送一個 bit，傳送完畢時必須再送出停止位元(stop bit)。

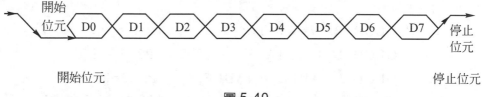

圖 5-40

實驗說明

8051 提供了一個 UART 可以讓它和電腦或是週邊使用 RS232 的方式互相傳遞資訊。使用 8051 做 UART 的實驗時，首先必須使用一顆將 TTL 訊號轉換成 RS232 訊號的 MAX232。另外，還必須設定好傳送者與接收者的傳輸速率(Baud Rate)、資料位元長度、停止位元長度和同位位元(Parity)。

實驗材料

材料名稱	材料規格	材料數量
LED		4
電阻	330，1/4 W	4
MAX222		2

電路圖

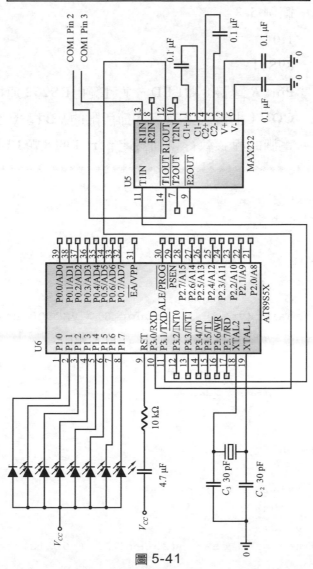

圖 5-41

程式設計

—— 應用範例 5-8 ——

```
/*

標題：          範例 5-8
版本：          1.0
Target：        89S51
程式描述：       Port A 連接 8 顆LED，並且經由RS232 連接到主電腦的
                COM1 主電腦上執行本節所附的VB程式之後,可以在主
                電腦的程式執行畫面設定 port 1 的 8 顆 LED 亮或滅。
/* *************************************************** */

#include <Regx51.h>
#include <stdio.h>

#define XTAL          11059200
#define baudrate      9600

static void com_isr(void) interrupt SIO_VECTOR using 1
{
        if(RI) {
                P1=SBUF;
                RI=0;
                return;
        }
        if(TI!=0)  TI=0;
}
void com_initialize(void) {
        PCON |= 0x80;
        TMOD=0x20;
        TH1=(unsigned char) (256-(XTAL/(16L*12L*baudrate)));
```

```
        TR1=(unsigned char) (256-(XTAL/(16L*12L*baudrate)));
        SCON=0x50;
        ES=1;
        TR1=1;
}


void main (void)  {

        EA=1;
        com_initialize();
        while(1) ;
}
```

程式說明

1. 中斷致能暫存器IE的內容：

位元	7	6	5	4	3	2	1	0
	EA	—	ET2	ES	ET1	EX1	ET0	EX0

    ES位元是用來設定8051是否要接受UART的中斷。

2. UART中斷服務程式的寫法，如下所示：

    ```
    static void com_isr(void) interrupt SIO_VECTOR using 1
    {
        …
    }
    ```

    其中 SIO_VECTOR 是UART的中斷向量值，定義在 reg51x.h。

3. 當UART的中斷發生之後，首先必須判斷是UART接收到資料而產生
    的中斷，還是UART傳送完資料所產生的中斷。當UART接收到資料
    時會設定RI等於1，而當UART傳送完資料時會設定TI位元等於1。

```
static void com_isr(void) interrupt SIO_VECTOR using 1
{
        if(RI) {            // 接收到資料而產生的中斷
            P1=SBUF;
            RI=0;
            return;
        }
        if(TI!=0) TI=0;    // 傳送完資料所產生的中斷
}
```

4. 讀取接收到的資料，可以從暫存器 SBUF 直接取出資料，例如：

   P1=SBUF;

5. 程式當中使用到 Timer1 作為鮑率(Baud Rate)的產生器，或啟動 Timer1，必須設定計時計數控制暫存器 TCON：

7	6	5	4	3	2	1	0
TF1	TR1	TF0	TR0	IE1	IT1	IE0	IT0

   其中 TR1 是用來控制 Timr1 的啟動，因此如果我們要啟動 Timer1 的時候只要執行 TR1 = 1 即可；反之，執行 TR1 = 0 之後，就會停止 Timer1 的計時計數動作。

5-9　結　論

　　本章中我們介紹了一些 8051 的實際應用範例。實際而言，你可以使用這些應用範例當中的程式模組組成更大的程式。我們儘可能將所有的程式模組化，目的就是希望這些程式可以反覆地使用，甚至於應用到其它的單晶片上。當然囉!前提是該單晶片也有 C 語言的編譯器。

習　題

5.1 請修改 5-3 節的 LCD 程式成為一個使用彈跳按鈕來設定時間的數字時鐘。原先的 4X4 小鍵盤換成加入三個按鈕(push button)，如下圖所示：

功能鈕　　　　調整時按鈕　　　　調整分按鈕

其中功能鈕是一個切換開關，每按下一次之後，就可以在正常顯示、調整時按鈕和調整分按鈕三種模式之間切換。當進入調整時間模式時，按下調整時的按鈕就可以將時加一，按下調整分的按鈕就可以將分加一。

5.2 LCM的CGRAM可以顯示使用者自行創作的字型，方法是將自己設計的5X7字型碼填入CGRAM當中。請利用此方法修改 5-3 節的LCD顯示程式成為一個可以顯示大型數字的數字時鐘。

5.3 修改 5-4 節的電路成為可以演奏多首音樂。為了能夠演奏多首音樂你必須加入一個按鈕，每次按下按鈕就可以演奏一首新的歌曲。

5.4 請修改 5-5 節的步進馬達控制程式，將它改成一個1-2相激磁的驅動方式。

5.5 請修改 5-5 節的步進馬達控制程式，將它改成一個有加速減速功能的程式；例如使用者按下 A 就加速，使用者按下 D 就減速。

6

MCS-51

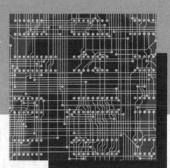

專題製作

在這一章中，我們將利用前面所介紹過的內容來製作一些小型的專題。本章章節的安排如下：

6-1 節介紹密碼鎖。

6-2 節介紹簡易型的數位電壓錶。

6-3 節介紹遠端控制系統。

6-4 節介紹智慧型溫度計。

6-5 節介紹繪圖型 LCM 的數字時鐘。

6-1　密碼鎖

　　在這一節當中，介紹如何使用 8051、LCD 顯示器和 4X4 的小鍵盤來製作一個密碼鎖。其中 4X4 的小鍵盤主要是用來輸入密碼，修改密碼或是修改時間，LCM 顯示器則是用來顯示時間以及顯示使用者所輸入的密碼。在硬體電路的連線上，我們使用 PORT 1 連接到 LCD 顯示器的資料線，PORT 3 的 P3_3，P3_4 和 P3_5 分別連接到 LCD 顯示器的控制線，PORT 2 連接到 4X4 的小鍵盤。

　　當程式執行時，首先讓 LCD 顯示器顯示出時間和日期。當使用者按下 4×4 小鍵盤的按鈕 A 時，就可以輸入密碼，如果密碼正確時，LCD 顯示器就會顯示出 " RIGHT"；接著還會從 P3.7 送出 1 的訊號，P3.7 連接到一顆電晶體，當輸入 1 時就可以啟動一個 SSR(Solid State Relay) 或是一個磁簧開關，經由此固態繼電器(SSR)打開鎖。如果密碼不正確時，LCD 顯示器就會顯示出 " WRONG"。

　　當使用者按下 4X4 小鍵盤的按鈕 B 時，可以修改時間。當使用者按下 4×4 小鍵盤的按鈕 C 時，可以修改密碼。

　　以下是這一個密碼鎖的基本功能：

1.　LCM 模組是用來提示使用者所輸入的密碼，平時可以顯示日期和時間。當本系統加上電源時，LCM 模組會顯示出日期和時間：

```
12:59:00
2005/09/01
```

此時，使用者可以在 4×4 的小鍵盤輸入密碼，而所輸入的密碼則顯示在下一行當中，如下圖所示：

```
INPUT PASSWORD :
****
```

2. 當使用者按下 4×4 小鍵盤的按鈕 B 時，可以修改時間。

```
_2:59:00
2005/09/01
```

3. 當使用者按下 4×4 小鍵盤的按鈕 A 時，可以輸入密碼。此時，使用者可以在 4×4 的小鍵盤輸入密碼，而所輸入的密碼則顯示在下一行當中，如下圖所示：

```
INPUT PASSWORD :
****
```

4. 當使用者輸入的密碼與預設的密碼相同時，就會從 P3.7 送出 1 的訊號，P3.7 接腳連接到一個SSR(Solid State Relay)或是一個磁簧開關。

5. 當使用者所輸入的密碼錯誤時，LCM模組顯示器就會顯示出 "WRONG"。如下圖所示：

```
12:59:00   WRONG
2005/09/01
```

6. 當使用者按下修改密碼的彈跳按鈕(C)時，就進入修改密碼的狀態。修改密碼時必須先輸入正確的舊密碼，然後才可以輸入新修改的密碼：

```
┌─────────────────────────────┐
│  OLD PASSWORD :             │
│        ＊＊＊＊               │
└─────────────────────────────┘
```

當新修改的密碼輸入之後，系統會要求使用者重新輸入新修改的密碼，再次確認。

```
┌─────────────────────────────┐
│  NEW PASSWORD :             │
│        ＊＊＊＊               │
└─────────────────────────────┘
```

如果 2 次輸入的密碼皆相同時，密碼修改成功，新的密碼會存入 93C66 當中。

7. 系統每一次加上電源重開機時，會從 93C66 當中讀出密碼。

實驗說明

實際上，這一個實驗是將上一章介紹過的實驗組合起來完成的。其中 8051 的 PORT 0 連接到彈跳按鈕，PORT 1 連接到 LCM 顯示模組的資料線接腳，如電路圖所示。程式當中使用 Timer0 的溢位中斷，當 Timer0 的溢位中斷發生時，就執行計時的工作，同時顯示時鐘資料並檢查是否有按鍵按下，有的話就讀取按下的按鈕。詳細的工作請參考以下的流程圖。

流程圖

以下是主程式的流程圖

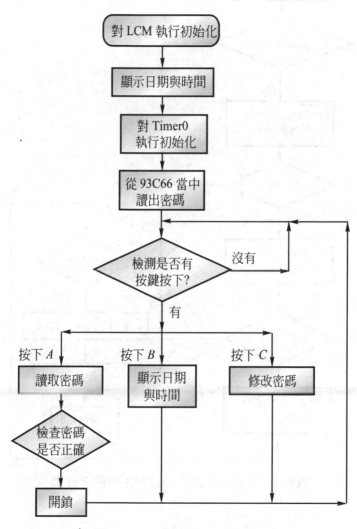

圖 6-1　主程式的流程圖

Timer 0 溢位中斷發生時的流程圖

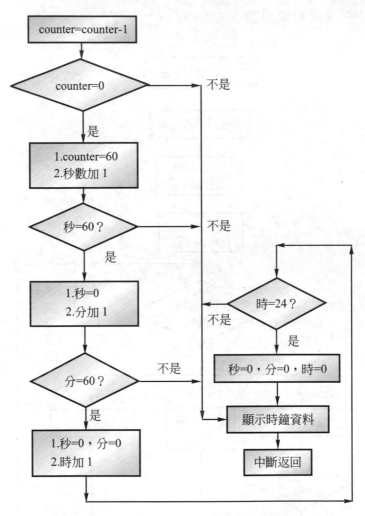

圖 6-2　Timer 0 溢位中斷發生時的流程圖

實驗材料

材料名稱	材料規格	材料數量
LCM 顯示器	2×16	1
4×4 小鍵盤	4×4	1
AT93C66		1
電晶體	9012	1
繼電器		1

零件說明

　　AT93C66是一顆128words(1 word等於16 bits，也可以當成256 bytes 使用)的串列式 EEPROM。AT93C66的操作電壓只要2.7V 到 5.5V，資料 讀取與寫入時只要經由 AT93C66 的 3 隻接腳(SK、DI、DO)即可。寫入 AT93C66的資料可以維持100年的時間，而且 AT93C66 可以反覆地清除 後再重新寫入100萬次。

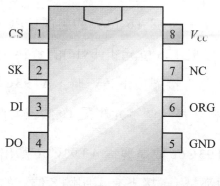

圖 6-3　AT93C66 的接腳圖

接腳說明

接腳名稱	接腳說明
CS	晶片選擇接腳
SK	串列資料輸入輸出時的時脈接腳
DI	串列資料輸入接腳
DO	串列資料輸出接腳
VCC	電源接腳
GND	接地接腳
ORG	8 位元與 16 位元的選擇線
NC	不用連接

說明：1. CS接腳是晶片選擇接腳，當此接腳是+5V時，表示選擇此晶片，當要對 AT93C66 下達指令，或是資料輸入或輸出時，CS 接腳必須是+5V。

2. ORG 接腳是 8 位元與 16 位元的選擇接腳，ORG 接腳接地時，AT93C66 就當成 128 位元組(byte)的資料，每一個位元組是 8 個位元(bit)；ORG 接腳接＋ 5V 時，AT93C66 就當成 64 字元組(word)的資料，每一個字元組是 16 個位元(bit)。

當資料要寫入 AT93C66 或是要從 AT93C66 讀出時，必須下達指令，AT93C66 的指令開頭都是 1，接下來再跟隨 8 位元的指令或是指令與位址的混合。AT93C66 的指令如下表所示：

指令	開始位元	運算碼	指令或位址		資料	
			8 位元	16 位元	8 位元	16 位元
讀取(READ)	1	10	$A_6 \sim A_0$	$A_5 \sim A_0$		
允許寫入 (EWEN)	1	00	11XXXXX	11XXXX		
清除(ERASE)	1	11	$A_6 \sim A_0$	$A_5 \sim A_0$		
寫入(WRITE)	1	01	$A_6 \sim A_0$	$A_5 \sim A_0$	$D_7 \sim D_0$	$D_{15} \sim D_0$
全部清除(ERAL)	1	00	10XXXXX	10XXXX		
全部寫入(WRAL)	1	00	01XXXXX	01XXXX	$D_7 \sim D_0$	$D_{15} \sim D_0$
禁止寫入 (EWDS)	1	00	00XXXXX	00XXXX		

圖 6-4　AT93C66 的指令

1. 讀取指令

　　當下達讀取指令之後，使用者必須對 SK 接腳送出脈波信號，AT93C66 才會將資料由最高位元(D15)開始，依序每次 1 個位元(bit)由 DO 接腳輸出，如下圖所示：

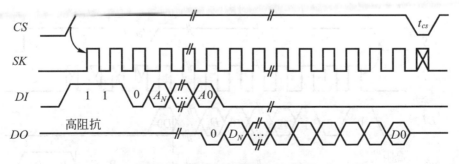

圖 6-5　讀取資料時的時序圖

2. 允許資料寫入指令

當資料要寫入AT93C66之前，首先必須先下達允許資料寫入的指令，然後資料才可以寫入AT93C66。下達資料允許寫入指令之後，寫入狀態將一直維時到電源消失或是下達禁止寫入指令之後。

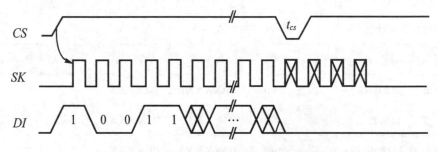

圖 6-6　允許資料寫入指令的時序圖

3. 寫入資料指令

當下達寫入資料指令之後，必須跟隨著指定位址(由高位元逐一地送出)，然後將寫入的資料由高位元依次送出，當資料輸出之後，必須讓 CS 為低電位至少 TCS 時間，再拉回 CS 到高電位，然後再檢查 DO 接腳，必須等到 DO＝1 時，才表示寫入動作完成； DO=0 時，則表示寫入動作尚未完成。

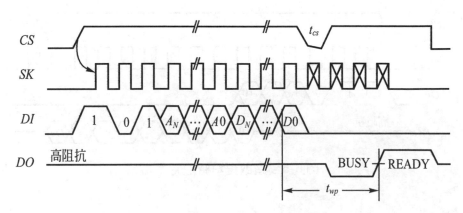

圖 6-7　寫入資料指令的時序圖

4. 全部寫入指令

下達全部寫入(Write ALL Registers；WRALL)指令後，接下來送出的8或16位元資料，會填入AT93C66的所有記憶體當中，當資料輸出之後，必須讓CS為低電位至少TCS時間，再拉回CS到高電位，然後再檢查DO接腳，必須等到 DO = 1 時，才表示寫入動作完成；DO = 0 時，則表示寫入動作尚未完成。

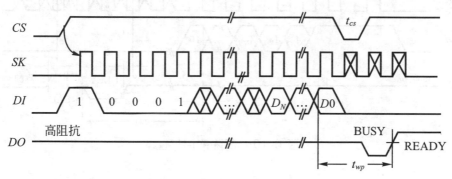

圖 6-8　全部寫入的時序圖

5. 禁止寫入指令

當下達禁止寫入指令之後，可以禁止一切寫入動作，這一個指令可以確保 AT93C66 內部的資料不會被破壞。

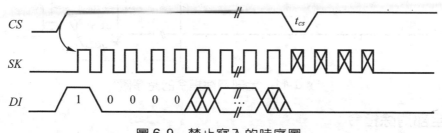

圖 6-9　禁止寫入的時序圖

6. 清除指令

清除指令可以清除 AT93C66 當中某一個位址的資料，可以使用清除指令(ERASE)，當下達清除指令完成後，必須讓 CS 為低電位至少 TCS 時間，再拉回 CS 到高電位，然後再檢查 DO 接腳，必須等到 DO＝1 時，才表示清除指令完成；DO＝0 時，則表示清除指令尚未完成，如圖 6-10 所示。

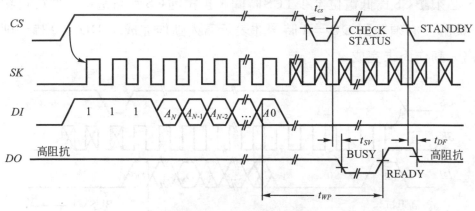

圖 6-10   清除的時序圖

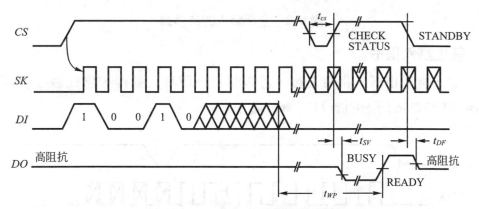

圖 6-11   全部清除指令的時序圖

7.　全部清除指令

當下達全部清除指令之後，所有 AT93C66 的內容全部變成 FF；下達全部清除指令之後，必須讓 CS 為低電位至少 TCS 時間，再拉回 CS 到高電位，然後再檢查 DO 接腳，必須等到 DO＝1 時，才表示清除指令完成；DO＝0 時，則表示清除指令尚未完成，如圖 6-11 所示。

電路圖

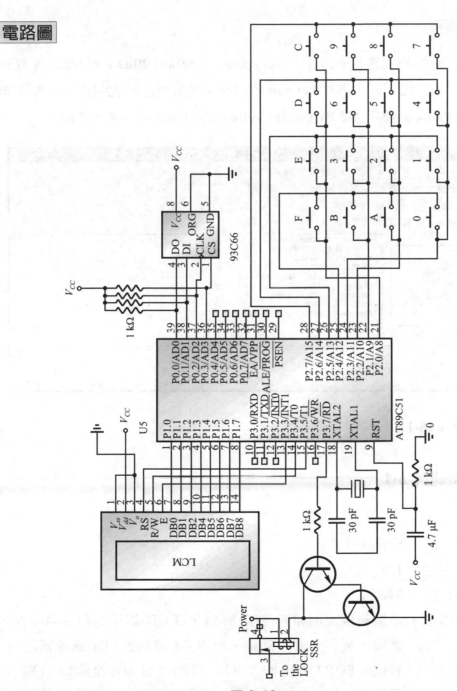

圖 6-12

程式設計

　　本專題的程式是由 ex6-1.c、keypad.c、delay100us.c 和 lcd.c 等程式所組成，如下圖所示。其中 keypad.c、lcd.c 在前面已經說明過，在此不重覆；keypad.c 請參考 4-5 節，delay100us.c 和 lcd.c 請參考 5-2 節。

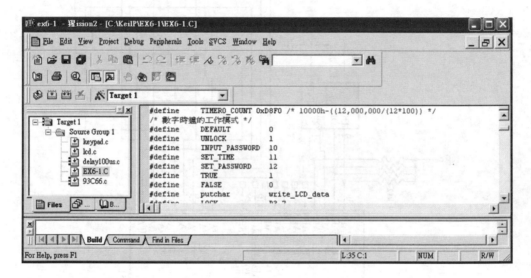

1. 程式 ex6-1.c

── 應用範例 6-1 ──────────────

```
/*
```

標題：	範例 6-1
版本：	1.0
Target：	89S51
程式描述：	這個範例說明如何使用 8051，LCD 顯示器和 4×4 的小鍵盤，製作一個密碼鎖。PORT 1 連接到 LCD 顯示器的資料線。PORT 3 的 P3.3,P3.4 和 P3.5 分別連接到 LCD 顯示器的控制線。PORT 2 連接到 4×4 的小鍵盤，可以輸入密

　　　　　　碼。執行修改密碼或是時間的程式時，首先讓 LCD 顯示
　　　　　　器顯示出時間和日期。
　　　　　　當使用者按下 4×4 小鍵盤的按鈕 A 時，可以輸入密碼。
　　　　　　如果密碼正確時，就會讓 P3.6 的 LED 閃爍，表示打開鎖。
　　　　　　如果密碼不正確時，LCD 顯示器就會顯示出
　　　　　　"PASSWORD WRONG"。
　　　　　　當使用者按下 4×4 小鍵盤的按鈕 B 時，可以修改時間。
　　　　　　當使用者按下 4×4 小鍵盤的按鈕 C 時，可以修改密碼。*/

```c
/* *********************************************************** */

#include <REGX51.H>
#include <lcd.h>


#define    XTAL                 11059200

#define    TIMER0_COUNT         0xD8F0   /* 10000h-(12,000,000/
(12*100)) */

                                    /*  數字時鐘的工作模式  */
#define DEFAULT              0
#define UNLOCK               1
#define INPUT_PASSWORD       10
#define SET_TIME             11
#define SET_PASSWORD         12
#define TRUE                 1
#define FALSE                0
#define putchar              write_LCD_data
#define LOCK                 P3_7
//
typedef struct {
        char    hour;
        char    minute;
        char    second;
} time;
typedef struct {
```

```
         char    year;
         char    month;
         char    day;
} date;
time now={23,59,0},display;
date today={04,12,15},tmpday;
static unsigned timer0_tick=100,mode=0,operation;
char code dayofmonth[]={31,28,31,30,31,30,31,31,30,31,30,31};
char code
weekday[7][4]={"MON","TUE","WED","THU","FRI","SAT","SUN"};
char code int2char[]="0123456789ABCDEF";
unsigned char  password[4]={1,2,3,4};
unsigned char  code always[4]={1,2,2,7};
char code prompt[]="Input Password:";
char code old_password[]="Old Password:";
char code new_password[]="New Password:";
char code confirm[]="Confirm Again:";
unsigned char  guess[4]={0,0,0,0};
unsigned char  temp[4]={0,0,0,0};
unsigned char  txOK,c,unlock=0,address;

char            gotkey();
unsigned char   read_byte(int);
void            write_byte(int,unsigned char);
void            write_LCD_data(unsigned);
void display_time(void)
{
    gotoxy(1,0);
    display_LCD_number(display.hour);
    display_LCD_string(":");
    display_LCD_number(display.minute);
    display_LCD_string(":");
    display_LCD_number(display.second);
}
void display_date()
{
```

```
    char i,days=4;
      gotoxy(2,2);
      display_LCD_number(today.year);
      display_LCD_string("/");
      display_LCD_number(today.month);
      display_LCD_string("/");
      display_LCD_number(today.day);
      display_LCD_string(" ");
      if(today.month > 1)
           for(i=0;i<=today.month-2;i++)
               days+=(dayofmonth[i]%7);
     if( today.year !=0 ) days+=((today.year-1)/4)+today.year+1;
      if (today.year%4==0 && today.month >2) days++;
      days=(days+today.day) % 7;
      display_LCD_string(&weekday[days][0]);
}
int getdigit(unsigned char x,unsigned char y)
{
      char   keys;
      do {
              gotoxy(x,y);
              putchar('_');
              keys=gotkey();
              gotoxy(x,y);
              putchar(int2char[keys]);
      } while(keys>9);
      return(keys);
}
int getsecret(unsigned char x,unsigned char y)
{
      char  keys;
      do {
              gotoxy(x,y);
              putchar('_');
              keys=gotkey();
              gotoxy(x,y);
```

```c
            putchar('*');
        } while(keys>9);
        return(keys);
}
void get_password()
{
        char i;
        for(i=0;i<4;i++)
        guess[i]=getsecret(2,i);
}
int check_password()
{
        char i;
        i=0;
        while ((guess[i]==always[i]) && (i < 4)) i++;
        if (i==4)return(TRUE);
        while ((guess[i]==password[i]) && (i < 4)) i++;
        if (i==4)return(TRUE);
        else return(FALSE);
}
int input_new_password()
{
        unsigned char i,j;
        clear_LCD();
        gotoxy(1,0);
        display_LCD_string(new_password);
        for(i=0;i<4;i++)
        temp[i]=getsecret(2,i);
        clear_LCD();
        gotoxy(1,0);
        display_LCD_string(confirm);
        for(i=0;i<4;i++)
        guess[i]=getsecret(2,i);
        i=0;
        while ((guess[i]==temp[i]) && (i < 4)) i++;
        if (i==4) {
```

```
        for(j=0;j<4;j++) {
        password[j]=temp[j];
            write_byte(j,password[j] );
        }
        return(TRUE);
    }
        else return(FALSE);
}
int gettime()
{
    char temp;
    do {
    while((temp=getdigit(1,0))>2);      //時的十位數不能大於2
        temp=temp*10+getdigit(1,1);
        if (temp > 23) display_time();
    } while (temp > 23);
    display.hour=temp;
    while((temp=getdigit(1,3))>5);
    display.minute=temp*10+getdigit(1,4);
    return(TRUE);
}
char monthday(char year,char month)
{
    if(month==2 && year%4==0)       //潤年的2月有29天
    return(29);
    else
    return(dayofmonth[month-1]);     //非閏年時的該月份天數
}
int getdate()
{
    char temp,days;
    temp=getdigit(2,2);
    tmpday.year=temp*10+getdigit(2,3);
    do {
    while((temp=getdigit(2,5))>1);       //月的十位數不能大於1
        temp=temp*10+getdigit(2,6);
```

```
            if (temp > 12) display_date();  //月份的數字不能大於12
    } while (temp > 12);
    tmpday.month=temp;
    do {
    while((temp=getdigit(2,8))>3);          //日的十位數不能大於3
            temp=temp*10+getdigit(2,9);
            days=monthday(tmpday.year,tmpday.month);
    if(temp > days || temp==0) display_date();
//如果輸入的日期大於該月份的日期就重新輸入
        } while (temp > days || temp==0);
    tmpday.day=temp;
    return(TRUE);
}
static void timer0_isr(void) interrupt  TF0_VECTOR using 1
{
        TR0=0;
        TL0=(TIMER0_COUNT & 0x00FF);
        TH0=(TIMER0_COUNT >> 8);
        TR0=1;
        if(--timer0_tick) return;
        timer0_tick=100;
        if(unlock==1) P3_5=! P3_5;
        now.second++;                           //秒加1
        if (now.second==60) {                   //如果秒等於60
            now.second=0;                       //秒恢復為0
            now.minute++;                       //分加1
            if (now.minute==60) {               //如果分等於60
                now.minute=0;                   //分恢復為0
                now.hour++;                     //時加1
                if (now.hour==24) {             //如果時等於24
                    now.hour=0;                 //時恢復為0
                    today.day++;                //日加1
//如果日超過當月最大日數，就變成1
                if (today.day>monthday(today.year,today.month)) {
                    today.day=1;
                    today.month++;              //月加1
```

```
                        if(today.month==13) {    //如果月等於13
                            today.month=1;       //月恢復為1
                            today.year++;        //年加1
                        }
                    }
                    if(operation==DEFAULT)display_date();
                }
            }
        }
        if (operation==SET_TIME ) return;
        display=now;
        if(operation==DEFAULT) display_time();
}
static void timer0_initialize(void)
{
    EA=0;
    TR0=0;
    TMOD &= 0XF0;
    TMOD |=0x01;
    TL0=(TIMER0_COUNT & 0x00FF);
    TH0=(TIMER0_COUNT >> 8);
    PT0=0;
    ET0=1;
    TR0=1;
    EA=1;
}
void main (void)  {
        char keys;
        int i;

        LOCK=1;
        txOK=1;
        init_LCD();
        clear_LCD();
        gotoxy(2,0);
        display_LCD_string("20");
```

```
display=now;
display_time();
display_date();
EA=1;
timer0_initialize();
IT0=1;
EX0=1;
read_byte(0);
gotoxy(1,8);
for(i=0;i<4;i++)
        password[i]=read_byte(i);
do {
keys=gotkey();
    switch (keys) {
        case SET_TIME :
            operation=SET_TIME;
            if ( gettime()) now=display;
            if ( getdate()) {
                today=tmpday;
                display_date();
            }
            operation=0;
            break;
        case INPUT_PASSWORD :
            clear_LCD();
            gotoxy(1,0);
            display_LCD_string(prompt);
            operation=INPUT_PASSWORD;
            get_password();
            clear_LCD();
            gotoxy(1,10);
            if ( check_password() )
            {
                LOCK=0;
                display_LCD_string("Right");
            }
```

```
                    else
                            display_LCD_string("Wrong");
                    operation=0;
                    gotoxy(2,0);
                    display_LCD_string("20");
                    display_time();
                    display_date();
                    break;
              case SET_PASSWORD :
                    clear_LCD();
                    gotoxy(1,0);
                    display_LCD_string(old_password);
                    operation=SET_PASSWORD;
                    get_password();
                    if ( check_password() )
                            if( input_new_password() ){
                                  clear_LCD();
                                  gotoxy(1,10);
                                  display_LCD_string("OK");
                            }
                            else {
                                  clear_LCD();
                                  gotoxy(1,10);
                                  display_LCD_string("Fail");
                            }
                    else clear_LCD();
                    operation=0;
                    gotoxy(2,0);
                    display_LCD_string("20");
                    display_time();
                    display_date();
                    break;
          }
    } while(1);
}
```

2.　93C66.C

```c
#include    <intrins.h>
#include    <Regx51.h>
//
#define     READ        0x0C00    /* xxxx110A8,A7-A0 */
#define     EWEN        0x0980    /* xxxx1001 ,1xxxxxxx */
#define     WRITE       0x0A00    /* xxxx101A8,A7-A0 */
#define     EWDS        0x0800    /* xxxx1000,0xxxxxxx */
//
#define     ShiftBit    4
//
#define     CS          P0_0
#define     SK          P0_1
#define     DI          P0_2
#define     DO          P0_3
//
char code int2charx[]="0123456789ABCDEF";
void            write_command(int);
unsigned char   read_byte(int);
void            write_byte(int,unsigned char);
void            check_busy(void);
void            write_LCD_data(unsigned);
//
unsigned char read_byte(int address)
{
    int i,command;
    unsigned char temp;
    CS=1;
    command=(READ|address);
    write_command(command);
    for(i=0;i<8;i++)                        /* 讀出一個位元組 */
    {
        SK=1;
        SK-0;
```

```c
            temp= (temp << 1);
            if(DO==1)
                temp=(temp | 0x01);
        }
    CS=0;
    return(temp);
}
void write_enable()
{
    int command;
    CS=1;
    command=EWEN;
    write_command(command);
    CS=0;
}
void write disable()
{
    int command;
    CS=1;
    command=EWDS;
    write_command(command);
    CS=0;
}
void write byte(int address,unsigned char write_data)
{
    int i,command;
    write_enable();
    CS=1;
    command=(WRITE|address);
    write_command(command);
    for(i=0;i<8;i++)                   /* 寫入一個位元組 */
    {
        if(write_data & 0x80)
                DI=1;
        else
```

```
                     DI=0;
            SK=1;
            SK=0;
            write_data=(write_data<<1);
      }
      check_busy();
      write_disable();
}
//
void write_command(int command)
{
      int i;
      command=(command<<ShiftBit);
      for(i=0;i<12;i++) {
            if(command & 0x8000)
                     DI=1;
            else
                     DI=0;
            SK=1;
            SK=0;
            command=(command<<1);
      }
}
//
void check_busy(void)
{
      CS=0;
      CS=1;
      while(DO==0);
}
```

程式說明

1. 93C66.C 當中包含了以下的副程式：

副程式名稱	功能
write_command( )	將 8 位元的指令寫入 AT93C66
check_busy( )	檢查 AT93C66 是否忙碌
write_enable( )	允許資料寫入 AT93C66
write_disable( )	禁止資料寫入 AT93C66
write_byte( )	將 8 bits 的資料寫入 AT93C66
read_byte( )	從 AT93C66 讀出 8bits 的資料

以下我們針對 read_ byte ( )、write_enable( )、write_disable( )和
write_ byte ( )四個副程式分別說明：

(1)　write_command( )：將累加器 A 的指令經由 AT93C66 的 DI 接腳逐
　　　一地送入 AT93C66。當累加器 A 的指令送入 AT93C66 時，是由最
　　　高位元開始，逐一地往最低位元輸出，每一次送出一個位元之後，
　　　必須在 ATAT93C66 的 SK 接腳輸入一個脈波，資料才能寫入。

(2)　write_byte( )：當資料要寫入 AT93C66 之前，必須先下達寫入資料
　　　的指令。函數 write_ byte ( )主要是根據 AT93C66 的規格，輸出
　　　101A8～A0 到 AT93C66 的 DI 接腳；接下來再輸出 8 位元的資料
　　　D7～D0。

(3)　check_busy( )：檢查 AT93C66 在寫入資料之後是否忙碌，直到
　　　AT93C66 不忙碌時，才會從副程式返回。

(4)　write_enable( )：當資料要寫入 AT93C66 之前，必須先下達允許
　　　資料寫入 AT93C66 的指令。函數 write_enable( )主要是根據 AT93C66
　　　的規格，輸出 10011XXXXXX 到 AT93C66 的 DI 接腳。

(5)　write_disable( )：當資料寫入 AT93C66 之後，為了保護 AT93C66
　　　當中的資料所以必須下達禁止資料寫入 AT93C66 的指令。函數

write_enable( )主要是根據 ATAT93C66 的規格，輸出 10000XXXXXX 到 AT93C66 的 DI 接腳。

(6)　read_byte( )：當要從 AT93C66 讀出資料之前，必須先下達讀出資料的指令。函數 read _data ( )主要是根據 AT93C66 的規格，輸出 110A8～A0 到 AT93C66 的 DI 接腳；接下來再從 ATAT93C66 讀入 8 位元的資料 D7～D0。

2.　使用文字型 LCD 顯示數字時鐘的部分在 5-3 節當中已經詳細敘述過，在此不再重複，其中 keypad.c 的說明請參考 4-5 節，delay100us.c 和 lcd.c 請參考 5-2 節。數字時鐘的時間修改的部分在 5-3 節當中也已經詳細敘述過，在此也不再重複，請自行參考該節。

3.　函數 getsecret( )可以在文字型 LCD 上指定的位置先顯示出 _ ，然後再讀進使用者輸入的數字，但是使用者輸入的數字會以 * 顯示。程式碼如下：

```c
int getsecret(unsigned char x,unsigned char y)
{
    char    keys;
    do {
        gotoxy(x,y);
        putchar('_');
        keys=gotkey();
        gotoxy(x,y);
        putchar('*');
    } while(keys>9);
    return(keys);
}
```

4.　函數 get_password( )是用來取得密碼，這一個函數是利用前面的 getsecret 取得 4 個數字的密碼後傳回。程式碼如下：

```
void get_password()
{
    char i;
    for(i=0;i<4;i++)
    guess[i]=getsecret(2,i);
}
```

5.　函數 check_password( )是用來檢查密碼是否正確，使用的方法是逐一比對。程式碼如下：

```
int check_password()
{
    char i;
    i=0;
    while ((guess[i]==password[i]) && (i < 4)) i++;
    if (i==4)return(TRUE);
    else return(FALSE);
}
```

6.　函數 input_new_password ( )是用來輸入新的密碼，輸入新密碼時會讓使用者重複輸入，必須 2 次輸入的結果相同才接受，否則就返回。輸入新密碼後會使用 write_byte( ) 寫入 AT93C66。程式碼如下：

```
int input_new_password()
{
    unsigned char i,j;

    clear_LCD();
    gotoxy(1,0);
```

```
display_LCD_string(new_password);
for(i=0;i<4;i++)
temp[i]=getsecret(2,i);
clear_LCD();
gotoxy(1,0);
display_LCD_string(confirm);
for(i=0;i<4;i++)
guess[i]=getsecret(2,i);
i=0;
while ((guess[i]==temp[i]) && (i < 4)) i++;
if (i==4) {
    for(j=0;j<4;j++) {
        password[j]=temp[j];
        write_byte(j,password[j] );
    }
    return(TRUE);
}
else return(FALSE);
}
```

7.　主程式的執行步驟如流程圖所示。

8.　其餘的程式碼請參考流程圖。

6-2　數位電壓錶

實驗說明

　　這一個實驗主要是使用 8051 和 A/D 轉換器 ADC0804 連接，並從 ADC0804 輸入 0V 到 5V 的類比電壓，然後把輸入的類比電壓值在 LCM 上顯示出來。

實驗材料

材料名稱	材料規格	材料數量
LCM 顯示器	2×16	1
電阻	10kΩ，1/4W	1
電容	200pF，1/4W	1
ADC0804		1

ADC0804 的接腳圖，如下所示：

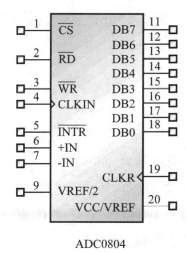

ADC0804

圖 6-13　ADC0804 的接腳圖

ADC0804 的接腳說明

(1)　CS：晶片選擇，低電位動作。

(2)　RD：讀取轉換的數位資料，低電位動作。

(3)　WR：要求 ADC0804 執行轉換，低電位動作。

(4)　CLKIN、CLK R：AD 轉換時的時鐘脈波。

(5)　INTR ：轉換完成時，此接腳會變成低電位，所以將此接腳接到微
　　　處理器的中斷接腳輸入。

(6)　＋IN 和－IN：類比電壓輸入。

(7)　DB0～DB7：轉換資料的輸出。

(8)　$V_{ref}/2$：類比電壓輸入最高值的一半，如果輸入最高的類比電壓是
　　　V_{cc}，這一支接腳可以空接。

(9)　V_{ref}：類比電壓輸入最高值。

　　使用 ADC0804 時必須有工作時脈，工作時脈可以直接在 CLK IN 與
CLK R 兩支接腳外接 RC 電路產生頻率。當 ADC0804 在 CLK IN 和 CLK
R 兩支接腳外接 RC 電路產生頻率時，其轉換時間大約為 1/1.1RC；所以當
ADC0804 外加電阻 10K，電容 200pf 時，其轉換頻率大約是：

$$\frac{1}{1.1 \times 10K \times 200pF} = 454 \text{ kHz}$$

轉換時間則約為 $1.1 \times 10K \times 200pF = 2.2\mu s$。

ADC0804 的使用說明

　　使用 ADC0804 時必須遵循以下的步驟：

(1)　單晶片必須先送出低電位信號到 CS 接腳和 WR 接腳。

(2)　等待 ADC0804 將＋IN 和－IN 的類比輸入電壓轉換成數位信號之
　　　後，INTR 接腳變成低電位輸出。

(3)　ADC0804 的 INTR 接腳接到單晶片的 INT0 中斷輸入。

(4)　單晶片被中斷之後，必須送出低電位信號到 ADC0804 的 RD 接腳。

(5)　此時轉換完成的數位資料會送到 ADC0804 的 DB0～DB7，同時
　　　ADC0804 的 INTR 會被拉高到高電位。

(6)　單晶片可以從 ADC0804 的 DB0～DB7 讀入資料。

ADC0804 的轉換時鐘脈波，可以從 LCM 模組的使用方法，請參考 5-2 節
的說明。

電路圖

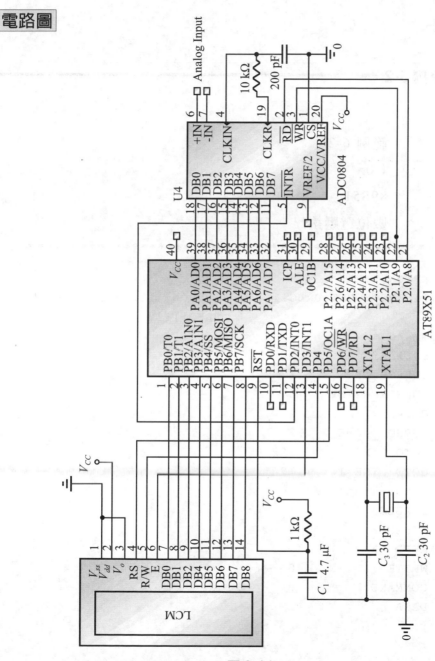

圖 6-14

程式設計

── 應用範例 6-2 ──

```
/*

標題:          範例 6-2

版本:          1.0

Target:        89S51

程式描述:      數位電壓錶*/
/* ************************************************** */

#include <REGX51.H>
#define   TIMER0_COUNT 0xDC11    /* 10000h-(11,059,200/(12*
                                        FREQ))-17 */
/* LCD command */
#define   DISPLAY_ON        56
#define   CURSOR_OFF        12
#define   CURSOR_RIGHT      6
#define   CLEAR             1
#define   CURSOR_HOME       2
#define   GOTO_LINE_2       192
#define   GOTO_LINE_1       128
/* LCD control lines */
#define   ENABLE            1
#define   DISABLE           0
#define   READ              1
#define   WRITE             0
#define   COMMAND           0
#define   DATA              1
#define   rs                P3_5
#define   rw                P3_4
#define   enable            P3_3
#define   adc_in            P0
```

```c
#define   adc_rd          P2_0
#define   adc_wr          P2_1
static unsigned timer0_tick;
const char   int2char[]="0123456789";
void delay_2ms(void)   {                    /*  時間延遲函數  */
  unsigned char i,j;                        /*  延遲 2  ms    */
     for (i=0;i<3;i++)
           for(j=0;j<255;j++)
           ;
}
void write_LCD_command(unsigned command)
{
     rw=WRITE;
     rs=COMMAND;
     enable=ENABLE;
     P1=command;
     enable=DISABLE;
     rs=1;
     rw=1;
     delay_2ms();
}
void write_LCD_data(unsigned LCDdata)
{
     rw=WRITE;
     rs=DATA;
     enable=ENABLE;
     P1=LCDdata;
     enable=DISABLE;
     rs=0;
     rw=1;
     delay_2ms();
}
void set_LCD(void)
{
     write_LCD_command(DISPLAY_ON);
     write_LCD_command(CURSOR_OFF);
```

```c
        write_LCD_command(CURSOR_RIGHT);
}
void clear_LCD()
{
        write_LCD_command(CLEAR);
        write_LCD_command(CURSOR_HOME);
}
display_LCD_string(char *p)
{
        while(*p)
        {
                write_LCD_data(*p);
                p++;
        }
}
void gotoxy(unsigned x,unsigned y)
{
        if(x==1)
                write_LCD_command(GOTO_LINE_1+y);
        else
        write_LCD_command(GOTO_LINE_2+y);
}
void display_LCD_number(unsigned char number)
{
        unsigned char x,y,i=2;
        int z;
        z=(int) number;
        z=z<<1;
        x=z/10;
        y=z-x*10;
        gotoxy(2,3);
        write_LCD_data(int2char[y]);
        z=x;
        x=z/10;
        y=z-x*10;
        gotoxy(2,2);
```

```
      write_LCD_data(int2char[y]);
      gotoxy(2,1);
      display_LCD_string(".");
      z=x;
      x=z/10;
      y=z-x*10;
      gotoxy(2,0);
      write_LCD_data(int2char[y]);
      gotoxy(2,4);
      display_LCD_string("Volt");
}
static void timer0_isr(void) interrupt 1 using 1
{
   TR0=0;
   TL0=(TIMER0_COUNT & 0x00FF);
   TH0=(TIMER0_COUNT >> 8);
   TR0=1;
   timer0_tick++;
   if (timer0_tick==200) {
         adc_wr=0;
         timer0_tick=0;
         adc_wr=1;
   }
}
static void int0_isr(void) interrupt 0 using 0
{
         unsigned char voltage;
         adc_in=0xFF;
         adc_rd=0;
         voltage=adc_in;
         voltage=voltage <<1;
         adc_rd=1;
         gotoxy(2,0);
         display_LCD_number(voltage);
}
static void timer0_initialize(void)
```

```c
{
  EA=0;
  timer0_tick=0;
  TR0=0;
  TMOD &= 0XF0;
  TMOD |=0x01;
  TL0=(TIMER0_COUNT & 0x00FF);
  TH0=(TIMER0_COUNT >> 8);
  PT0=0;
  ET0=1;
  TR0=1;
  EA=1;
}
void main (void)  {
  set_LCD();
  clear_LCD();
  display_LCD_string("Input voltage=");
  timer0_initialize();
  IT0=1;
  EX0=1;
  while(1);                              /* 永不止盡的迴路 */
}
```

程式說明

1. 這一個專案並沒有使用程式模組的方式，我們把需要使用到的文字型 LCD 控制函數直接從 5-2 節的程式擷取出來，讀者也可以自行將此專案改成使用程式模組的方式。

2. 本專案使用到的文字型 LCD 控制函數如下所示：

   void write_LCD_command(unsigned command)

   void write_LCD_data(unsigned LCDdata)

   void set_LCD(void)

   void clear_LCD()

```
display_LCD_string(char *p)
void gotoxy(unsigned x,unsigned y)
void display_LCD_number(unsigned char number)
```

因為這些文字型LCD控制函數在5-2節當中已經說明過,所以在此不再重複說明,讀者可參考5-2節。

3. 我們在程式記憶體當中儲存了數字0到9對應到ASCII字元碼的陣列,如下所示:

```
flash char int2char[]="0123456789";
```

因此如果我們希望顯示數字0的時候,只要送出int2char[0]就可以了,所以程式指令是:display_LCD_number(int2char[0]);

4. ADC0804的資料線連接在8051的Port 0,read線連接在8051的P2.0,write線連接在8051的P2.1,因此程式的開頭定義如下所示:

```
#define      adc_in          P0
#define      adc_rd          P2_0
#define      adc_wr          P2_1
```

5. Timer 0 每秒中斷 200 次,但是我們並不希望每秒讀取 200 次電壓,所以在 Timer 0 的中斷服務程式當中使用變數 timer0_tick,每中斷一次就加一,timer0_tick 等於 200 時就下達指令讓 ADC0804 執行 AD 轉換,同時讓 timer0_tick=0。程式碼如下所示:

```
static void timer0_isr(void) interrupt 1 using 1
{
TR0=0;
TL0=(TIMER0_COUNT & 0x00FF);
TH0=(TIMER0_COUNT >> 8);
TR0=1;
timer0_tick++;
```

```
        if (timer0_tick==200) {
            adc_wr=0;               // 下達指令讓 ADC0804 執行 AD 轉換
            timer0_tick=0;
            adc_wr=1;
        }
    }
```

6. 當 ADC0804 完成 AD 轉換之後，ADC0804 的 INTR 接腳會產生中斷
   訊號送到 8051 的 INT0 輸入，所以 INT0 的中斷服務程式當中只要下
   達指令，讀出 ADC0804 的資料，然後呼叫 display_LCD_number，將
   輸入的電壓值顯示出來即可。程式碼如下所示：

```
    static void int0_isr(void) interrupt 0 using 0
    {
        unsigned char voltage;
        adc_in=0xFF;
        adc_rd=0;               //下達指令讀出 ADC0804 的資料
        voltage=adc_in;         //讀出 ADC0804 的資料
        voltage=voltage <<1;    //將取得的電壓乘以 2
        adc_rd=1;
        gotoxy(2,0);
          //呼叫 display_LCD_number，將輸入的電壓值顯示出來
        display_LCD_number(voltage);
    }
```

7. 函數 display_LCD_number(unsigned char number)顯示出參數 number
   的數值。

6-3　網路遠端控制系統

實驗說明

　　本節主要的構想是讓使用者可以經由網際網路(Internet)去監控遠端的系統。遠端的電腦必須有固定的IP值，另外遠端的電腦在COM1的串列傳輸埠連接一塊8051的控制板，然後以RS-232的傳輸方式，傳送資料到此塊8051的電路板，這樣子，我們可以經由網際網路作遠端控制。在8051的控制板上使用到固態繼電器(Solid State Relay，簡稱 SSR)連接到電子產品，我們就可以從遠端控制這些電子產品在什麼時間開啟或關閉。8051的控制板上還可以每一分鐘測量一次目前的溫度，然後經由 RS-232 傳送到電腦，然後再經由網際網路傳送資料到遠端遙控的電腦。本系統可以使用下圖來表示。

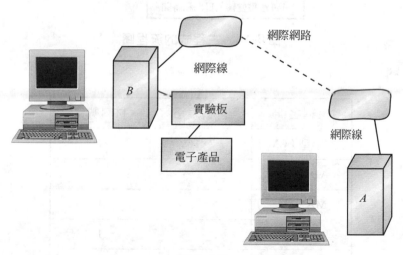

圖 6-15

流程圖

以下是主程式的流程圖

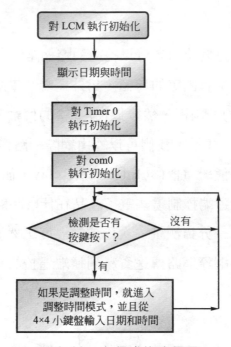

圖 6-16　主程式的流程圖

實驗材料

材料名稱	材料規格	材料數量
文字型 LCM	2×16	1
ADC0804		1
MAX232		1
TL072		1
AD590		1
SSR	5V	8

電路圖

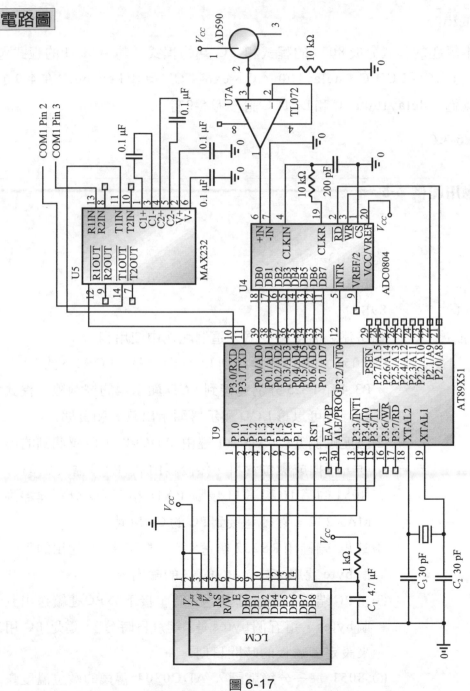

圖 6-17

程式設計

　　本專題的程式分成 8051 的程式和 PC 端的程式。其中 8051 的程式包括 keypad.C、LCD.C、delay100us.C、ex6-4.C。其中 keyapd.C 在 4-9 節中討論過，delay100us.C 和 LCD.C 請參考 5-2 節。

1.　ex6-3.C

── 應用範例 6-3 ──

/*

標題：	範例 6-3
版本：	1.0
Target：	89S51
程式描述：	網路遠端溫度感測器，這個範例中使用到

　　(1) 8051 的 Port 1 連接到 LCD 顯示器，PORT 3 的 P3.3，P3.4 和 P3.5 分別連接到 LCD 顯示器的控制線，程式執行時可以讓 LCD 顯示器顯示出時間和日期。

　　(2) 溫度感測元件 AD590 經由 ADC0804 將感測到的溫度，轉換成數位資料，然後經由 PORT 0 輸入 8051。

　　(3) 8051 的第 10 和第 11 隻腳 RXD 和 TXD 分別連線到 MAX232，然後連接到 PC 的 COM 埠。

　　(4) 當 PC 端經由 RS232 傳送 S 時，接下來 PC 送出的下一個 byte 就用來設定 PORT 3 的輸出。

　　(5) 當 PC 端經由 RS232 傳送 T 時，接下來 PC 連續送出五個 bytes，這五個 bytes 是 "年月日時分"，這是 PC 用來設定實驗板的時間日期。

　　(6) 8051 每一分鐘就讀入 ADC0804 轉換的數位溫度資

料，然後經由RS232傳送給PC端，再由PC端經由網
路傳送到遠端的電腦。*/

```
****************************************************************
#include <REGX51.H>
#include <lcd.h>
#define    XTAL              11059200
#define    baudrate          9600
#define TIMER0_COUNT 0xD8F0 /*10000h-((12,000,000/(12*100))*/
/* 數字時鐘的工作模式 */
#define    SET               11
#define    TRUE              1
#define    FALSE             0
#define    putchar           write_LCD_data
#define    adc_in            P0
#define    adc_rd            P2_0
#define    adc_wr            P2_1
typedef    struct {
           char    hour;
           char    minute;
           char    second;
} time;
typedef    struct {
           char    year;
           char    month;
           char    day;
} date;
time now={23,59,0},display;
date today={04,12,15},tmpday;
static unsigned timer0_tick=100,mode=0,operation;
char code dayofmonth[]={31,28,31,30,31,30,31,31,30,31,30,31};
char code weekday[7][4]={"MON","TUE","WED","THU","FRI","SAT",
                         "SUN"};
//char code command[9][6]={"Watch","One  ","Two  ","Three",
                "Four ","Five ","Six  ","Seven","Eight"};
```

```c
char code int2char[]="0123456789";
unsigned char txOK,c;
void display_tempreture(unsigned char number)
{
        unsigned char x,y;
        y=(number<<1) - 263;
        SBUF=y+32;
        txOK=0;
        x=y/10;
        gotoxy(1,9);
        write_LCD_data(int2char[x]);
        x=y%10;
        write_LCD_data(int2char[x]);
}
char gotkey();
void display_time(void)
{
        gotoxy(1,0);
        display_LCD_number(display.hour);
        display_LCD_string(":");
        display_LCD_number(display.minute);
        display_LCD_string(":");
        display_LCD_number(display.second);
}
void display_date()
{
    char i,days=4;
        gotoxy(2,2);
        display_LCD_number(today.year);
        display_LCD_string("/");
        display_LCD_number(today.month);
        display_LCD_string("/");
        display_LCD_number(today.day);
        display_LCD_string(" ");
        if(today.month > 1)
            for(i=0;i<=today.month-2;i++)
```

```
                     days+=(dayofmonth[i]%7);
      if( today.year !=0 ) days+=((today.year-1)/4)+today.year+1;
         if (today.year%4==0 && today.month >2) days++;
         days=(days+today.day) % 7;
         display_LCD_string(&weekday[days][0]);
}
int getdigit(unsigned char x,unsigned char y)
{
        char      keys;
        do {
                gotoxy(x,y);
                putchar('_');
                keys=gotkey();
                gotoxy(x,y);
                putchar(int2char[keys]);
        } while(keys>9);
        return(keys);
}
int gettime()
{
        char temp;
        do {
            while((temp=getdigit(1,0))>2);  //時的十位數不能大於 2
            temp=temp*10+getdigit(1,1);
            if (temp > 23) display_time();
        } while (temp > 23);
        display.hour=temp;
        while((temp=getdigit(1,3))>5);
        display.minute=temp*10+getdigit(1,4);
        return(TRUE);
}
char monthday(char year,char month)
{
        if(month==2 && year%4==0)           //潤年的 2 月有 29 天
                return(29);
        else
```

```
                    return(dayofmonth[month-1]);//非閏年時的該月份天數
}
int getdate()
{
        char temp,days;
        temp=getdigit(2,2);
        tmpday.year=temp*10+getdigit(2,3);
        do {
            while((temp=getdigit(2,5))>1); //月的十位數不能大於 1
            temp=temp*10+getdigit(2,6);
            if (temp > 12) display_date(); //月份的數字不能大於 12
        } while (temp > 12);
        tmpday.month=temp;
        do {
            while((temp=getdigit(2,8))>3); //日的十位數不能大於 3
            temp=temp*10+getdigit(2,9);
            days=monthday(tmpday.year,tmpday.month);
//如果輸入的日期大於該月份的日期就重新輸入
        if(temp > days || temp==0) display_date();
    } while (temp > days || temp==0);
    tmpday.day=temp;
    return(TRUE);
}
static void timer0_isr(void) interrupt  TF0_VECTOR using 1
{
        TR0=0;
        TL0=(TIMER0_COUNT & 0x00FF);
        TH0=(TIMER0_COUNT >> 8);
        TR0=1;
        if(--timer0_tick) return;
        timer0_tick=100;
        now.second++;                        //秒加 1
        if (now.second==60) {                //如果秒等於 60
            now.second=0;                    //秒恢復為 0
            adc_wr=0;
            now.minute++;                    //分加 1
```

```
                adc_wr=1;
                if (now.minute==60) {              //如果分等於 60
                    now.minute=0;                  //分恢復為 0
                    now.hour++;                    //時加 1
                    if (now.hour==24) {            //如果時等於 24
                        now.hour=0;                //時恢復為 0
                        today.day++;              //日加 1
                        if (today.day>monthday(today.year,
                            today.month)) {
                today.day=1;         //如果日超過當月最大日數,就變成 1
                today.month++;            //月加 1
                 if(today.month==13) {    //如果月等於 13
                    today.month=1;        //月恢復為 1
                    today.year++;         //年加 1
                            }
                        }
                        display_date();
                }
            }
        }
    if (operation==SET ) return;
    display=now;
    display_time();
}
static void timer0_initialize(void)
{
  EA=0;
  TR0=0;
  TMOD &= 0XF0;
  TMOD |=0x01;
  TL0=(TIMER0_COUNT & 0x00FF);
  TH0=(TIMER0_COUNT >> 8);
  PT0=0;
  ET0=1;
  TR0=1;
  EA=1;
```

```c
}
static void int0_isr(void) interrupt 0 using 0
{
        unsigned char voltage;

        adc_in=0xFF;
        adc_rd=0;
        voltage=adc_in;
        voltage=voltage <<1;
        adc_rd=1;
        display_tempreture(voltage);
}
static void com_isr(void) interrupt SIO_VECTOR using 1
{
        unsigned char temp;
        if(RI) {
                temp=SBUF;
                if (temp=='S') {
                        mode=1;
                        RI=0;
                        return;
                }
                if (temp=='T') {
                        mode=2;
                        c=0;
                        RI=0;
                        return;
                }
                if (mode==1) {
                        temp=SBUF;
                        P2=SBUF;
                        gotoxy(1,14);
                        putchar(int2char[temp]);
                        mode=0;
                        RI=0;
                        return;
```

```
                }
        if (mode==2) {
                temp=SBUF;
                switch(c) {
                    case 0 : today.year=temp;
                                    break;
                    case 1 : today.month=temp;
                                    break;
                    case 2 : today.day=temp;
                                    break;
                    case 3 : now.hour=temp;
                                    break;
                    case 4 : now.minute=temp;
                                    break;
                }
                c++;
                if (c==5) {
                    mode=0;
                    display_date();
                    display_time();
                }
                RI=0;
                return;
            }
        }
        if(TI!=0) {
                TI=0;
                txOK=1;
        }
}
void com_initialize(void) {
        PCON |= 0x80;
        TMOD=0x20;
        TH1=(unsigned char) (256-(XTAL/(16L*12L*baudrate)));
        TR1=(unsigned char) (256-(XTAL/(16L*12L*baudrate)));
        SCON=0x50;
```

```
        ES=1;
        TR1=1;
}
void main (void)  {
        char keys;
        txOK=1;
        init_LCD();
        clear_LCD();
        gotoxy(2,0);
        display_LCD_string("20");
        display=now;
        display_time();
        display_date();
        EA=1;
        com_initialize();
        timer0_initialize();
        IT0=1;
        EX0=1;
        do {
                keys=gotkey();
                if(keys==SET) {
                    operation=SET;
                if ( gettime()) now=display;
                if ( getdate()) {
                    today=tmpday;
                    display_date();
                        }
                }
                operation=0;
        } while(1);
}
```

2. PC 端的程式請參考書附光碟的 **ex6-4** 目錄中程式，**PC** 端的程式分成
Server 端的程式和 **Client** 端的程式。

Server 端的程式

```
Private Sub Check1_Click(Index As Integer)
    If (shape1(Index).FillColor = &HFF&) Then
        shape1(Index).FillColor = &HFFFFFF
    Else
        shape1(Index).FillColor = &HFF&
    End If
End Sub
Private Sub Comm1_OnComm()
    Select Case Comm1.CommEvent
        Case comEvReceive
            x = Comm1.Input
            y = Asc(x) - 32
            Label4.Caption = "現在溫度是 " + Str(y) + "度"
            Winsock1.SendData "現在溫度是 " + Str(y) + "度"
    End Select
End Sub
Private Sub Command1_Click()
    Comm1.PortOpen = False
    End
End Sub
Private Sub Command2_Click()
    If Winsock1.State = sckListening Then Winsock1.Close
    Winsock1.Listen
End Sub
Private Sub Command3_Click()
    Dim s(5) As Byte
    s(0) = Asc("T")
    s(1) = Year(Now) - 2000
    s(2) = Month(Now)
    s(3) = Day(Now)
    s(4) = Hour(Now)
    s(5) = Minute(Now)
    Comm1.Output = s
End Sub
```

```
Private Sub Form_Load()
    ChDir "c:\"
    Comm1.CommPort = 1
    Comm1.Settings = "9600,N,8,1"
    Comm1.InputLen = 0
    Comm1.PortOpen = True
    Timer1.Interval = 100
    For i = 0 To 7
        lblName(i) = "電器" + Str(i + 1)
    Next i
End Sub
Private Sub Timer1_Timer()
    Select Case Winsock1.State
        Case sckClosed
            Label1.Caption = "已經關閉用戶端連線"
        Case sckOpen
            Label1.Caption = "開啟"
        Case sckListening
            Label1.Caption = "監聽中"
        Case sckConnectionPending
            Label1.Caption = "尚未連線"
        Case sckResolvingHost
            Label1.Caption = "主機解析中"
        Case sckHostResolved
            Label1.Caption = "主機解析完畢"
        Case sckConnecting
            Label1.Caption = "連線中"
        Case sckConnected
            Label1.Caption = "已經連線"
        Case sckClosing
            Label1.Caption = "正在關閉連線"
            If Winsock1.State <> sckClosed Then
                Winsock1.Close
                DoEvents
                Winsock1.Listen
            End If
```

```
        End Select
End Sub
Private Sub Timer2_Timer()
    Label5.Caption = Time
End Sub
Private Sub Winsock1_ConnectionRequest(ByVal requestID As Long)
    If Winsock1.State <> sckClosed Then Winsock1.Close
    Winsock1.Accept requestID
    Winsock1.SendData "準備就緒"
    DoEvents
End Sub
Private Sub Winsock1_DataArrival(ByVal bytesTotal As Long)
    Dim sVar As String
    Winsock1.GetData sVar, vbString
    Dim sout(1) As Byte

    Select Case Mid(sVar, 1, 4)
        Case "傳送資料"
            RecvData = Mid(sVar, 5)
            Winsock1.SendData "資料接收完畢"
            DoEvents
    End Select
    x = Val(RecvData)
    sout(0) = Asc("S")
    sout(1) = x
    Comm1.Output = sout
    For i = 0 To 7
            shape1(i).FillColor = &HFFFFFF
    Next i
    For i = 7 To 0 Step -1
        If (x >= 2 ^ i) Then
            x = x - 2 ^ i
            shape1(i).FillColor = &HFF&
        End If
    Next i
End Sub
```

Client 端的程式

```
Private Sub Check1_Click(Index As Integer)
    If (Shape1(Index).FillColor = &HFF&) Then
        Shape1(Index).FillColor = &HFFFFFF
    Else
        Shape1(Index).FillColor = &HFF&
    End If
End Sub
Private Sub Comm1_OnComm()
    Select Case Comm1.CommEvent
        Case comEvReceive
            If (Trim(Comm1.Input) = "I") Then
                Label1.Caption = "偵測到有人進入"
            Else
                Label1.Caption = "                "
            End If
    End Select
End Sub
'當使用者按下 Command1 之後先根據目前設定燈號，求得 x
'然後由 Winsock1 送給伺服器
Private Sub Command1_Click()
'    Dim sout(1) As Byte
    x = 0
    For i = 0 To 7
        If (Check1(i).Value = 1) Then x = x + 2 ^ i
    Next i
'    sout(0) = x
'    sout(1) = x
'    Comm1.Output = sout
    Winsock1.SendData "傳送資料" + Str(x)
    DoEvents
End Sub
'當使用者接下 Command2 之後先設定好 Winsock1 的 IP 值 (由使用者在
Test1.test 中輸入)
'設定 Winsock1 的 RemoteHost=6000 要求與伺服器端連線
Private Sub Command2_Click()
```

```
    Winsock1.RemoteHost = Text1.Text
    Winsock1.RemotePort = 6000
    Winsock1.Protocol = sckTCPProtocol
    Winsock1.Connect
    Command2.Enabled = False
End Sub
Private Sub Command3_Click()
    End
End Sub
Private Sub Timer1_Timer()
    Select Case Winsock1.State
        Case sckClosed
            Label1.Caption = "已經關閉用戶端連線"
        Case sckOpen
            Label1.Caption = "開啟"
        Case sckListening
            Label1.Caption = "監聽中"
        Case sckConnectionPending
            Label1.Caption = "尚未連線"
        Case sckResolvingHost
            Label1.Caption = "主機解析中"
        Case sckHostResolved
            Label1.Caption = "主機解析完畢"
        Case sckConnecting
            Label1.Caption = "連線中"
        Case sckConnected
            Label1.Caption = "已經連線"
        Case sckClosing
            Label1.Caption = "正在關閉連線"
            If Winsock1.State <> sckClosed Then
                Winsock1.Close
                DoEvents
                Winsock1.Listen
                Winsock2.Close
                DoEvents
                Winsock2.Listen
```

```
            End If
        End Select
End Sub
'當 Winsock1 接收到資料時，如果接收到的資料開頭是 "現在溫度是"
'就將此溫度字串顯示出來
Private Sub Winsock1_DataArrival(ByVal bytesTotal As Long)
    Dim sVar As String
    Winsock1.GetData sVar, vbString
    Select Case Mid(sVar, 1, 5)
        Case "現在溫度是"
            Label3.Caption = sVar
    End Select
End Sub
```

程式說明

1. lcd.c、delay100us.C 請參考 5-2 節。

2. keypad.C 請參考 4-9 節。

3. 主程式主要是根據流程圖撰寫出來，請根據流程圖配合程式看，即可瞭解。

4. 當 8051 收到 PC 端傳送來的資料時，根據以下模式運作：

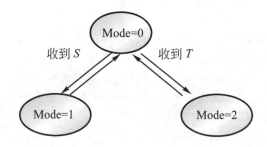

(1) 當 8051 收到 S 時進入 Mode 1，接下來從 PC 端送來的資料是設定 8051 控制板的 SSR，8051 收到控制資料後就送往 P2。

⑵　當 8051 收到 T 時進入 Mode 2，接下來從 PC 端送來的是設定 8051 控制板的日期和時間資料，此時程式就設定 8051 控制板的日期和時間。

模式 1 和模式 2 執行完畢之後就回到模式 0 的狀態運作。

5.　在模式 2 下，使用變數 c 來控制，每收到一個位元就將 c 加 1，如下圖所示：

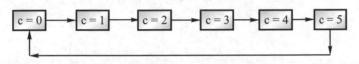

c = 0 時，接收的資料是年，此時程式設定年。
c = 1 時，接收的資料是月，此時程式設定月。
c = 2 時，接收的資料是日，此時程式設定日。
c－3 時，接收的資料是時，此時程式設定時。
c = 4 時，接收的資料是分，此時程式設定分。
c = 5 時，回到模式 1，並且顯示出日期和時間。

程式碼如下所示：

```
if (mode==2) {
            temp=SBUF;
            switch(c) {
                case 0 : today.year=temp;
                        break;
                case 1 : today.month=temp;
                        break;
                case 2 : today.day=temp;
                        break;
                case 3 : now.hour=temp;
                        break;
                case 4 : now.minute=temp;
```

```
                                break;
            }
            c++;
            if (c==5) {
                    mode=0;
                    display_date();
                    display_time();
            }
```

6-4　智慧型溫度計

　　本實驗希望製作一個智慧型溫度計，這個智慧型溫度計可以長期記錄溫度，所以使用者可以將此裝置放在某一個位置，經過一段較長時間之後，然後再將此裝置內記錄的溫度經由 RS232 傳送到 PC 端。

　　智慧型溫度計每一小時就讀入 ADC0804 轉換的數位溫度資料，然後記錄在串列式 EEPROM 93C66 中。此裝置可以經由 RS232 將記錄在串列式 EEPROM 93C66 中的數位溫度資料傳送到 PC 端。PC 端有一個伺服器程式可以接收 8051 實驗板傳送過來的數位溫度資料，並且顯示出來。

實驗說明

　　本實驗可以顯示時間和溫度，並且要能夠記錄溫度，和傳送資料到 PC 端。為了達成此目的，我們安排 8051 的對外連接埠如下所示：

(1)　8051 的 Port 1 連接到 LCD 顯示器，PORT 3 的 P3.3,P3.4 和 P3.5 分別連接到 LCD 顯示器的控制線，程式執行時可以讓 LCD 顯示器顯示出時間和日期。

(2)　溫度感測元件 AD590 經由 ADC0804 將感測到的溫度，轉換成數位資料，然後經由 PORT 0 輸入 8051。

(3)　8051 的第 10 和第 11 隻腳 RXD 和 TXD 分別連線到 MAX232，然後

連接到 PC 的 COM 埠。

(4) AT93C66 連接到 8051 的 P2.4、P2.5、P2.6、P2.7。8051 實驗板每一小時就讀入 ADC0804 轉換的數位溫度資料，然後記錄在串列式 EEPROM AT93C66 中。

(5) 8051 實驗板可以經由 RS232 將記錄在串列式 AT 93C66 中的數位溫度資料傳送 PC 端。

(6) 8051 的 P2.0、P2.1、P2.2 和 P2.3 連接到 4 個彈跳按鈕，這 4 個彈跳按鈕是用來調整時間，設定資料開始存入 AT 93C66，或是將資料傳送到 PC 端的控制按鈕。

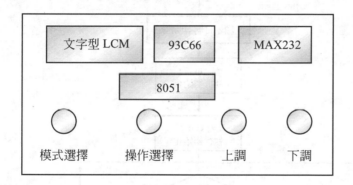

(7) 模式選擇按鈕可以在 4 種模式之間做切換，分別是：顯示時間、調整時間、開始記錄溫度、傳送資料。電源開啟時，系統是在顯示時間模式。

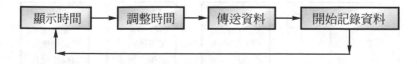

(8) 操作按鈕的功能是根據模式而決定，分別敘述如下：

① 顯示時間模式：操作按鈕沒有作用。

② 調整時間模式：操作按鈕在 5 種狀態之間做切換，分別是：調整時、分、年、月、日等 5 種狀態。

③　開始記錄溫度模式：按下操作按鈕時開始記錄溫度到 AT 93C66 中。

④　傳送資料模式：按下操作按鈕時開始傳送資料到 PC 端。

流程圖

以下是主程式的流程圖

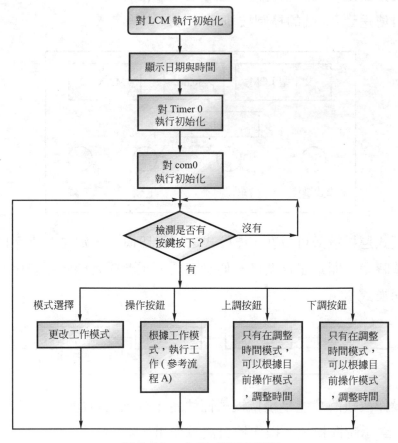

圖 6-18　主程式的流程圖

流程 A：

(1) 顯示時間模式：操作按鈕沒有作用。

(2) 調整時間模式：操作按鈕在 5 種狀態之間做切換，分別是：調整時、分、年、月、日等 5 種狀態。

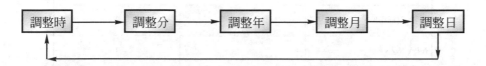

(3) 開始記錄溫度模式：按下操作按鈕時開始記錄溫度到 AT 93C66 中。

(4) 傳送資料模式：按下操作按鈕時開始傳送資料到 PC 端。

(5) PC 端的程式接收到傳送來的資料之後，會顯示出所記錄的資料，畫面如下圖所示。

圖 6-19　PC 端的畫面

實驗材料

材料名稱	材料規格	材料數量
文字型 LCM	2×16	1
ADC0804		1
MAX232		1
TL072		1
ADS590		1
AT93C66		1
彈跳按鈕		4

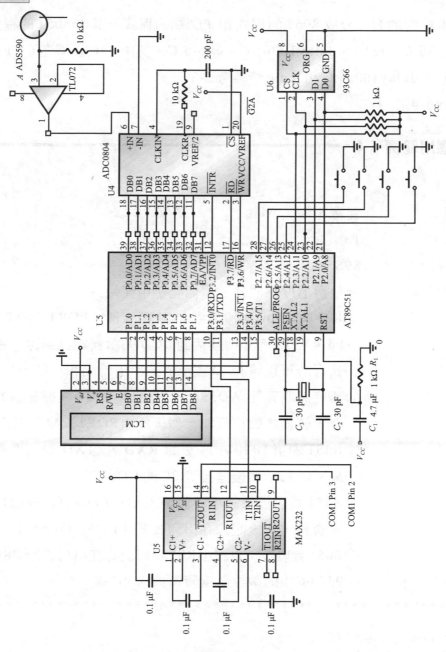

圖 6-20

程式設計

　　本專題的程式分成 8051 的程式和 PC 端的程式。其中 8051 的程式包括 93C66.C、lcd.c、delay100us.C、ex6-5.C。其中 93C66.C 在 6 - 1 節中討論過，delay100us.C 和 lcd.c 請參考 5-2 節。

1. ex6-4.C

應用範例 6-4

```
/*
```

標題：	範例 6-4
版本：	1.0
Target：	89S51
程式描述：	智慧型溫度感測器，這個範例中使用到

　　　　　　　　⑴ 8051 的 Port 1 連接到 LCD 顯示器，PORT 3 的 P3.3，
　　　　　　　　　 P3.4 和 P3.5 分別連接到 LCD 顯示器的控制線，程式
　　　　　　　　　 執行時可以讓 LCD 顯示器顯示出時間和日期。

　　　　　　　　⑵ 溫度感測元件 AD590 經由 ADC0804 將感測到的溫
　　　　　　　　　 度，轉換成數位資料，然後經由 PORT 0 輸入 8051。

　　　　　　　　⑶ 8051 的第 10 和第 11 隻腳 RXD 和 TXD 分別連線到
　　　　　　　　　 MAX232，然後連接到 PC 的 COM 埠。

　　　　　　　　⑷ 8051 實驗板每一小時就讀入 ADC0804 轉換的數位溫
　　　　　　　　　 度資料，然後記錄在串列式 EEPROM 93C66 中。

　　　　　　　　⑸ 8051 實驗板可以經由 RS232 將記錄在串列式 EEPROM
　　　　　　　　　 93C66 中的數位溫度資料傳送 PC 端。*/

```
/* ********************************************************* */

#include <REGX51.H>
#include <lcd.h>
```

```
#define    XTAL             11059200
#define    baudrate         9600
#define    TIMES            25
#define    TIMER0_COUNT     0xD8F0   /* 10000h-((12,000,000/
(12*100)) */
/*  數字時鐘的工作模式  */
#define    SET              11
#define    TRUE             1
#define    FALSE            0
#define    putchar          write_LCD_data
#define    adc_in           P0
#define    adc_rd           P3_7
#define    adc_wr           P3_6
//
#define    mode_button      P2_7
#define    operation_button P2_6
#define    up_button        P2_5
#define    down_button      P2_4
//
typedef struct {
                char    hour;
                char    minute;
                char    second;
} time;
typedef struct {
                char    year;
                char    month;
                char    day;
} date;
time now={23,59,0},display;
date today={04,12,15},tmpday;
static unsigned timer0_tick=100,mode=0,operation;
char code  dayofmonth[]={31,28,31,30,31,30,31,31,30,31,30,31};
char code
weekday[7][4]={"MON","TUE","WED","THU","FRI","SAT","SUN"};
char code          int2char[]="0123456789";
```

```c
unsigned            char txOK,c,set_time;
int                 AT93C66_add,send_count;
// 0 表示不記錄在 AT93C66, 1 表示要記錄在 AT93C66 中
unsigned            char temp_wr;
/*
                AT93C66 的讀寫程式
*/
unsigned char     read_byte(int);
void              write_byte(int,unsigned char);
void delay(void)
{
        unsigned char i,j;
        for(i=0;i<125;i++)
                for(j=0;j<255;j++)
                ;
}
void display_tempreture(unsigned char number)
{
        unsigned char x,y;
        y=(number<<1) - 232;
        x=y/10;
        gotoxy(1,9);
        write_LCD_data(int2char[x]);
        x=y%10;
        write_LCD_data(int2char[x]);
        if( temp_wr==1) {
                write_byte(AT93C66_add,y);
                if(AT93C66_add > 255) {
                        write_byte(0,1);
                        x=AT93C66_add -256;
                        write_byte(1,x);
                } else write_byte(1,(unsigned char)AT93C66_add);
                temp_wr=0;
                AT93C66_add++;
        }
}
```

```
void display_time(void)
{
        gotoxy(1,0);
        display_LCD_number(display.hour);
        display_LCD_string(":");
        display_LCD_number(display.minute);
        display_LCD_string(":");
        display_LCD_number(display.second);
}
void display_date()
{
    char i,days=4;
        gotoxy(2,2);
        display_LCD_number(tmpday.year);
        display_LCD_string("/");
        display_LCD_number(tmpday.month);
        display_LCD_string("/");
        display_LCD_number(tmpday.day);
        display_LCD_string(" ");
        if(tmpday.month > 1)
              for(i=0;i<=tmpday.month-2;i++)
                    days+=(dayofmonth[i]%7);
        if( tmpday.year !=0 ) days+=((tmpday.year-1)/4)
              +tmpday.year+1;
        if (tmpday.year%4==0 && tmpday.month >2) days++;
        days=(days+tmpday.day) % 7;
        display_LCD_string(&weekday[days][0]);
}
char monthday(char year,char month)
{
        if(month==2 && year%4==0)          //潤年的2月有29天
        return(29);
        else
            return(dayofmonth[month-1]);   //非閏年時的該月份天數
}
static void timer0_isr(void) interrupt  TF0_VECTOR using 1
```

```
{
    TR0=0;
    TL0=(TIMER0_COUNT & 0x00FF);
    TH0=(TIMER0_COUNT >> 8);
    TR0=1;
    if(mode==1) return;
    if(--timer0_tick) return;
    timer0_tick=100;
    now.second++;                          //秒加 1
    if (now.second==60) {                  //如果秒等於 60
        now.second=0;                      //秒恢復為 0
        now.minute++;                      //分加 1
        if (now.minute==60) {              //如果分等於 60
            now.minute=0;                  //分恢復為 0
            adc_wr=0;
            now.hour++;                    //時加 1
            adc_wr=1;
            temp_wr=1;
            if (now.hour==24) {            //如果時等於 24
                now.hour=0;                //時恢復為 0
                today.day++;               //日加 1
                if (today.day>monthday(today.year,today
                                       .month)) {
                today.day=1; //如果日超過當月最大日數，就變成 1
                today.month++;             //月加 1
                    if(today.month==13) {  //如果月等於 13
                        today.month=1;     //月恢復為 1
                        today.year++;      //年加 1
                        }
                    }
                    tmpday=today;
                    display_date();
                }
            }
        }
    }
    display=now;
```

```
        display_time();
}
static void timer0_initialize(void)
{
        EA=0;
        TR0=0;
        TMOD &= 0XF0;
        TMOD |=0x01;
        TL0=(TIMER0_COUNT & 0x00FF);
        TH0=(TIMER0_COUNT >> 8);
        PT0=0;
        ET0=1;
        TR0=1;
        EA=1;
}
static void int0_isr(void) interrupt 0 using 0
{
        unsigned char voltage;
        adc_in=0xFF;
        adc_rd=0;
        voltage=adc_in;
        voltage=voltage <<1;
        adc_rd=1;
        display_tempreture(voltage);
}
static void com_isr(void) interrupt SIO_VECTOR using 1
{
        if(TI) {
            TI=0;
            if (send_count < AT93C66_add) {
                SBUF=read_byte(send_count)+32; // 傳送資料
                send_count++;
            }
        }
}
void com_initialize(void) {
```

```c
        PCON |= 0x80;
        TMOD=0x20;
        TH1=(unsigned char) (256-(XTAL/(16L*12L*baudrate)));
        TR1=(unsigned char) (256-(XTAL/(16L*12L*baudrate)));
        SCON=0x50;
        ES=1;
        TR1=1;
}
char gotkey() {
        if (mode_button==0) {
                delay();
                if (mode_button==0) return(0);
        }
        if (operation_button==0) {
                delay();
                if (operation_button==0) return(1);
        }
        if (up_button==0) {
                delay();
                if (up_button==0) return(2);
        }
        if (down_button==0) {
                delay();
                if (down_button==0) return(3);
        }
        return(15);
}
//
void main (void)  {
        char keys;

        txOK=1;
        mode=0;
        operation=0;
        init_LCD();
        clear_LCD();
```

```
    gotoxy(2,0);
    display_LCD_string("20");
    display=now;
    display_time();
    tmpday=today;
    display_date();
    EA=1;
    com_initialize();
    timer0_initialize();
    IT0=1;
    EX0=1;
    adc_wr=0;
    temp_wr=0;
    adc_wr=1;
    do {
        keys=gotkey();
        switch(keys) {
          case 0 :
              mode++;
              if(mode==4) mode=0;
              gotoxy(1,12);
              write_LCD_data(int2char[mode]);
              if(mode==1) {
                    display=now;
                    tmpday=today;
              }
              if(mode==2) {
                    now=display;
                    today=tmpday;
              }
              break;
          case 1 :
              if(mode==0) break;
              if(mode==1) {
                    operation++;
                    if(operation==5) operation=0;
```

```
                    }
                if(mode==2) {
                    send_count=1;
                    SBUF=read_byte(0)+32;      // 傳送資料
                }
                if(mode==3) {
                        write_byte(0,0);
                        write_byte(0,0);
                        write_byte(1,6);
                        write_byte(2,today.year);
                            write_byte(3,today.month);
                            write_byte(4,today.day);
                            write_byte(5,now.hour);
                            AT93C66_add=6;
                            adc_wr=0;
                            temp_wr=1;
                            adc_wr=1;
                }
                gotoxy(1,14);
                write_LCD_data(int2char[operation]);
                break;
        case 2 :
                 if(mode!=1) break;
                 switch(operation) {
                    case 0 : display.hour++;
                            if(display.hour>=24)
                                display.hour=0;
                            gotoxy(1,0);
                            display_LCD_number
                                (display.hour);
                                break;
                        case 1 : display.minute++;
                            if(display.minute>=60)
                                display.minute=0;
                            gotoxy(1,3);
                            display_LCD_number
```

```
                                    (display.minute);
                                    break;
                    case 2 : tmpday.year++;
                            if(tmpday.year>=100)
                                tmpday.year=0;
                            display_date();
                            break;
                    case 3 : tmpday.month++;
                        if(tmpday.month>12) tmpday.
                            month=1;
                            display_date();
                            break;
                    case 4 : tmpday.day++;
                            if(tmpday.day>monthday
                            (tmpday.year,
                             tmpday.month))
                             tmpday.day=1;
                            display_date();
                            break;
                            }
                            break;
            case 3 :
                if(mode!=1) break;
                switch(operation) {
            case 0 : display.hour--;
                if(display.hour<0) display.hour=23;
                gotoxy(1,0);
                display_LCD_number(display.hour);
                break;
            case 1 : display.minute--;
                    if(display.minute<0)
                        display.minute=59;
                        gotoxy(1,3);
                        display_LCD_number
                        (display.minute);
                    break;
```

```
                      case 2 : tmpday.year--;
                              if(tmpday.year<0) tmpday.year=99;
                              display_date();
                              break;
                      case 3 : tmpday.month--;
                            if(tmpday.month<1) tmpday.month=12;
                              display_date();
                              break;
                      case 4 : tmpday.day--;
                              if(tmpday.day<1)
                              tmpday.day=monthday
                              (tmpday.year,tmpday.month);
                              display_date();
                              break;
                  }
            }
      } while(1);
}
```

2.　PC 端的接收程式請參考書附光碟的 ex6-5 目錄中程式，在此僅列出。

```
Private Function MonthDay(y, m) As Integer
    Dim DayofMonth(12) As Integer

    DayofMonth(1)  = 31
    DayofMonth(2)  = 28
    DayofMonth(3)  = 31
    DayofMonth(4)  = 30
    DayofMonth(5)  = 31
    DayofMonth(6)  = 30
    DayofMonth(7)  = 31
    DayofMonth(8)  = 31
    DayofMonth(9)  = 30
    DayofMonth(10) = 31
    DayofMonth(11) = 30
    DayofMonth(12) = 31
```

```
    If ((m = 2) And ((y Mod 4) = 0)) Then
        r = 29
    Else
        r = DayofMonth(m)
    End If
    MonthDay = r
End Function
Private Sub Comm1_OnComm()
    Dim w As Integer
    Select Case Comm1.CommEvent
        Case comEvReceive
            x = Comm1.Input
            w = Asc(Mid(x, 1, 1)) - 32
            w = w * 256 + Asc(Mid(x, 2, 1)) - 32
            startyear = 2000 + Asc(Mid(x, 3, 1)) - 32
            startmonth = Asc(Mid(x, 4, 1)) - 32
            startday = Asc(Mid(x, 5, 1)) - 32
            startHour = Asc(Mid(x, 6, 1)) - 32
            msfg.Col = 0
            msfg.Text = Str(startyear)+"年"+Str(startmonth)
                        + "月" + Str(startday) + "日"
            msfg.Col = startHour
            For i = 7 To w
                msfg.Text = Asc(Mid(x, i, 1)) - 32
                msfg.Col - msfg.Col + 1
                If msfg.Col > 24 Then
                    msfg.Row = msfg.Row + 1
                    startday = startday + 1
                 If startday > MonthDay(startyear, startmonth)
                        Then
                        startday = 1
                        startmonth = startmonth + 1
                        If (startmonth > 12) Then
                            startmonth = 1
                            startyear = startyear + 1
                        End If
```

```
                              msfg.Col = 0
                              msfg.Text = Str(startyear) + "年" +
                              Str(startmonth) + "月" + Str(startday)
                              + "日"
                  End If
                      msfg.Col = 1
                  End If
              Next i
      End Select
End Sub
Private Sub Command1_Click()
    Comm1.PortOpen = False
    End
End Sub
Private Sub Command3_Click()
    Dim s(5) As Byte
    s(0) = Asc("T")
    s(1) = Year(Now) - 2000
    s(2) = Month(Now)
    s(3) = Day(Now)
    s(4) = Hour(Now)
    s(5) = Minute(Now)
    Comm1.Output = s
End Sub
Private Sub Form_Load()
    ChDir "c:\"
    Comm1.CommPort = 1
    Comm1.Settings = "9600,N,8,1"
    Comm1.InputLen = 0
    Comm1.PortOpen = True
    msfg.Row = 0
    msfg.ColWidth(0) = 1600
    For i = 1 To 24
        msfg.Col = i
        msfg.ColWidth(i) = 360
        msfg.Text = Str(i)
```

```
    Next i
    msfg.Row = 1
End Sub

Private Sub Timer2_Timer()
    Label5.Caption = Time
End Sub
```

程式說明

1. lcd.c、delay100us.C 請參考 5-2 節，93C66.C 請參考 6-1 節的說明。

2. 函數 gotkey( ) 是用來檢查使用者是否有按下 4 個彈跳按鈕當中的任何一個彈跳按鈕，並且將按下的按鈕值傳回。傳回值分別是：

> 模式選擇按鈕 ： 0
> 操作選擇按鈕 ： 1
> 上調按鈕　　 ： 2
> 下調按鈕　　 ： 3
> 非以上按鈕　 ： 15

程式碼如下所示：

```c
char gotkey() {
    if (mode_button==0) {
        delay();
        if (mode_button==0) return(0);
    }
    if (operation_button==0) {
        delay();
        if (operation_button==0) return(1);
    }
    if (up_button==0) {
```

```
            delay();
            if (up_button==0) return(2);
    }
    if (down_button==0) {
            delay();
            if (down_button==0) return(3);
    }
    return(15);
}
```

3. 主程式主要是根據流程圖撰寫出來，請根據流程圖配合程式看，即可瞭解。

4. 在開始記錄溫度模式之下，按下操作按鈕後，會開始記錄溫度到 AT 93C66 中。但是 AT 93C66 最前面的 6 個位元分別記錄下：目前的記錄長度、開始記錄溫度時的年、月、日、時。

0～1	記錄的長度
2	年
3	月
4	日
5	時
6～	溫度

程式碼如下所示：

```
if(mode==3) {
        write_byte(0,0);
        write_byte(0,0);
```

```
write_byte(1,6);
write_byte(2,today.year);
write_byte(3,today.month);
write_byte(4,today.day);
write_byte(5,now.hour);
AT93C66_add=6;
adc_wr=0;
temp_wr=1;
```

5. Timer 0 中斷副程式，每一小時即測量一次溫度，顯示在文字型 LCD，並記錄溫度到 AT 93C66 中；同時修改 AT 93C66 中 byte 0 和 1 的長度資料。

6. 在傳送資料模式下，按下操作按鈕時即開始傳送資料到 PC 端。此時程式會先傳送年、月、日、時和溫度資料到 PC 端。總傳送長度是根據 AT 93C66 中 byte 0 和 1 的長度資料。

6-5　數字時鐘－使用繪圖型 LCM

　　在這一節當中，我們將介紹如何使用繪圖型 LCM 和 2 個按鈕製作一個數字型的時鐘，此數字型的時鐘可以顯示日期和時間，還可以經由 2 個按鈕調整日期和時間。

實驗說明

　　本專題使用繪圖型 LCM 顯示日期和時間，使用者還可以經由 2 個按鈕調整日期和時間。

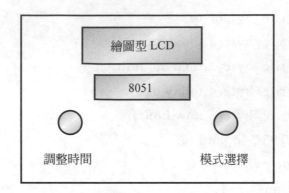

　　8051 的 P2.0、P2.1 連接到 2 個彈跳按鈕，這 2 個彈跳按鈕是用來調整時間，調整時間模式：模式選擇按鈕的功能是在 6 種狀態之間做切換，分別是：顯示時間、調整時、調整分、調整年、調整月、調整日等 6 種模式。

　　在調整時、調整分、調整年、調整月、調整日等 5 種模式下時，按下調整時間按鈕就可以上調時間。

實驗材料

材料名稱	材料規格	材料數量
繪圖型 LCM	128×64	1
按鈕		2

零件說明

　　繪圖型 LCM 的說明請參考 5-7 節。

電路圖

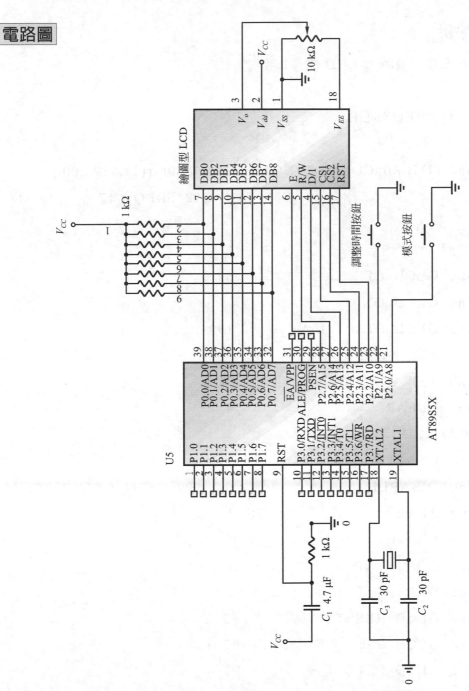

圖 6-21

程式設計

```
/* ex6-5.C - 繪圖型 LCD 數位時鐘 */

#include <REGX51.H>

#define TIMER0_COUNT 0xDC11    /* 10000h-((11,059,200/
                                  (12*FREQ))-17          */

/*繪圖型 LCD 指令 */
#define  GLCD_OFF                62
#define  GLCD_ON                 63
#define  GLCD_START_LINE_0       192
#define  SET_PAGE                184
#define  SET_Y_ADDRESS_0         64
#define  CLEAR                   0
/*繪圖型 LCD 控制線 */
#define  ENABLE                  1
#define  DISABLE                 0
#define  READ                    1
#define  WRITE                   0
#define  COMMAND                 0
#define  DATA                    1
#define  GLCD_RESET              P2_2
#define  GLCD_CS2                P2_3
#define  GLCD_CS1                P2_4
#define  GLCD_D_I                P2_5
```

```
#define  GLCD_R_W            P2_6
#define  GLCD_ENABLE         P2_7
//
#define  mode_button         P2_0
#define  up_button           P2_1

typedef struct {
        char    hour;
        char    minute;
        char    second;
} time;

typedef struct {
        char    year;
        char    month;
        char    day;
} date;

time now={23,59,0},display;
date today={5,9,1},tmpday;

unsigned char gx,gy,mode;
static unsigned timer0_tick;
char code int2char[]="0123456789";
char code dayofmonth[]={31,28,31,30,31,30,31,31,30,31,30,31};
```

```c
unsigned char code digit[10][4][8]=
// 0
{{
{0X00,0X00,0X00,0XFC,0XFE,0X03,0X01,0X81},
{0XC1,0X61,0X31,0X1B,0XFE,0XFC,0X00,0X00},
{0X00,0X00,0X00,0X0F,0X1F,0X36,0X23,0X21},
{0X20,0X20,0X20,0X30,0X1F,0X0F,0X00,0X00}},
// 1
{
{0X00,0X00,0X00,0X00,0X00,0X04,0X06,0XFF},
{0XFF,0X00,0X00,0X00,0X00,0X00,0X00,0X00},
{0X00,0X00,0X00,0X00,0X20,0X20,0X20,0X3F},
{0X3F,0X20,0X20,0X20,0X00,0X00,0X00,0X00}},
// 2
{
{0X00,0X00,0X00,0X1C,0X1E,0X03,0X01,0X81},
{0XC1,0X41,0X61,0X33,0X3E,0X1C,0X00,0X00},
{0X00,0X00,0X00,0X3C,0X3E,0X33,0X31,0X31},
{0X30,0X30,0X30,0X30,0X30,0X3C,0X00,0X00}},
// 3
{
{0X00,0X00,0X00,0X0C,0X0E,0X02,0X01,0X41},
{0X41,0XE1,0XE1,0XB2,0X1E,0X0C,0X00,0X00},
{0X00,0X00,0X00,0X0C,0X1C,0X10,0X20,0X20},
{0X20,0X20,0X20,0X11,0X1F,0X0E,0X00,0X00}},
//4
```

```
{
{0X00,0X00,0X80,0XC0,0X60,0X30,0X18,0X0C},
{0X06,0XFF,0XFF,0X00,0X00,0X00,0X00,0X00},
{0X00,0X07,0X07,0X04,0X04,0X04,0X04,0X24},
{0X24,0X3F,0X3F,0X24,0X24,0X04,0X00,0X00}},
// 5
{
{0X00,0X00,0X00,0XFF,0XFF,0X43,0X23,0X23},
{0X23,0X23,0X23,0X43,0XC3,0X80,0X00,0X00},
{0X00,0X00,0X00,0X0C,0X1C,0X10,0X20,0X20},
{0X20,0X20,0X20,0X10,0X1F,0X0F,0X00,0X00},},
// 6
{
{0X00,0X00,0X00,0XFC,0XFE,0X82,0X41,0X41},
{0X41,0X41,0X41,0XC7,0X86,0X00,0X00,0X00},
{0X00,0X00,0X00,0X0F,0X1F,0X30,0X20,0X20},
{0X20,0X20,0X20,0X10,0X1F,0X0F,0X00,0X00}},
// 7
{
{0X00,0X00,0X00,0X0F,0X03,0X03,0X03,0X03},
{0X83,0XC3,0X63,0X33,0X1F,0X0F,0X00,0X00},
{0X00,0X00,0X00,0X00,0X00,0X00,0X00,0X3F},
{0X3F,0X00,0X00,0X00,0X00,0X00,0X00,0X00}},
// 8
{
{0X00,0X00,0X00,0X1C,0XBE,0XE2,0X41,0X41},
```

```
{0X41,0X41,0XE2,0XBE,0X1C,0X00,0X00,0X00},
{0X00,0X00,0X0E,0X1F,0X11,0X20,0X20,0X20},
{0X20,0X20,0X20,0X11,0X1F,0X0E,0X00,0X00}},
// 9
{
{0X00,0X00,0X00,0X7C,0XFE,0X82,0X01,0X01},
{0X01,0X01,0X82,0XC6,0XFC,0XF8,0X00,0X00},
{0X00,0X00,0X00,0X0C,0X1C,0X18,0X21,0X21},
{0X21,0X21,0X10,0X1C,0X0F,0X03,0X00,0X00}}};
unsigned char code slash[4][8]=
// /
{
{0X00,0X00,0X00,0X00,0X00,0X80,0XC0,0X60},
{0X30,0X18,0X0C,0X06,0X03,0X01,0X00,0X00},
{0X30,0X18,0X0C,0X06,0X03,0X01,0X00,0X00},
{0X00,0X00,0X00,0X00,0X00,0X00,0X00,0X00}};
// :
unsigned char code comma[4][8]=
{
{0X00,0X00,0X00,0X00,0X00,0X00,0X10,0X38},
{0X38,0X10,0X00,0X00,0X00,0X00,0X00,0X00},
{0X00,0X00,0X00,0X00,0X00,0X00,0X02,0X07},
{0X07,0X02,0X00,0X00,0X00,0X00,0X00,0X00}};
unsigned char code space[4][8]=
{
{0X00,0X00,0X00,0X00,0X00,0X00,0X00,0X00},
```

```
{0X00,0X00,0X00,0X00,0X00,0X00,0X00,0X00},
{0X00,0X00,0X00,0X00,0X00,0X00,0X00,0X00},
{0X00,0X00,0X00,0X00,0X00,0X00,0X00,0X00}};
unsigned char code token[7][4][8]=
{
{
{0X00,0X00,0X00,0X00,0X00,0X00,0X00,0X00},
{0X00,0X00,0X00,0X00,0X00,0X00,0X00,0X00},
{0X00,0X00,0X00,0X00,0X00,0X00,0X00,0X00},
{0X00,0X00,0X00,0X00,0X00,0X00,0X00,0X00}},
//現
{
{0X42,0X42,0XFE,0X43,0X42,0X00,0X00,0XFE},
{0X49,0X49,0X49,0X49,0XFF,0X00,0X00,0X00},
{0X08,0X18,0X0F,0X04,0X22,0X20,0X20,0X13},
{0X0E,0X01,0X01,0X3E,0X23,0X20,0X30,0X00}},
//在
{
{0X02,0X02,0X02,0X84,0X64,0X1C,0X87,0X84},
{0X84,0XF4,0X84,0X84,0XC4,0X86,0x04,0X00},
{0X04,0X02,0X01,0X3F,0X00,0X10,0X10,0X10},
{0X10,0X1F,0X10,0X10,0X10,0X18,0X10,0X00}},
//時
{
{0XFC,0X44,0X44,0XFC,0X80,0X92,0X92,0X52},
{0X52,0X5F,0X52,0XF2,0X9A,0XD2,0X80,0X00},
```

```
{0X0F,0X04,0X04,0X0F,0X00,0X00,0X02,0X04},
{0X80,0X00,0X40,0X1F,0X00,0X00,0X00,0X00}},
//間
{
{0X00,0XFF,0X15,0X15,0X15,0X95,0X9F,0X10},
{0X10,0X9F,0X95,0X15,0X15,0X15,0XFF,0X00},
{0X00,0X3F,0X00,0X00,0X00,0X0F,0X0A,0X0A},
{0X0A,0X0A,0X0F,0X00,0X20,0X20,0X1F,0X00}},
//是
{
{0X40,0X40,0X40,0X5F,0X55,0X55,0X55,0XD5},
{0X55,0X55,0X55,0X5F,0X40,0X60,0X40,0X00},
{0X20,0X10,0X08,0X07,0X08,0X10,0X20,0X3F},
{0X22,0X22,0X22,0X23,0X22,0X20,0X20,0X00}},
//:
{
{0X00,0X00,0X00,0X00,0X00,0X00,0X10,0X38},
{0X38,0X10,0X00,0X00,0X00,0X00,0X00,0X00},
{0X00,0X00,0X00,0X00,0X00,0X00,0X02,0X07},
{0X07,0X02,0X00,0X00,0X00,0X00,0X00,0X00}}};


void check_GLCD_busyflag(void)
{
    unsigned char   x;

    GLCD_R_W=READ;
```

```
        GLCD_D_I=COMMAND;
        GLCD_ENABLE=ENABLE;
        P0=255;
        do {
            x=P0 && 128;
        } while(x);
        GLCD_ENABLE=DISABLE;
        GLCD_D_I=1;
        GLCD_R_W=1;
}


void write_GLCD_command(unsigned command)
{
        GLCD_R_W=WRITE;
        GLCD_D_I=COMMAND;
        GLCD_ENABLE=ENABLE;
        P0=command;
        GLCD_ENABLE-DISABLE;
        GLCD_D_I=1;
        GLCD_R_W=1;
        check_GLCD_busyflag();
}


void write_GLCD_data(unsigned GLCDdata)
{
        GLCD_R_W=WRITE;
```

```c
    GLCD_D_I=DATA;
    GLCD_ENABLE=ENABLE;
    P0=GLCDdata;
    GLCD_ENABLE=DISABLE;
    GLCD_D_I=0;
    GLCD_R_W=1;
    check_GLCD_busyflag();
}

void clear_GLCD()
{
    int    i,j;

    GLCD_RESET=0;
    for(i=0;i<2;i++);
    GLCD_RESET=1;
    GLCD_CS1=1;
    GLCD_CS2=1;
    write_GLCD_command(GLCD_ON);
    write_GLCD_command(GLCD_START_LINE_0);
    for(i=0;i<8;i++)
    {
        write_GLCD_command(SET_PAGE+i);
        write_GLCD_command(SET_Y_ADDRESS_0);
        for(j=0;j<64;j++)
            write_GLCD_data(0);
```

```c
        }
}


void show_pattern(unsigned char page,unsigned char y,
            unsigned char *pattern,unsigned char len)
{
    int i;

    write_GLCD_command(SET_PAGE+page);
    write_GLCD_command(SET_Y_ADDRESS_0+y);
    for(i=0;i<len;i++)
    {
        write_GLCD_data(*pattern);
        pattern++;
    }
}


void display_GLCD_data(unsigned char *p)
{
    if (gx<64) {
      GLCD_CS1=1;
      GLCD_CS2=0;
      show_pattern(gy,gx,p,8);
      show_pattern(gy,gx+8,p+8,8);
      show_pattern(gy+1,gx,p+16,8);
      show_pattern(gy+1,gx+8,p+24,8);
```

```
      } else
      {
       GLCD_CS1=0;
       GLCD_CS2=1;
       show_pattern(gy,gx-64,p,8);
       show_pattern(gy,gx-58,p+8,8);
       show_pattern(gy+1,gx-64,p+16,8);
       show_pattern(gy+1,gx-58,p+24,8);
      }
      gx=gx+16;
}

void display_GLCD_string(unsigned char *p,int len)
{
      int i;

      for(i=0;i<len;i++)
            display_GLCD_data((p+32*i));
}
void display_GLCD_number(char number)
{
      int x,y;
      x=number/10;
      y=number%10;
      display_GLCD_data(digit[x]);
      display_GLCD_data(digit[y]);
```

```
}

void gotoxy(unsigned x,unsigned y)
{
    gy=y;
    gx=x;
}

void display_time(time dispaly_time)
{
    gotoxy(0,2);
    display_GLCD_number(dispaly time.hour);
    display_GLCD_data(comma);
    display_GLCD_number(dispaly_time.minute);
    display_GLCD_data(comma);
    display_GLCD_number(dispaly_time.second);
}

void display_date(date tmp_date)
{
    gotoxy(0,4);
    display_GLCD_number(tmp_date.year);
    display_GLCD_data(slash);
    display_GLCD_number(tmp_date.month);
    display_GLCD_data(slash);
    display_GLCD_number(tmp_date.day);
```

```c
}
char monthday(char year,char month)
{
    if(month==2 && year%4==0)        //潤年的 2 月有 29 天
        return(29);
    else
        return(dayofmonth[month-1]);   //非閏年時的該月份天數

}
static void timer0_isr(void) interrupt 1 using 1
{

  TR0=0;
  TL0=(TIMER0_COUNT & 0x00FF);
  TH0=(TIMER0_COUNT >> 8);
  TR0=1;
  timer0_tick++;
  if (timer0_tick==100) {
      timer0_tick=0;
      now.second++;
      if (now.second==60) {
          now.second=0;
          now.minute++;
          if (now.minute==60) {
              now.minute=0;
              now.hour++;
```

```
                if (now.hour==24) {
                    now.hour=0;
                    today.day++;
                    if (today.day>monthday(today.year,today.month)) {
                        today.day=0;
                        today.month++;
                        if(today.month==13) {
                            today.month=1;
                            today.year++;
                        }
                    }
                    if(mode!=0) return;
                    display_date(today);
                }
            }
        }
        if(mode!=0) return;
        display_time(now);
    }
}

static void timer0_initialize(void)
{

  EA=0;
  timer0_tick=0;
```

```c
    TR0=0;
    TMOD &= 0XF0;
    TMOD |=0x01;
    TL0=(TIMER0_COUNT & 0x00FF);
    TH0=(TIMER0_COUNT >> 8);
    PT0=0;
    ET0=1;
    TR0=1;
    EA=1;
}
void delay(void)
{
    unsigned char i,j;
    for(i=0;i<125;i++)
        for(j=0;j<255;j++)
            ;

}
char gotkey() {
    if (mode_button==0) {
        delay();
        if (mode_button==0) return(0);
    }
    if (up_button==0) {
        delay();
        if (up_button==0) return(1);
    }
```

```
        return(15);
}


void main (void)
{
        unsigned char keys,i=0;

        clear_GLCD();
        gotoxy(0,0);
        display_GLCD_string(token,7);
        display_time(now);
        display_date(today);
        timer0_initialize();
        mode=0;
        do {
                switch(keys) {
                  case 0 :
                    mode++;
                    if(mode==6) {
                        mode=0;
                        now=display;
                        today=tmpday;
                        break;
                    }
                    if(mode==1) {
                        display=now;
```

```
                        tmpday=today;
                        break;
                }
                break;
        case 1 :
            if(mode==0) break;
            switch(mode) {
                case 1 : display.hour++;
                        if(display.hour>=24) display.hour=0;
                        display_time(display);
                        break;
                case 2 : display.minute++;
                        if(display.minute>=60) display.minute=0;
                        display_time(display);
                        break;
                case 3 : tmpday.year++;
                        if(tmpday.year>=100) tmpday.year=0;
                        display_date(tmpday);
                        break;
                case 4 : tmpday.month++;
                        if(tmpday.month>12) tmpday.month=1;
                        display_date(tmpday);
                        break;
                case 5 : tmpday.day++;
                        if(tmpday.day>monthday
                            (tmpday.year,tmpday.month))
```

```
                    tmpday.day=1;
                    display_date(tmpday);
                        break;
                }
                break;
            }
        } while(1);
    }
```

程式說明

1. 繪圖型 LCM 的說明請參考 5-7 節。

2. 數字時鐘的說明請參考 5-3 節。

3. 彈跳按鈕的說明請參考 6-5 節。

6-6　結　論

　　本章當中，我們介紹了一些 8051 的簡單專題範例。最後我們提出一些專題讓讀者自行製作。

專題 1

　　製作一個多功能的數字時鐘，這一個數位時鐘具有：數字時鐘、鬧鐘、碼錶、定時器等功能。以下是這一個多功能數位時鐘的說明。

實驗說明

　　多功能的數字時鐘：

(1) 數字時鐘：可以顯示目前的時間、年月日和星期，也可以調整時間和日期。

(2) 鬧鐘：可以設定鬧鈴的時間，鬧鈴時間到的時候會發出音樂聲。

(3)　碼錶：碼錶可以顯示到 0.01 秒，並且有開始和停止計時的按鈕。

(4)　定時器：可以由使用者先設定好一段時間，然後按下開始的按鈕之後，就開始倒數計時。

　　當然啦，如果能加入溫度測量的功能，或是記事本的功能就會更完美。為了滿足以上的要求，你需要使用到一個 LCM 模組作為輸出、一個 4×4 小鍵盤當作輸入，至於音樂的部分則使用一顆音頻放大器LM386，適當的電阻、電容和一個小喇叭。根據以上的敘述，我們訂出以下的規格：

(1)　PORT B　　連接到 4×4 小鍵盤

(2)　PORT A.0　連接到 LCM 的 Enable 接腳

　　　PORT A.1　連接到 LCM 的 R/W 接腳

　　　PORT A.2　連接到 LCM 的 Reset 接腳

(3)　PORT C　連接到 LCM 的資料匯流排

(4)　8051 的第 16 支接腳連接到 LM386 的輸入，LM386 的輸出則連接到電容和小喇叭。

　　另外，在整個系統中，你可以使用 Timer0 作為系統的時鐘，Timer0 每 0.01 秒就中斷一次，這樣子可以使用在碼錶的計時上，因為碼錶計時是以 0.01 秒為單位。Timer1 計時器則是使用在音樂產生。實際上音樂產生的部分可以參考 5-6 節。

功能鍵說明

　　利用 4×4 小鍵盤的按鈕設計出以下的功能鍵，如下所述：

　　功能選擇鈕 A：每按一下就可以轉換到下一種功能，如下圖所示。

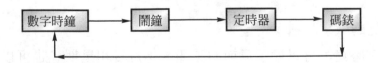

　　為了讓使用者明瞭，目前是在哪一種功能下，你可以在 LCM 螢幕上顯示不同的字來表示目前的狀態。以下是所設定的功能：

功能	LCM 螢幕顯示的提示
數字時鐘	Watch
鬧鐘	Alarm
定時器	Timer
碼錶	StopW

功能選擇鈕 B：功能鈕 B 在不同的模式下就有不同的功能，分別說明如下：

功能	說明
數字時鐘	按下 B 就開始設定數字時鐘的時間，再按一下又離開
鬧鐘	按下 B 就開始設定鬧鐘的時間，再按一下又離開
定時器	按下 B 就開始設定定時器的時間，再按一下又離開
碼錶	按下 B 碼錶就開始計時，再按一下碼錶即停止計時

接下來是顯示的畫面，因為 2×16 的 LCM 可以顯示的字數有 32 個字，所以原則上應該可以同時顯示出日期和時間，以下是您可以設計的顯示畫面：

(1) 數字時鐘模式

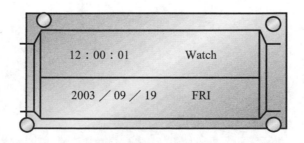

(2)　設定時間時的顯示方式：游標以底線表示，游標顯示的位置就可以
　　　輸入數字

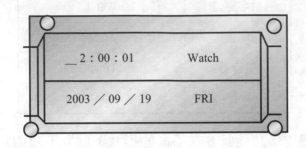

(3)　碼錶模式

專題 2

　　修改 6-1 節的專題，加入 RS232 的功能，讓密碼鎖可以和電腦連接，
使用者必須先輸入使用者代碼，然後才輸入密碼，每一次使用者輸入使用
者代碼和密碼之後，如果正確時可以經由 RS232 將使用者的代碼送往電
腦，記錄下使用者進入的日期和時間。

專題 3

　　修改 6-5 節的專題，讓繪圖型LCM的數字時鐘可以顯示測量的溫度。

專題 4

　　製作一個使用超音波測量距離的裝置，測量出來的距離顯示在文字型
的 LCM 上。

附 錄 A

MCS-51

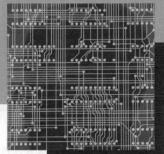

8051 的指令集

指令	說　明	位元組	機械週期
MOV A,direct	將位元組的內容直接移到累加器 A 中	2	1
MOV A,Rn	將暫存器 Rn 的內容移到累加器 A 中	1	1
MOV A,@Ri	將暫存器 Ri 所指的位置內容移到累加器 A 中	1	1
MOV A,#data	將常數 data 移到累加器 A 中	2	1
MOV Rn,A	將累加器 A 的內容移到暫存器 Rn 中	1	1
MOV Rn,#data	將常數 data 移到暫存器 Rn 中	2	1
MOV Rn,direct	將 direct 位置的資料移到暫存器 Rn 中	2	2
MOV direct,A	將累加器 A 移到 direct 位置中	2	1
MOV direct,Rn	將暫存器 Rn 的內容移到 direct 位置中	2	2
MOV dest,source	將 source 位置的資料移到 dest 位置中	3	2
MOV direct,@Ri	將暫存器 Ri 所指的位置內容移到 direct 中	2	2

(續前表)

指　令	說　明	位元組	機械週期
MOV　direct,#data	將常數 data 移到 direct 位置中	3	2
MOV　@Ri,A	將累加器 A 內容移到暫存器 Ri 所指的位置中	1	1
MOV　@Ri,direct	將 direct 位置中的內容移到移到暫存器 Ri 所指的位置	2	2
MOV　@Ri,#data	將常數 data 移到暫存器 Ri 所指的位置中	2	1
MOV DPTR,#data16	將 16 位元的常數移到資料指標所指的位置中	3	2
MOV A,@A+DPTR	將資料指標所指到位置的程式記憶體資料移入累加器 A 中	1	2
MOVC A,@A+PC	將 PC 所指到位置的程式記憶體資料移入累加器 A 中	1	2
MOVX　A, @Ri	將外部 8 位元定址的 RAM 資料移入累加器 A 中	1	2
MOVX　A ,@DPTR	將外部 16 位元定址的 RAM 資料移入累加器 A 中	1	2
MOVX　@Ri ,A	將累加器 A 內容寫到外部 RAM(8 位元定址)	1	2
MOVX　@DPTR ,A	將累加器 A 內容寫到外部 RAM(16 位元定址)	1	2
PUSH　direct	將 direct 位置中的內容放入堆疊區	2	2
POP　　direct	從堆疊區取出資料放入 direct 位置中	2	2
XCH　A, direct	將累加器 A 與直接位元組內容互換	2	1
XCH　　A, Rn	將累加器 A 與暫存器 Rn 內容互換	1	1
XCH　　A, @Ri	將累加器 A 與 Ri 所指位置的內容互換	1	1
XCHD A, @Ri	將累加器 A 與 Ri 所指位置之內容的低階 4 位元互換	1	1
CLR　　C	將進位旗標清除	1	1
CLR　　bit	清除位元 bit，bit=0	2	1
SETB　C	設定位元 C=1	1	1
SETB　bit	設定 bit=1	2	1

(續前表)

指 令	說 明	位元組	機械週期
CPL　C	將進位旗標反相	1	1
CPL　bit	將 bit 反相	2	1
ANL　C,bit	將 bit 和進位旗標 AND 運算	2	2
ANL　C,/bit	將 bit 反向後再和進位旗標 AND 運算	2	2
ORL　C,bit	將 bit 和進位旗標 OR 運算	2	2
ORL　C,/bit	將 bit 反向後再和進位旗標 OR 運算	2	2
MOV　C,bit	將 bit 值移到進位旗標	2	1
MOV　bit,C	將 C 值移到進位旗標	2	2
ADD　A,direct	將直接位元組和累加器 A 相加	2	1
ADD　A,Rn	將暫存器內容和累加器 A 相加	1	1
ADD　A,@Ri	將間接位元組和累加器 A 相加	1	1
ADD　A,#data	將常數(立即值)加至累加器 A	2	1
ADDC A,Rn	將暫存器內容與 C 一起加至累加器 A	1	1
ADDC A,direct	將直接位元組內容與 C 一起加至累加器 A	2	1
ADDC A,@Ri	將間接位元組內容與 C 一起加至累加器 A	1	1
ADDC A,#data	將常數(立即值)與 C 一起加至累加器 A	2	1
SUBB A,Rn	將累加器 A 減暫存器再減 C	1	1
SUBB A,direct	將累加器 A 減直接位元組內容再減 C	2	1
SUBB A,@Ri	將累加器 A 減間接位元組內容再減 C	1	1
SUBB A,#data	將累加器 A 減常數(立即值)再減 C	2	1
INC　A	將累加器內容加 1	1	1

(續前表)

指　令	說　明	位元組	機械週期
INC　Rn	將暫存器內容加 1	1	1
INC　direct	將直接位元組內容加 1	2	1
INC　@Ri	將間接位元組內容加 1	1	1
DEC　A	將累加器內容減 1	1	1
DEC　Rn	將暫存器內容減 1	1	1
DEC　direct	將直接位元組內容減 1	2	1
DEC　@Ri	將間接位元組內容減 1	1	1
INC　DPTR	資料指標暫存器減 1	1	2
MUL　AB	A*B=BA	1	48
DIV　AB	A/B=A⋯B	1	48
DA　A	AC 作 BCD 調整	1	1
JC　rel	若 C=1 則跳到 rel	2	2
JNC　rel	若 C=0 則跳到 rel	2	2
JB　bit, rel	若 bit=1 則跳到 rel	3	2
JNB　bit, rel	若 bit=0 則跳到 rel	3	2
JBC　bit,rel	若 bit=1 則跳到 rel，且清除此位元	3	2
RET	從副程式返回	1	2
RETI	從中斷服務常式返回	1	2
ACALL addr11	絕對式副程式呼叫	2	2
LCALL addr 16	遠程副程式呼叫	3	2
AJMP　addr11	絕對式跳到 addr11	2	2

(續前表)

指 令	說 明	位元組	機械週期
LJMP addr 16	遠程跳到 addr16	3	2
SJMP rel	短程跳到 rel	2	2
JMP @A+DPTR	間接跳到	1	2
JZ rel	若累加器 A=0 則跳到	2	2
JNZ rel	若累加器 A 不等於 0 則跳到到 rel	2	2
CJNE A, direct, rel	若累加器 A 與直接位元組內容不相等則跳到	3	2
CJNE A,#data, rel	若累加器 A 之內容不等於 data 則跳到	3	2
CJNE Rn,#data, rel	若暫存器之內容不等於 data 則跳到	3	2
CJNE @Ri,#data, rel	若間接位元組之內容不等於 data 則跳到	3	2
CJNZ Rn,rel	暫存器內容減 1，若不等於 0 則跳到	2	2
DJNZ direct, rel	直接位址內容減 1，若不等於 1 則跳到	3	2
NOP	無動作	1	1
ANL A,Rn	將暫存器與累加器 A 作 AND 運算	1	1
ANL A,@Ri	將間接位元組位元組與累加器 A 作 AND 運算	1	1
ANL A,direct	將直接位元組位元組與累加器 A 作 AND 運算	2	1
ANL A,#data	將常數與累加器 A 作 AND 運算	2	1
ANL direct,A	將累加器 A 與直接位元組位元組作 AND 運算	2	1
ANL direct,#data	將常數與直接位元組位元組作 AND 運算	3	2
ORL A,Rn	將暫存器與累加器 A 作 OR 運算	1	1
ORL A,@Ri	將間接位元組位元組與累加器 A 作 OR 運算	1	1
ORL A,direct	將直接位元組位元組與累加器 A 作 OR 運算	2	1

(續前表)

指　令	說　明	位元組	機械週期
ORL　A,#data	將常數與累加器 A 作 OR 運算	2	1
ORL　direct,A	將累加器 A 與直接位元組位元組作 OR 運算	2	1
ORL　direct,#data	將常數與直接位元組位元組作 OR 運算	3	2
XRL　A,Rn	將暫存器 XOR 到累加器 A	1	1
XRL　A,direct	將直接位元組 XOR 到累加器 A	2	1
XRL　A,@Ri	將間接位元組 XOR 到累加器 A	1	1
XRL　A,#data	將常數 XOR 到累加器 A	2	1
XRL　direct,A	將累加器 A XOR 到直接位元組	2	1
XRL　direct,#data	將常數 XOR 到直接位元組	3	2
CLR　A	清除累加器 A 內容	1	1
CPL　A	將累加器 A 反相	1	1
RL A	累加器 A 向左旋轉	1	1
RLC　A	累加器 A 與 C 一起向左旋轉	1	1
RR　A	累加器 A 向右旋轉	1	1
RRC　A	累加器 A 與 C 一起向右旋轉	1	1
SWAP　A	累加器 A 的高低四位元互換	1	1

附 錄 B

串列燒錄的工作原理

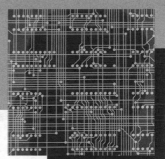

Atmel 公司所生產的 AT89S5X 系列單晶片可以使用+5V 電壓和串烈的方式燒錄。當 AT89S5X 系列單晶片的 RESET 接腳是+5V 時，程式記憶體都可以使用串列的 ISP 界面燒錄。串列 ISP 界面主要是由 SCK 接腳，MOSI 接腳(輸入)和 MISO 接腳(輸出)所組成，如圖 B-1 所示。

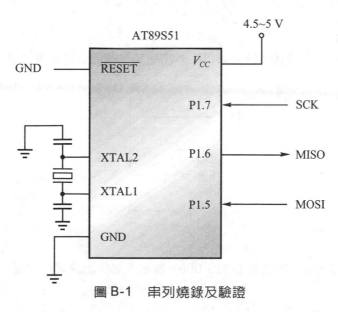

圖 B-1 串列燒錄及驗證

當使用者要使用串列的 ISP 界面燒錄 AT89S5X 系列單晶片時,首先必須在在 RESET 接腳輸入 + 5V 電壓,接下來必須執行 "允許燒錄" 的指令。而且在重新燒錄程式之前,必須要先執行晶片清除(ERASE)的指令,然後才可以開始執行一系列燒錄(PROGRAM)的指令。

晶片清除指令會把程式記憶體的每一個位置都清除為 0XFF(也就是 11111111)。

當使用者要使用串列的 ISP 界面燒錄 AT89S5X 系列單晶片時,必須提供給晶片工作頻率,這可以在 XTAL1 和 XTAL2 接腳連上石英晶體,或是在 XTAL1 提供外部的時鐘信號,如圖 B-2 所示。

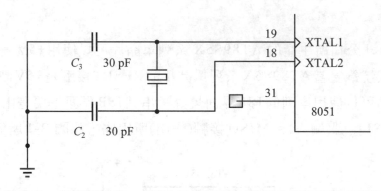

圖 B-2   串列燒錄時,8051 外加石英晶體和 2 個電容的接腳圖

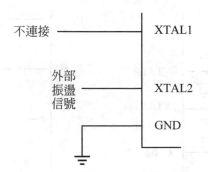

圖 B-3   串列燒錄時,8051 連接外部振盪訊號的接腳圖

當串列資料讀出或寫入晶片時，還必須依賴SCK接腳提供串列的時鐘信號。SCK 所提供之時鐘信號頻率必須小於外加石英晶體振盪頻率的 16 分之 1。當串列資料寫入 AT89S5X 系列的單晶片時，是在 SCK 的上昇邊緣栓鎖住，但是當資料從 AT89S5X 系列的單晶片讀出時，資料是在 SCK 的下降邊緣讀出。

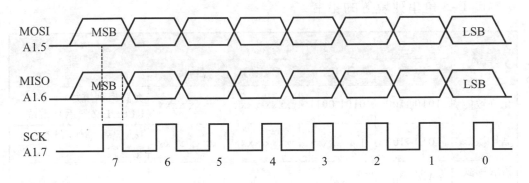

圖 B-4　串列燒錄波形

AT89S5X 系列的單晶片在串列燒錄模式下燒錄或驗證晶片時，必須遵循以下的步驟：

1.　電源開啓的程序：

(1)　在 V_{cc} 和 GND 之間加上電壓。

(2)　在 RESET 接腳加上＋5V 電壓。

(3)　在 XTAL1 和 XTAL2 接腳連上石英晶體，或是由 XTAL1 提供 3M 到 33M Hz 的時鐘信號，而且至少等待 10ms。

2.　送給 MOSI(P1.5)"允許燒錄"的指令，可以啓動串列燒錄。SCK(P1.7) 所提供之時鐘信號頻率必須小於外加石英晶體振盪頻率的 16 分之 1。

3.　程式記憶體在 Byte 模式或是 Page 模式下，一次只燒錄 1 個 byte。寫入週期會自動按照一定的時序完成，通常在+5V時寫入所花費的時間會少於 0.5ms。在串列模式之下，也可以使用 Data Polling(資料詢問)檢查燒錄是否已經完成。使用 Data Polling 的方式是在燒錄

1 個 byte 之後，讀取剛剛寫入位置的資料時，會從 MISO(P1.6) 傳回與剛剛寫入資料相反 (complement) 的結果。

4. 使用 "讀取" 指令可以經由 MISO(P1.6) 讀出任何位置的資料，燒錄器可以藉以驗證燒錄進去的資料是否正確。

5. 在燒錄完畢之後，RESET 可以設定爲低電位，以便開始正常的動作。

圖 B-5 是串列燒錄的指令：

指令	指令格式				功能
	Byte1	Byte2	Byte3	Byte4	
允許致能	1010 1100	0101 0011	xxxx xxxx	xxxx xxxx	允許串列燒錄 RESET 必須爲高電位
晶片抹除	1010 1100	100x xxxx	xxxx xxxx	xxxx xxxx	抹除晶片上的所有程式記憶體
讀取程式記憶體	0010 0000	xxxx $A_{11}\sim$	$\sim A_0$	$D_7 \sim D_0$	從程式記憶體中讀取資料
寫入程式記憶體	0100 0000	xxxx $A_{11}\sim$	$\sim A_0$	$D_7 \sim D_0$	寫入資料到程式記憶體
寫入鎖碼位元	1010 1100	1110 00B_1B_2	xxxx xxxx	xxxx xxxx	請參考註解 1
讀取鎖碼位元	0010 0100	xxxx xxxx	xxxx xxxx	xx$B_3B_2B_1$xx	請參考註解 2
讀取識別位元	0010 1000	xxx$A_5\sim$	A_0xxxxxxx	識別位元	讀取識別位元

圖 B-5　串列燒錄結構設定

註解 1： $B_1 = 0$，$B_2 = 0$：沒有鎖碼保護

$B_1 = 0$，$B_2 = 1$：燒錄鎖碼位元 1

$B_1 = 1$，$B_2 = 0$：燒錄鎖碼位元 2

$B_1 = 1$，$B_2 = 1$：燒錄鎖碼位元 3

註解 2： $B_3 = 1$：燒錄鎖碼位元 3

$B_2 = 1$：燒錄鎖碼位元 2

$B_1 = 1$：燒錄鎖碼位元 1

國家圖書館出版品預行編目資料

嵌入式 C 語言設計：使用 MCS-51 / 郁文工作
　室編著. - - 四版. - - 新北市：全華圖書，
　2014.06
　　面；　公分
　ISBN 978-957-21-9484-3(平裝)
　1. C(電腦程式語言) 2. 電腦程式設計
312.32C　　　　　　　　　　　　103009612

嵌入式 C 語言程式設計─使用 MCS-51

(附範例光碟)

作者 / 郁文工作室

執行編輯 / 林宇傑

發行人 / 陳本源

出版者 / 全華圖書股份有限公司

郵政帳號 / 0100836-1 號

印刷者 / 宏懋打字印刷股份有限公司

圖書編號 / 05799037

四版一刷 / 2014 年 7 月

定價 / 新台幣 420 元

ISBN / 978-957-21-9484-3

全華圖書 / www.chwa.com.tw

全華網路書店 Open Tech / www.opentech.com.tw

若您對書籍內容、排版印刷有任何問題，歡迎來信指導 book@chwa.com.tw

臺北總公司(北區營業處)
地址：23671 新北市土城區忠義路 21 號
電話：(02) 2262-5666
傳真：(02) 6637-3695、6637-3696

南區營業處
地址：80769 高雄市三民區應安街 12 號
電話：(07) 381-1377
傳真：(07) 862-5562

中區營業處
地址：40256 臺中市南區樹義一巷 26 號
電話：(04) 2261-8485
傳真：(04) 3600-9806

歡迎加入 全華會員

● 會員獨享

會員享購書折扣、紅利積點、生日禮金、不定期優惠活動…等。

● 如何加入會員

填妥讀者回函卡直接傳真 (02) 2262-0900 或寄回，待收到E-MAIL 通知後即可成為會員。料，待收到E-MAIL 通知後即可成為會員。

將由專人協助登入會員資

如何購買 全華書籍

1. 網路購書

全華網路書店「http://www.opentech.com.tw」，加入會員購書更便利、並享有紅利積點回饋等各式優惠。

2. 全華門市、全省書局

歡迎至全華門市（新北市土城區忠義路21號）或全省各大書局、連鎖書店選購。

3. 來電訂購

(1) 訂購專線：(02) 2262-5666 轉 321-324
(2) 傳真專線：(02) 6637-3696
(3) 郵局劃撥（帳號：0100836-1　戶名：全華圖書股份有限公司）

※ 購書未滿一千元者，酌收運費 70 元。

OpenTech 全華網路書店 .com.tw

全華網路書店 www.opentech.ccm.tw
E-mail: service@chwa.com.tw

※ 本會員制如有變更則以最新修訂制度為準，造成不便請見諒。

讀者回函卡

〜 明山出版服務 〜

填寫日期： ／ ／

姓名：　　　　　　　　　生日：西元　　　年　　　月　　　日　性別：□男 □女

電話：（　）　　　　　　　傳真：（　）　　　　　　　手機：

e-mail：　　　　　　　　　（必填）

註：數字零，請用 Φ 表示，數字1與英文L請另註明並書寫端正，謝謝。

通訊處：□□□□□

學歷：□博士 □碩士 □大學 □專科 □高中・職

職業：□工程師 □教師 □學生 □軍・公 □其他

學校/公司：　　　　　　　　　　　科系/部門：

・需求書類：

　□A. 電子 □B. 電機 □C. 計算機工程 □D. 資訊 □E. 機械 □F. 汽車 □I. 工管 □J. 土木

　□K. 化工 □L. 設計 □M. 商管 □N. 日文 □O. 美容 □P. 休閒 □Q. 餐飲 □B. 其他

・本次購買圖書為：　　　　　　　　　　　　　　　　　　書號：

・您對本書的評價：

　封面設計：□非常滿意 □滿意 □尚可 □需改善，請說明

　內容表達：□非常滿意 □滿意 □尚可 □需改善，請說明

　版面編排：□非常滿意 □滿意 □尚可 □需改善，請說明

　印刷品質：□非常滿意 □滿意 □尚可 □需改善，請說明

　書籍定價：□非常滿意 □滿意 □尚可 □需改善，請說明

　整體評價：請說明

・您在何處購買本書？

　□書局 □網路書店 □書展 □團購 □其他

・您購買本書的原因？（可複選）

　□個人需要 □幫公司採購 □親友推薦 □老師指定之課本 □其他

・您希望全華以何種方式提供出版訊息及特惠活動？

　□電子報 □DM □廣告（媒體名稱　　　　　　　　　　）

・您是否上過全華網路書店？（www.opentech.com.tw）

　□是 □否　您的建議

・您希望全華出版那方面書籍？

・您希望全華加強那些服務？

〜感謝您提供寶貴意見，全華將秉持服務的熱忱，出版更多好書，以饗讀者。

全華網路書店 http://www.opentech.com.tw　客服信箱 service@chwa.com.tw

2011.03 修訂

親愛的讀者：

感謝您對全華圖書的支持與愛護，雖然我們很慎重的處理每一本書，但恐仍有疏漏之處，若您發現本書有任何錯誤，請填寫於勘誤表內寄回，我們將於再版時修正，您的批評與指教是我們進步的原動力，謝謝！

全華圖書 敬上

勘　誤　表

書　號		書　名		作　者
頁　數	行　數	錯誤或不當之詞句		建議修改之詞句

我有話要說：（其它之批評與建議，如封面、編排、內容、印刷品質等⋯）